Software & Math

用计算机软件学数学系列教材

实用运筹学上机实验指导与解题指导

（第二版）

叶 向 编著

中国人民大学出版社
·北京·

内容简介

本书是和《实用运筹学——运用 Excel 2010 建模和求解》(第二版)(中国人民大学出版社)配合使用的辅导书。

由于本次修订对教材内容进行了更加适当的筛选,同时对例题和习题进行了大幅更新,每章的最后都增加了案例,于是本同步配套辅导书也做了相应的修订。每章包括五个部分:(1)本章学习要求,给出本章应该掌握的基本知识点;(2)本章主要内容,先以图的形式列出本章主要内容框架,然后简要列出本章的基本概念和主要内容,突出必须掌握或考试频率高的核心知识;(3)本章上机实验,简要列出本章上机实验的目的、内容和要求、操作步骤等;(4)本章习题全解,对教材的全部习题给出了详细的解答;(5)本章案例全解,对教材的全部案例给出了详细的解答。

本书内容丰富、概念清晰、实用性强,是学习运筹学的一本好参考书。它不但可作为本科教学的参考书,也可作为报考研究生以及研究生教学的辅导书。

第二版前言

为了帮助广大读者更好地掌握运筹学的精髓和解题技巧，加深理解并增强处理问题的能力，根据中国人民大学出版社出版的《实用运筹学——运用 Excel 2010 建模和求解》（第二版）编写了该同步配套辅导参考书。

由于本次修订对教材内容进行更加适当的筛选，同时对例子和习题进行大幅更新，每章的最后都增加了案例。于是本参考书也做了相应的修订，各章按照以下五个部分进行编排。

1. 本章学习要求：给出本章应该掌握的基本知识点。

2. 本章主要内容：先以图的形式列出本章主要内容框架，然后简要列出本章的基本概念和主要内容，突出必须掌握或考试频率高的核心知识。

3. 本章上机实验：简要列出本章上机实验的目的、内容和要求、操作步骤等。

4. 本章习题全解：教材中的习题层次多，内容丰富，从不同角度体现了基本概念和主要内容的应用。因此，我们对教材的全部习题给出了详细的解答。

5. 本章案例全解：本次教材修订，每章的最后都增加了案例。从综合的角度体现了基本概念和主要内容的应用。我们对教材的全部案例也给出了详细的解答。

本书沿用教材的写法，对于习题和案例，除了建立数学模型外，还给出了电子表格模型和求解结果。

（1）教材的内容框架如下图所示。

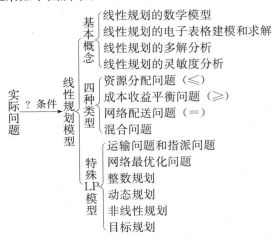

（2）教材的学时分配建议如下表所示。

建议讲授章节	学时
第1章　线性规划	4学时
第2章　线性规划的灵敏度分析	4～6学时
第3章　线性规划的建模与应用	8～10学时
第4章　运输问题和指派问题	10～12学时
第5章　网络最优化问题	10～12学时
第6章　整数规划	8～10学时
第7章　动态规划	8～10学时
第8章　非线性规划	4学时
第9章　目标规划	4学时
小计	60～72学时

（3）上机实验。

上机实验与运筹学理论教学同步进行。

①实验目的：充分发挥 Excel 软件这一先进的计算机工具的强大功能，改变传统的教学手段和教学方法，将软件的应用引入到课堂教学，理论与应用相结合，丰富教学内容，提高学习兴趣。

②实验要求：能够使用 Excel 软件中的"规划求解"命令求解运筹学中常见的规划模型。

在本书的修订编写过程中，得到了来自多方面的支持和帮助，并参考了大量的国内外有关文献资料，这些文献资料对本书的成文起了重要作用。在此，对一切给予支持和帮助的家人、朋友、同事、有关人员以及参考文献的作者一并表示衷心的感谢。

本书的写作基础是安装于 Windows 7 操作系统上的 Excel 2010 中文版。为了能顺利学习本书介绍的习题和案例，建议读者在 Excel 2010 中文版的环境下学习。

为了使广大读者更好地掌握本书的有关内容，加深理解并增强处理实际问题的能力，我们将本书所有习题和案例的 Excel 电子表格模型放在中国人民大学出版社网站（www.crup.com.cn）的资源中心处，读者可以登录该网站免费下载。

鉴于编著者的水平和经验有限，书中疏漏和不妥之处在所难免，敬请广大读者给予指正。编著者邮箱：yexiang@ruc.edu.cn。

叶向
于中国人民大学信息学院
2013年3月

第一版前言

运筹学是高等院校经济管理类专业和理工科部分专业的专业基础课，也是这些专业硕士研究生入学考试的一门考试科目。为了帮助广大读者更好地掌握运筹学的精髓和解题技巧，加深理解并增强处理问题的能力，我们根据中国人民大学出版社最新出版的《实用运筹学——运用 Excel 建模和求解》编写了这本同步配套辅导参考书。

全书包括两部分的内容：上机实验指导和解题指导。

上机实验指导每章包括实验目的、内容和要求等，并附有案例供上机使用。

解题指导的各章按照以下三部分编排。

1. 本章学习要求：给出了本章应该掌握的基本知识点。

2. 主要内容：先以图的形式列出了本章主要内容框架，然后简要列出了本章基本概念和主要内容，突出了必须掌握或考试频率高的核心知识。

3. 课后习题全解：教材中课后习题层次多，内容丰富，从各个角度体现了基本概念和主要内容的应用，因此，我们对课后习题全部给出了详细的解答。

本书沿用原教材的写法，对于习题和案例，除了建立数学模型外，还给出了电子表格的建模和求解结果。本书的编写，参照了国内外有关教材及参考文献，在此特向原著者致谢。

本书主要由叶向编写，研究生王舒、朱琳参与了两章习题解答的编写。信息学院数学系的魏二玲老师认真审阅了书稿并提出了宝贵的意见，在此表示衷心的感谢。在本书的策划、编写、审稿等方面，中国人民大学出版社的编辑潘旭燕老师给予了大力支持和热情帮助，在此深表感谢。

由于编者水平有限，书中疏漏和不妥之处在所难免，敬请广大读者给予指正。

编者
2007 年 9 月

目　　录

第1章

线性规划

1.1　本章学习要求

(1) 理解线性规划模型的三要素；

(2) 了解线性规划的图解法及其几何意义；

(3) 掌握使用 Excel 软件中的"规划求解"命令求解线性规划问题的操作方法；

(4) 理解线性规划问题求解的几种可能结果。

1.2　本章主要内容

本章主要内容框架如图 1—1 所示。

$$
\text{线性规划}\begin{cases}
\text{数学模型三要素}\begin{cases}\text{决策变量}\\ \text{目标函数}\\ \text{约束条件}\end{cases}\\[2ex]
\text{求解方法}\begin{cases}\text{图解法}\\ \text{Excel 软件求解}\end{cases}\\[2ex]
\text{求解的几种可能结果}\begin{cases}\text{唯一解}\\ \text{无穷多解}\\ \text{无解}\\ \text{可行域无界}\end{cases}
\end{cases}
$$

图 1—1　第 1 章主要内容框架图

1. 线性规划的数学模型

线性规划模型的一般形式为：设决策变量为 $x_j(j=1, 2, \cdots, n)$，有

$$\max(\min)z=c_1x_1+c_2x_2+\cdots+c_nx_n \tag{1—1}$$

$$\text{s. t.}\begin{cases}a_{11}x_1+a_{12}x_2+\cdots+a_{1n}x_n\leqslant(=,\geqslant)b_1\\ a_{21}x_1+a_{22}x_2+\cdots+a_{2n}x_n\leqslant(=,\geqslant)b_2\\ \qquad\qquad\cdots\cdots\\ a_{m1}x_1+a_{m2}x_2+\cdots+a_{mn}x_n\leqslant(=,\geqslant)b_m\end{cases} \tag{1—2}$$

$$\qquad x_1,x_2,\cdots,x_n\geqslant0 \tag{1—3}$$

其中，式（1—1）称为目标函数，它只有两种形式：max(最大化) 或 min(最小化)；式（1—2）称为函数约束，它们表示问题所受到的各种约束，一般有三种形式："≤(小于等于)"、"≥(大于等于)"（这两种情况又称为不等式约束）或 "＝(等于)"（又称为等式约束）；式（1—3）称为非负约束条件。

在线性规划模型中，也直接称 z 为"目标函数"；称 $x_j(j=1,2,\cdots,n)$ 为"决策变量"；称 $c_j(j=1,2,\cdots,n)$ 为"目标函数系数"、"价值系数"或"费用系数"；称 $b_i(i=1,2,\cdots,m)$ 为"函数约束右端常数"或简称"右端值"，也称"资源常数"；称 $a_{ij}(i=1,2,\cdots,m;j=1,2,\cdots,n)$ 为"约束系数"、"技术系数"或"工艺系数"。这里，c_j，b_i，a_{ij} 均为常数（称为模型参数）。

线性规划的数学模型可以表示为如下简洁的形式：

$$\max(\min)z = \sum_{j=1}^{n} c_j x_j$$

$$\text{s. t.} \begin{cases} \sum_{j=1}^{n} a_{ij}x_j \leqslant (=,\geqslant)b_i & (i=1,2,\cdots,m) \\ x_j \geqslant 0 & (j=1,2,\cdots,n) \end{cases}$$

2. 线性规划的图解法

对于只有两个变量的线性规划问题，可以在二维直角坐标平面上作图求解。

用图解法求解的步骤如下：

（1）建立平面直角坐标系。

（2）图示约束条件，找出可行域。

（3）图示目标函数，即为一条直线。

（4）朝着使目标函数最优化的方向，平行移动目标函数直线，直到再继续移动就会离开可行域为止。这时，该目标函数直线在可行域内的那些点，即为最优解。

3. 使用 Excel 2010 "规划求解" 工具求解线性规划问题

（1）在 Excel 电子表格中建立线性规划模型；

（2）使用 Excel 2010 "规划求解" 工具求解线性规划问题；

（3）使用名称（给单元格或区域命名）；

（4）建好电子表格模型的几个原则。

4. 线性规划问题求解的几种可能结果

（1）唯一解；

（2）无穷多解；

（3）无解；

（4）可行域无界（目标值不收敛）。

1.3 本章上机实验

1. 实验目的

在 Excel 2010 软件中加载 "规划求解" 工具（加载宏，命令），使用 Excel 2010 软件求解线性规划问题。

2. 内容和要求

（1）在 Excel 2010 软件中，加载"规划求解"工具（加载宏，命令）；

（2）在 Excel 2010 软件中，建立新问题，输入模型，求解模型，对结果进行简单分析。

3. 操作步骤

使用 Excel 2010 软件求解习题 1.1、案例 1.1（或其他例子、习题、案例等）。

（1）在 Excel 中建立电子表格模型：输入数据、给单元格或区域命名、输入公式等。

（2）使用 Excel 2010 软件中的"规划求解"工具（加载宏，命令）求解线性规划问题。

（3）结果分析：如每月生产四种产品各多少吨？总利润是多少？哪些原料有剩余？并对结果提出自己的看法。

（4）在 Excel 文件或 Word 文档中写实验报告，包括线性规划模型、电子表格模型和结果分析等。

1.4　本章习题全解

1.1　某工厂利用甲、乙、丙三种原料，生产 A、B、C、D 四种产品。每月可供应该厂原料甲 600 吨、乙 500 吨、丙 300 吨。生产 1 吨不同产品所消耗的原料数量及可获得的利润如表 1—1 所示。问：工厂每月应如何安排生产计划，才能使总利润最大？

表 1—1　　　　　　　　　**三种原料生产四种产品的有关数据**

	产品 A	产品 B	产品 C	产品 D	每月原料供应量（吨）
原料甲	1	1	2	2	600
原料乙	0	1	1	3	500
原料丙	1	2	1	0	300
单位利润（元）	200	250	300	400	

解：

（1）决策变量。

本问题要做的决策是工厂每月应如何安排生产计划（即四种不同产品的每月产量）。设该厂每月应生产 x_1 吨产品 A，x_2 吨产品 B，x_3 吨产品 C，x_4 吨产品 D。

（2）目标函数。

本问题的目标是总利润最大，即

$$\max z = 200x_1 + 250x_2 + 300x_3 + 400x_4$$

（3）约束条件。

本问题的约束条件共有四个。

①每月原料甲的供应量限制：$x_1 + x_2 + 2x_3 + 2x_4 \leq 600$

②每月原料乙的供应量限制：$x_2 + x_3 + 3x_4 \leq 500$

③每月原料丙的供应量限制：$x_1 + 2x_2 + x_3 \leq 300$

④ 每月产量非负：$x_i \geq 0$（i＝1，2，3，4）

于是，得到习题 1.1 的线性规划模型为：

$$\max z = 200x_1 + 250x_2 + 300x_3 + 400x_4$$

$$\text{s. t.} \begin{cases} x_1 + x_2 + 2x_3 + 2x_4 \leqslant 600 \\ x_2 + x_3 + 3x_4 \leqslant 500 \\ x_1 + 2x_2 + x_3 \leqslant 300 \\ x_i \geqslant 0 \quad (i=1,2,3,4) \end{cases}$$

习题 1.1 的电子表格模型如图 1—2 所示，参见"习题 1.1. xlsx"。

	A	B	C	D	E	F	G	H	I
1	习题1.1								
2									
3			产品A	产品B	产品C	产品D			
4		单位利润	200	250	300	400			
5									
6				单位产品所需原料			实际使用		供应量
7		原料甲	1	1	2	2	600	<=	600
8		原料乙	0	1	1	3	500	<=	500
9		原料丙	1	2	1	0	300	<=	300
10									
11			产品A	产品B	产品C	产品D			总利润
12		每月产量	260	20	0	160			121000

名称	单元格
单位利润	C4:F4
供应量	I7:I9
每月产量	C12:F12
实际使用	G7:G9
总利润	I12

	G
6	实际使用
7	=SUMPRODUCT(C7:F7,每月产量)
8	=SUMPRODUCT(C8:F8,每月产量)
9	=SUMPRODUCT(C9:F9,每月产量)

	I
11	总利润
12	=SUMPRODUCT(单位利润,每月产量)

规划求解参数

设置目标：(T)　　　　总利润

到：　●最大值(M)　○最小值(N)　○目标值：(V)

通过更改可变单元格：(B)
每月产量

遵守约束：(U)
实际使用 <= 供应量

☑ 使无约束变量为非负数(K)

选择求解方法：(E)　　　单纯线性规划

图 1—2　习题 1.1 的电子表格模型

习题 1.1 的最优生产计划为：每月生产 260 吨产品 A、20 吨产品 B 和 160 吨产品 D（不生产产品 C），此时工厂获得的总利润最大，为每月 12.1 万元（121 000 元）。同时，甲、乙、丙三种原料刚好全部消耗完毕。

1.2　某公司受客户委托，准备用 120 万元投资 A 和 B 两种基金。基金 A 每份 50 元、基金 B 每份 100 元。据估计，基金 A 的预期收益率（投资回报率）为 10%、预期亏损率（投资风险率）为 8%；基金 B 的预期收益率为 4%、预期亏损率为 3%。客户有两个要求：（a）投资收益（预期收益额）不少于 6 万元；（b）基金 B 的投资额不少于 30 万元。问：

（1）为了使投资亏损（预期亏损额）最小，该公司应该分别投资多少份基金 A 和基金 B？这时的投资收益（预期收益额）是多少？

（2）为了使投资收益（预期收益额）最大，应该如何投资？这时的投资亏损（预期亏损额）是多少？

解：

1. 问题（1）的求解

（1）决策变量。

本问题要做的决策是该公司应该各投资多少份基金 A 和基金 B。

设该公司应该投资 x_A 万份基金 A，投资 x_B 万份基金 B。

这时，基金 A 的投资额为 $50x_A$ 万元，基金 B 的投资额为 $100x_B$ 万元。

投资收益（预期收益额）为：$(50x_A)\times10\%+(100x_B)\times4\%=5x_A+4x_B$ 万元。

投资亏损（预期亏损额）为：$(50x_A)\times8\%+(100x_B)\times3\%=4x_A+3x_B$ 万元。

（2）目标函数。

本问题的目标是投资亏损（预期亏损额）最小，即 $\min z=4x_A+3x_B$。

（3）约束条件。

本问题的约束条件共有四个。

①投资总额限制：$50x_A+100x_B\leqslant120$

②投资收益（预期收益额）要求：$5x_A+4x_B\geqslant6$

③基金 B 投资额要求：$100x_B\geqslant30$

④非负：$x_A,x_B\geqslant0$

于是，得到习题 1.2 问题（1）的线性规划模型：

$$\min z=4x_A+3x_B$$
$$\text{s. t.}\begin{cases}50x_A+100x_B\leqslant120\\5x_A+4x_B\geqslant6\\100x_B\geqslant30\\x_A,x_B\geqslant0\end{cases}$$

习题 1.2 问题（1）的电子表格模型如图 1—3 所示，参见"习题 1.2（1）.xlsx"。

习题 1.2 问题（1）的最优投资方案为：为了使投资亏损（预期亏损额）最小（为 4.6 万元），该公司应该在基金 A 中投资 0.4 万份、在基金 B 中投资 1 万份，这时的投资收益（预期收益额）为 6 万元（E8 单元格）。

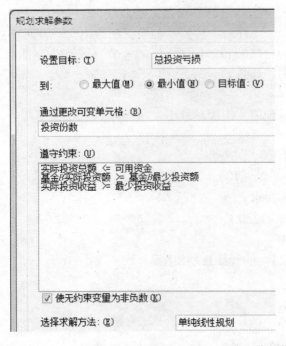

	A	B	C	D	E	F	G
1	习题1.2（1）						
2							
3			基金A	基金B			
4		单位投资亏损	4	3			
5							
6			基金的各种数据		实际		限制/要求
7		投资总额	50	100	120	<=	120
8		投资收益	5	4	6	>=	6
9		基金B投资额		100	100	>=	30
10							
11			基金A	基金B			总投资亏损
12		投资份数	0.4	1			4.6

名称	单元格
单位投资亏损	C4:D4
基金B实际投资额	E9
基金B最少投资额	G9
可用资金	G7
实际投资收益	E8
实际投资总额	E7
投资份数	C12:D12
总投资亏损	G12
最少投资收益	G8

	E
6	实际
7	=SUMPRODUCT(C7:D7,投资份数)
8	=SUMPRODUCT(C8:D8,投资份数)
9	=SUMPRODUCT(C9:D9,投资份数)

	G
11	总投资亏损
12	=SUMPRODUCT(单位投资亏损,投资份数)

规划求解参数

设置目标：(T) 　　　　　总投资亏损

到: 　○ 最大值(M) 　● 最小值(N) 　○ 目标值:(V)

通过更改可变单元格:(B)

投资份数

遵守约束:(U)

实际投资总额 <= 可用资金
基金B实际投资额 >= 基金B最少投资额
实际投资收益 >= 最少投资收益

☑ 使无约束变量为非负数(K)

选择求解方法:(E) 　　　　单纯线性规划

图1—3　习题1.2（1）的电子表格模型

2. 问题（2）的求解

问题（2）与问题（1）的区别是目标不同，而决策变量和约束条件都相同。
问题（2）的目标是投资收益（预期收益额）最大，即 $\max z=5x_A+4x_B$。
于是习题1.2问题（2）的线性规划模型为：

$$\max z=5x_A+4x_B$$

$$\text{s. t.} \begin{cases} 50x_A + 100x_B \leqslant 120 \\ 5x_A + 4x_B \geqslant 6 \\ 100x_B \geqslant 30 \\ x_A, x_B \geqslant 0 \end{cases}$$

习题 1.2 问题（2）的电子表格模型如图 1—4 所示，参见"习题 1.2（2）.xlsx"。

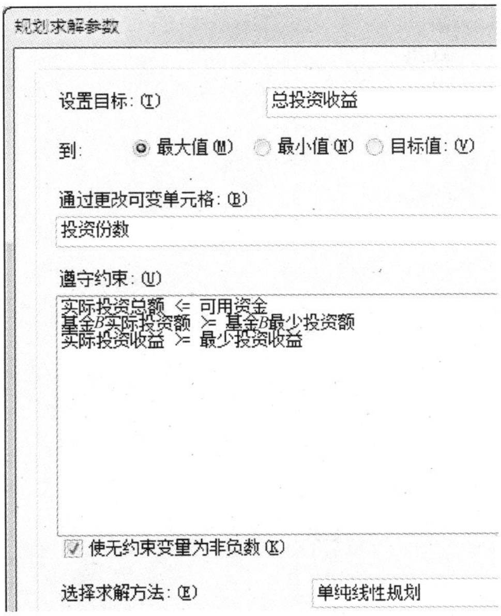

图 1—4　习题 1.2（2）的电子表格模型

习题 1.2 问题（2）的最优投资方案为：为了使投资收益（预期收益额）最大（为 10.2 万元），该公司应该在基金 A 中投资 1.8 万份、在基金 B 中投资 0.3 万份，这时的投资亏损（预期亏损额）为 8.1 万元（E10 单元格）。

从问题（1）和问题（2）的求解结果中可以看出：如果投资者是风险回避者，那么他首先考虑的是风险，将投资风险最小作为目标，此时的投资回报也会比较低；如果投资者是风险追求者，那么他首先考虑的是回报，将投资回报最大作为目标，此时的投资回报会较高，但投资风险也随之较大。

1.3 某生产基地每天需从 A、B 两仓库中提取原料用于生产，需提取的原料有：甲不少于 240 件，乙不少于 80 公斤，丙不少于 120 吨。已知每辆货车从仓库 A 每天能运回甲 4 件、乙 2 公斤、丙 6 吨，运费为每车 200 元；从仓库 B 每天能运回甲 7 件、乙 2 公斤、丙 2 吨，运费为每车 160 元。为满足生产需要，基地每天应发往 A、B 两仓库各多少辆货车，才能使得总运费最少？

解：

（1）决策变量。

本问题要做的决策是基地每天应发往 A、B 两仓库的货车数量。设 x_A、x_B 分别为基地每天应发往 A、B 两仓库的货车数量。

（2）目标函数。

本问题的目标是总运费最少，即 $\min z = 200x_A + 160x_B$（元）。

（3）约束条件。

本问题的约束条件共有四个。

①原料甲的需求量：$4x_A + 7x_B \geq 240$

②原料乙的需求量：$2x_A + 2x_B \geq 80$

③原料丙的需求量：$6x_A + 2x_B \geq 120$

④ 非负：$x_A, x_B \geq 0$

于是，得到习题 1.3 的线性规划模型为：

$$\min z = 200x_A + 160x_B$$

$$\text{s. t.} \begin{cases} 4x_A + 7x_B \geq 240 \\ 2x_A + 2x_B \geq 80 \\ 6x_A + 2x_B \geq 120 \\ x_A, x_B \geq 0 \end{cases}$$

习题 1.3 的电子表格模型如图 1—5 所示，参见"习题 1.3.xlsx"。

	A　　B	C	D	E	F	G
1	习题1.3					
2						
3		仓库A	仓库B			
4	单位运费	200	160			
5						
6		每辆货车每天能运回		实际运回		需求量
7	原料甲	4	7	250	>=	240
8	原料乙	2	2	80	>=	80
9	原料丙	6	2	120	>=	120
10						
11		仓库A	仓库B			总运费
12	货车数量	10	30			6800

图 1—5　习题 1.3 的电子表格模型

名称	单元格
单位运费	C4:D4
货车数量	C12:D12
实际运回	E7:E9
需求量	G7:G9
总运费	G12

	E
6	实际运回
7	=SUMPRODUCT(C7:D7,货车数量)
8	=SUMPRODUCT(C8:D8,货车数量)
9	=SUMPRODUCT(C9:D9,货车数量)

	G
11	总运费
12	=SUMPRODUCT(单位运费,货车数量)

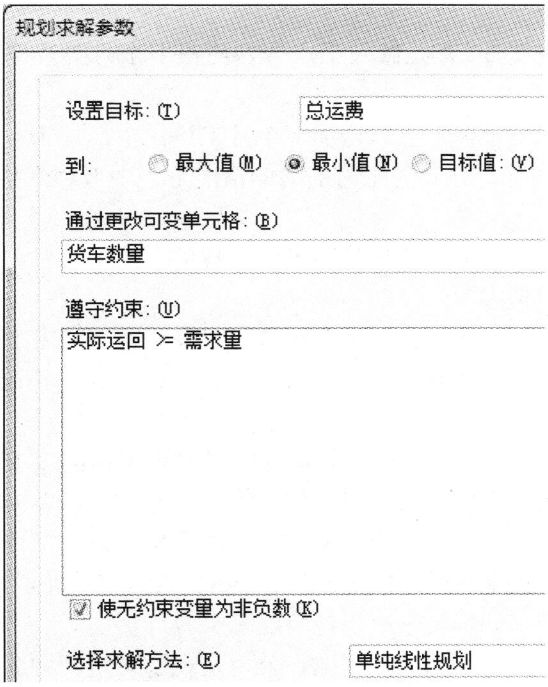

规划求解参数

设置目标：(T)　　　总运费

到：　○最大值(M)　●最小值(N)　○目标值：(V)

通过更改可变单元格：(B)
货车数量

遵守约束：(U)
实际运回 >= 需求量

☑ 使无约束变量为非负数(K)

选择求解方法：(E)　　　单纯线性规划

图1—5　习题1.3的电子表格模型（续）

习题1.3的最优运送方案是：为满足生产需要，基地每天应发10辆货车到仓库 A、30辆货车到仓库 B，此时的总运费最少，为每天6 800元。

1.5　本章案例全解

案例1.1　家用轿车装配

某大型汽车制造公司的一家装配工厂装配两种家用轿车：中型轿车和豪华轿车。中型轿车是一种四门轿车，省油性能出色，购买这种轿车对于生活不是十分富裕的中产家庭来说是一个明智的选择。每辆中型轿车可为公司带来中等水平的利润3 600元。豪华轿车是一种双门轿车，它定位于较高层次的中产家庭。每辆豪华轿车能够为公司带来5 400元的可观利润。

装配厂经理目前正在为下个月制订生产计划。具体地说，就是他要确定中型和豪华轿车各需要装配生产多少，才能使工厂的获利最大。已知工厂每月有48 000工时的生产能力，装配一辆中型轿车需要 6 工时，装配一辆豪华轿车需要 10.5 工时。经理知道下个月他只能从车门供应厂得到 20 000 扇车门。中型轿车和豪华轿车都使用相同的车门。

另外根据公司最近对各种车型的月需求预测，豪华轿车的产量限制在 3 500 辆以内。在装配厂生产能力范围内，中型轿车的产量没有限制。

（1）建立该问题的线性规划模型并求解，确定中型和豪华轿车应当各装配多少。

在最终决策之前，经理计划独立考虑以下各个问题（各个问题互不干扰，相互独立），除非问题本身表明需要一起考虑。

（2）营销部得知他们可以花费 50 万元做一个广告，使得下个月对豪华轿车的需求增加 20%。这个广告是否应当做？

（3）经理知道通过让工人加班工作，可以增加下个月工厂的生产能力，加班工作可以使工厂的工时能力增长 25%。装配厂在新的工时能力的情况下，中型和豪华轿车应当各装配多少？

（4）经理知道没有额外的成本，加班工作是不可能实现的。除了正常工作时间外，他愿意为加班工作支付的最大费用是多少？

（5）经理考虑了同时做广告和加班工作。做广告使得对豪华轿车的需求增加 20%，加班工作使得工厂工时能力增长 25%。装配厂在同时做广告和加班工作的情况下，中型和豪华轿车应当各装配多少？

（6）在知道了广告费用为 50 万元以及最大限度地使用加班工作的成本为 160 万元的情况下，问题（5）的决策是否仍然优于问题（1）的决策？

（7）公司发现实际上分销商还在大幅度降低中型轿车的售价，以消减库存。由于公司与分销商签订了利润分配协议，每辆中型轿车的利润将不再是 3 600 元，而是 2 800 元。在这种利润下降的情况下，中型和豪华轿车应当各装配多少？

（8）通过在装配线末端对中型轿车的随机测试，公司发现了质量问题。测试人员发现超过 60% 的中型轿车四扇车门中的两扇不能完全密封。由于通过随机测试得到的缺陷率如此之高，经理决定在装配线的末端对每辆中型轿车进行测试。由于增加了测试环节，装配一辆中型轿车的时间从原来的 6 工时上升到了 7.5 工时。在中型轿车新的装配时间的情况下，中型和豪华轿车应当各装配多少？

（9）公司董事会希望占据更大的豪华轿车市场份额，因此要求装配厂满足所有对豪华轿车的需求。董事会要求装配厂经理确定与问题（1）相比，装配厂的利润将下降多少？然后董事会要求在利润降低不超过 200 万元的情况下满足全部对豪华轿车的需求。

（10）经理现在通过综合考虑问题（6）、（7）、（8）提出的新情况，做出最终决策。对于是否做广告、是否加班工作、中型轿车的生产数量、豪华轿车的生产数量的决策是什么？

解：

该案例为考虑了多种情况的总利润最大化的生产计划问题。

1. 问题（1）的求解

这是一个典型的总利润最大化的生产计划问题，可用表 1—2 表示。

表 1—2　　　　　　　　　　装配家用中型和豪华轿车的有关数据

| | 每辆轿车所需资源 | | 每月可用资源 |
	中型	豪华	
工时	6	10.5	48 000
车门	4	2	20 000
单位利润（万元）	0.36	0.54	

（1）决策变量。

本问题需要决策的是下个月中型和豪华轿车各应当装配多少。

设装配厂下个月装配 x_1 辆中型轿车，x_2 辆豪华轿车。

（2）目标函数。

本问题的目标是装配厂的获利最大，即 max $z=0.36x_1+0.54x_2$（万元）。

（3）约束条件。

本问题的约束条件共有四个（资源限制，豪华轿车产量限制，非负）。

① 装配厂的生产能力（工时）限制：$6x_1+10.5x_2\leqslant48\,000$

②车门限制：$4x_1+2x_2\leqslant20\,000$

③ 豪华轿车的产量限制（需求量）：$x_2\leqslant3\,500$

④ 非负：x_1，$x_2\geqslant0$

于是，案例 1.1 问题（1）的线性规划模型为：

$$\max z=0.36x_1+0.54x_2$$
$$\text{s. t.}\begin{cases}6x_1+10.5x_2\leqslant48\,000\\4x_1+2x_2\leqslant20\,000\\x_2\leqslant3\,500\\x_1,x_2\geqslant0\end{cases}$$

案例 1.1 问题（1）的电子表格模型如图 1—6 所示，参见"案例 1.1（1）. xlsx"。

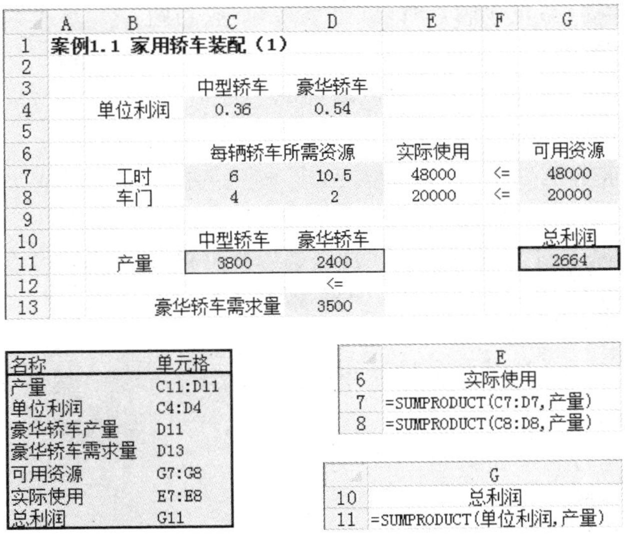

图 1—6　案例 1.1（1）的电子表格模型

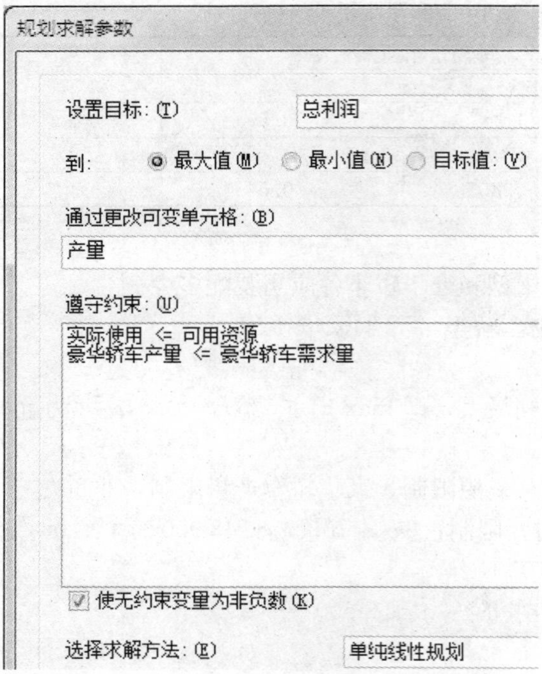

图1—6 案例1.1（1）的电子表格模型（续）

案例1.1问题（1）的求解结果为：装配厂下个月应当装配生产3 800辆中型轿车和2 400辆豪华轿车，此时装配厂的获利最大，为2 664万元。

2. 问题（2）的求解

营销部得知他们可以花费50万元做一个广告，使得下个月对豪华轿车的需求增加20%。

从问题（1）的求解结果中可以发现：装配生产豪华轿车2 400辆，并没有达到豪华轿车的产量限制（需求量）3 500辆，所以这个广告不应当做。

3. 问题（3）的求解

经理知道通过让工人加班工作，可以增加下个月工厂的生产能力，加班工作可以使工厂的工时能力增长25%。

从问题（1）的求解结果中可以发现：工厂的生产能力（工时）消耗已尽，增加工时可使总利润增加。

在问题（1）的基础上，将可用工时（G7单元格中的数值）改为48 000×（1+25%）=60 000，所有公式和规划求解参数都不变，重新运行"规划求解"即可得到结果。

案例1.1问题（3）的电子表格模型如图1—7所示，参见"案例1.1（3）.xlsx"。

案例1.1问题（3）的求解结果为：装配厂下个月应当装配生产3 250辆中型轿车和3 500辆豪华轿车，此时的总利润为3 060万元。

4. 问题（4）的求解

经理知道没有额外的成本，加班工作是不可能实现的。

对比问题（1）和问题（3）的求解结果可知，通过加班工作的利润增加额为3 060−

图 1—7　案例 1.1（3）的电子表格模型

2 664＝396 万元。也就是说，经理愿意为加班工作支付的最大费用是 396 万元。

5．问题（5）的求解

经理考虑了同时做广告和加班工作。做广告使得对豪华轿车的需求增加 20％，加班工作使得工厂工时能力增长 25％。

在问题（1）的基础上，将豪华轿车需求量（D13 单元格中的数值）改为 3 500×（1＋20％）＝4 200，将可用工时（G7 单元格中的数值）改为 48 000×（1＋25％）＝60 000，所有公式和规划求解参数都不变，重新运行"规划求解"即可得到结果。

案例 1.1 问题（5）的电子表格模型如图 1—8 所示，参见"案例 1.1（5）.xlsx"。

图 1—8　案例 1.1（5）的电子表格模型

案例 1.1 问题（5）的求解结果为：装配厂下个月应当装配生产 3 000 辆中型轿车和 4 000 辆豪华轿车，此时的总利润为 3 240 万元。

6．问题（6）的求解

下面判断在知道了广告费用为 50 万元以及最大限度地使用加班工作的成本为 160 万元的情况下，问题（5）的决策是否仍然优于问题（1）的决策。

对比问题（1）和问题（5）的求解结果可知，同时做广告和加班工作后的利润增加额为 3 240－2 664＝576 万元，而同时做广告和加班工作的成本是 50＋160＝210 万元。也就是说，问题（5）的决策仍然优于问题（1）的决策。

7. 问题（7）的求解

在问题（1）的基础上，将中型轿车的单位利润（C4 单元格中的数值）改为 0.28（万元），所有公式和规划求解参数都不变，重新运行"规划求解"即可得到结果。

案例 1.1 问题（7）的电子表格模型如图 1—9 所示，参见"案例 1.1（7）.xlsx"。

	A	B	C	D	E	F	G
1	**案例1.1 家用轿车装配（7）**						
2							
3			中型轿车	豪华轿车			
4		单位利润	0.28	0.54			
5							
6			每辆轿车所需资源		实际使用		可用资源
7		工时	6	10.5	48000	<=	48000
8		车门	4	2	14500	<=	20000
9							
10			中型轿车	豪华轿车			总利润
11		产量	1875	3500			2415
12				<=			
13		豪华轿车需求量		3500			

图 1—9　案例 1.1（7）的电子表格模型

案例 1.1 问题（7）的求解结果为：装配厂下个月应当装配生产 1 875 辆中型轿车和 3 500 辆豪华轿车，此时的总利润为 2 415 万元。

8. 问题（8）的求解

由于增加了测试环节，装配一辆中型轿车的时间从原来的 6 工时上升到了 7.5 工时。

在问题（1）的基础上，将中型轿车的装配时间（C7 单元格中的数值）改为 7.5，所有公式和规划求解参数都不变，重新运行"规划求解"即可得到结果。

案例 1.1 问题（8）的电子表格模型如图 1—10 所示，参见"案例 1.1（8）.xlsx"。

	A	B	C	D	E	F	G
1	**案例1.1 家用轿车装配（8）**						
2							
3			中型轿车	豪华轿车			
4		单位利润	0.36	0.54			
5							
6			每辆轿车所需资源		实际使用		可用资源
7		工时	7.5	10.5	48000	<=	48000
8		车门	4	2	13000	<=	20000
9							
10			中型轿车	豪华轿车			总利润
11		产量	1500	3500			2430
12				<=			
13		豪华轿车需求量		3500			

图 1—10　案例 1.1（8）的电子表格模型

案例 1.1 问题（8）的求解结果为：装配厂下个月应当装配生产 1 500 辆中型轿车和 3 500 辆豪华轿车，此时的总利润为 2 430 万元。

9. 问题（9）的求解

在问题（1）的基础上，将豪华轿车产量限制（需求量）改为 $x_2 = 3\,500$（D12 单元格），所有公式不变，但要修改"规划求解参数"对话框中的一个约束条件（豪华轿车产量＝豪华轿车需求量）。

案例 1.1 问题（9）的电子表格模型如图 1—11 所示，参见"案例 1.1（9）.xlsx"。

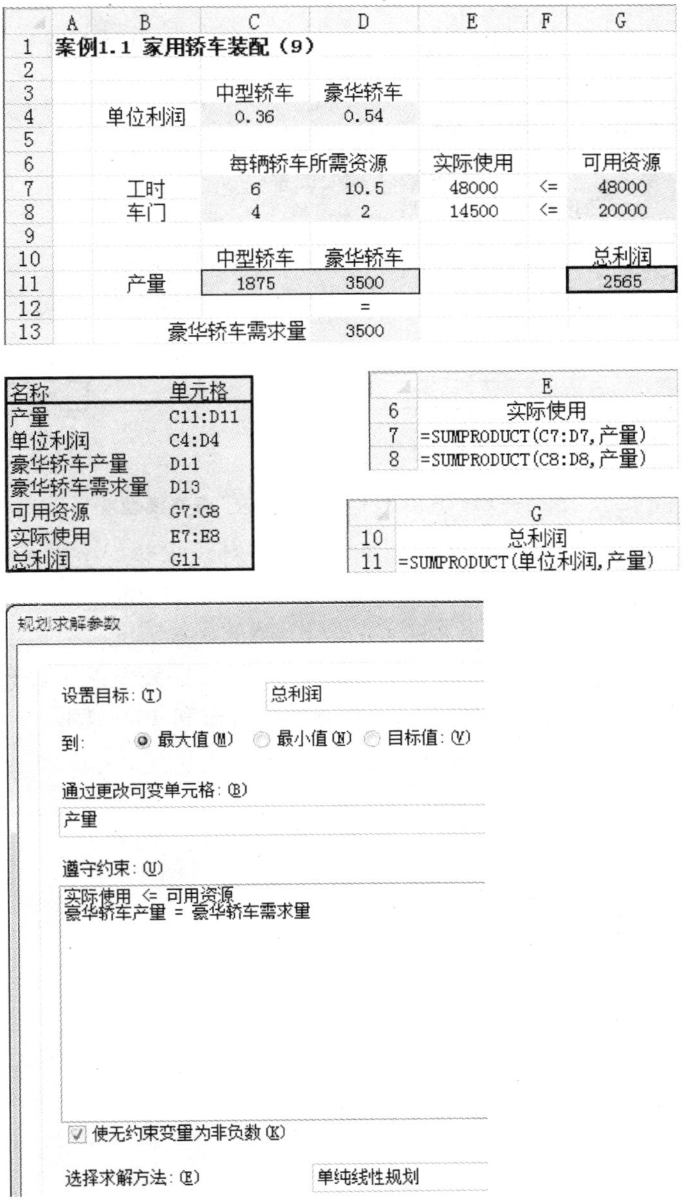

图 1—11 案例 1.1（9）的电子表格模型

案例 1.1 问题（9）的求解结果为：装配厂的总利润为 2 565 万元。与问题（1）相比，总利润下降了 2 664－2 565＝99（万元），少于 200 万元。因此，装配厂应满足所有对豪华轿车的需求。

10. 问题（10）的求解

在问题（1）的基础上，考虑问题（6），将豪华轿车需求量（D13 单元格中的数值）改为 4 200，将可用工时（G7 单元格中的数值）改为 60 000；考虑问题（7），将中型轿车的单位利润（C4 单元格中的数值）改为 0.28（万元）；考虑问题（8），将中型轿车的装配时间（C7 单元格中的数值）改为 7.5。所有公式和规划求解参数都不变，重新运行"规划求解"即可得到结果。

案例 1.1 问题（10）的电子表格模型如图 1—12 所示，参见"案例 1.1（10）.xlsx"。

	A	B	C	D	E	F	G
1	**案例1.1 家用轿车装配（10）**						
2							
3			中型轿车	豪华轿车			
4		单位利润	0.28	0.54			
5							
6			每辆轿车所需资源		实际使用		可用资源
7		工时	7.5	10.5	60000	<=	60000
8		车门	4	2	16880	<=	20000
9							
10			中型轿车	豪华轿车			总利润
11		产量	2120	4200			2861.6
12			<=				
13		豪华轿车需求量		4200			

图 1—12　案例 1.1（10）的电子表格模型

案例 1.1 问题（10）的求解结果为：装配厂下个月应当装配生产 2 120 辆中型轿车和 4 200 辆豪华轿车，此时的总利润（毛利）为 2 861.6 万元，扣除同时做广告和加班工作的成本 50＋160＝210 万元，纯利润为 2 861.6－210＝2 651.6 万元。

也就是说，通过综合考虑问题（6）、（7）、（8）提出的新情况，经理的决策是：①做广告；②让工人加班工作；③装配生产 2 120 辆中型轿车和 4 200 辆豪华轿车。

第2章

线性规划的灵敏度分析

2.1　本章学习要求

（1）了解线性规划的灵敏度分析的内容；

（2）掌握目标函数系数变化对原最优解的影响；

（3）掌握约束右端值变化对原最优目标值的影响；

（4）掌握约束条件系数变化、增加新变量和增加约束条件对原最优解的影响；

（5）理解和掌握影子价格及其应用。

2.2　本章主要内容

本章主要内容框架如图 2—1 所示。

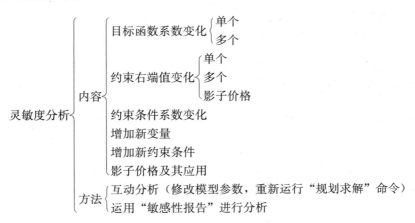

图 2—1　第 2 章主要内容框架图

1. 线性规划的灵敏度分析

在第 1 章的讨论中，假定线性规划模型中的各个系数 c_j、a_{ij}、b_i 是确定的常数，并根据这些数据，求得最优解。

$$\max(\text{或 }\min)z = \sum_{j=1}^{n} c_j x_j$$

$$\text{s. t.}\begin{cases} \sum_{j=1}^{n} a_{ij}x_j \leqslant (=,\geqslant)b_i & (i=1,2,\cdots,m) \\ x_j \geqslant 0 & (j=1,2,\cdots,n) \end{cases}$$

但事实上，现实情况是复杂多变的，模型中的系数 c_j、a_{ij}、b_i 都有可能变化，因此，需要进行进一步的分析，以决定是否需要调整决策。

灵敏度分析研究的另一类问题是探讨在原线性规划模型的基础上增加一个变量或者一个约束条件对最优解的影响。

2． 目标函数系数变化的灵敏度分析

（1）单个目标函数系数变化对最优解的影响：使用电子表格进行互动分析（修改模型参数，重新运行"规划求解"命令）、运用"敏感性报告"寻找单个目标函数系数的允许变化范围。

（2）多个目标函数系数同时变化对最优解的影响：使用电子表格进行互动分析（修改模型参数，重新运行"规划求解"命令）、运用"敏感性报告"进行分析（百分之百法则）。

3． 约束右端值变化的灵敏度分析

（1）单个约束右端值变化对最优目标值的影响：使用电子表格进行互动分析（修改模型参数，重新运行"规划求解"命令）、从"敏感性报告"中获得关键信息（影子价格）。

（2）多个约束右端值同时变化对最优目标值的影响：使用电子表格进行互动分析（修改模型参数，重新运行"规划求解"命令）、运用"敏感性报告"进行分析（百分之百法则）。

4． 约束条件系数变化的灵敏度分析

使用电子表格进行互动分析（修改模型参数，重新运行"规划求解"命令）。

5． 增加一个新变量

使用电子表格进行互动分析（修改模型参数，重新运行"规划求解"命令）。

6． 增加一个约束条件

使用电子表格进行互动分析（修改模型参数，重新运行"规划求解"命令）。

7． 影子价格及其应用

（1）影子价格是利用线性规划原理计算出来的反映资源最优使用效果的"价格"。其值相当于在资源得到最优利用的条件下，资源（约束右端值）每增加（或减少）1 个单位，最优目标值增加（或减少）的数量。

（2）影子价格的应用。

2.3 本章上机实验

1． 实验目的

掌握使用 Excel 软件进行灵敏度分析的操作方法。

2. 内容和要求

使用 Excel 软件求解习题 2.3、案例 2.1（或其他例子、习题、案例等）。

3. 操作步骤

（1）在 Excel 中建立电子表格模型；

（2）使用 Excel 软件中的"规划求解"命令求解线性规划问题并生成"敏感性报告"；

（3）结果分析：哪些问题可以直接利用"敏感性报告"中的信息求解，哪些问题需要重新运行"规划求解"命令，并对结果提出自己的看法；

（4）在 Excel 文件或 Word 文档中撰写实验报告，包括线性规划模型、电子表格模型、敏感性报告和结果分析等。

2.4 本章习题全解

2.1 某厂利用 A、B 两种原料生产甲、乙、丙三种产品，已知生产单位产品所需的原料、利润及有关数据如表 2—1 所示。

表 2—1 　　　　　　　　　两种原料生产三种产品的有关数据

	产品甲	产品乙	产品丙	拥有量
原料 A	6	3	5	45
原料 B	3	4	5	30
单位利润	4	1	5	

请分别回答下列问题：

（1）求使该厂获利最大的生产计划。

（2）若产品乙、丙的单位利润不变，产品甲的单位利润在什么范围内变化时，最优解不变？

（3）若原料 A 市场紧缺，除拥有量外一时无法购进，而原料 B 如数量不足可去市场购买，单价为 0.5，问该厂是否应该购买，且以购进多少为宜？

解：

本问题是一个生产计划问题。

（1）决策变量。

设 x_1，x_2，x_3 分别表示甲、乙、丙三种产品的产量。

（2）目标函数。

本问题的目标是获利最大，即：$\max z = 4x_1 + x_2 + 5x_3$。

（3）约束条件。

①原料 A 的拥有量限制：$6x_1 + 3x_2 + 5x_3 \leqslant 45$

②原料 B 的拥有量限制：$3x_1 + 4x_2 + 5x_3 \leqslant 30$

③非负：x_1，x_2，$x_3 \geqslant 0$

于是，得到习题 2.1 的线性规划模型为：

$$\max z = 4x_1 + x_2 + 5x_3$$

$$\text{s. t.} \begin{cases} 6x_1 + 3x_2 + 5x_3 \leqslant 45 \\ 3x_1 + 4x_2 + 5x_3 \leqslant 30 \\ x_1, x_2, x_3 \geqslant 0 \end{cases}$$

习题 2.1 的电子表格模型如图 2—2 所示，参见"习题 2.1. xlsx"。

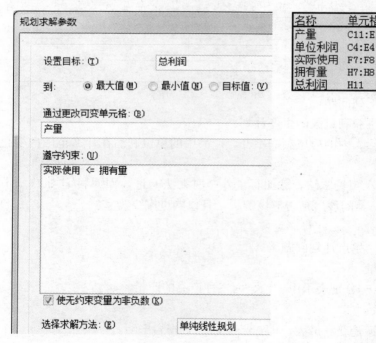

图 2—2　习题 2.1 的电子表格模型

（1）工厂最优的生产计划是：生产 5 单位的产品甲、3 单位的产品丙（不生产产品乙），此时工厂获利最大，为 35。原料 A、B 也都刚好全部用完。

（2）Excel 规划求解生成的"敏感性报告"如图 2—3 所示。

从"敏感性报告"（见图 2—3）的"可变单元格"中可以看出，产品甲的单位利润在 [3，6]（即 [4−1，4+2]）范围内变化，最优解不变。

	A	B	C	D	E	F	G	H
6	可变单元格							
7				终	递减	目标式	允许的	允许的
8		单元格	名称	值	成本	系数	增量	减量
9		C11	产量 产品甲	5	0	4	2	1
10		D11	产量 产品乙	0	-2.667	1	2.667	1E+30
11		E11	产量 产品丙	3	0	5	1.667	1.667
12								
13	约束							
14				终	阴影	约束	允许的	允许的
15		单元格	名称	值	价格	限制值	增量	减量
16		F7	原料 A 实际使用	45	0.333	45	15	15
17		F8	原料 B 实际使用	30	0.667	30	15	7.5

图 2—3　习题 2.1 的敏感性报告

（3）从“敏感性报告”（见图 2—3）的“约束”中可以看出，原料 B 的影子价格是 0.667，大于购买单价 0.5。因此，原料 B 如果数量不足，可去市场购买，以购进 15 单位（允许的增量）为宜。

2.2 某工厂利用三种原材料（甲、乙和丙）生产三种产品（A、B 和 C），有关数据如表 2—2 所示。

表 2—2　三种原材料生产三种产品的有关数据

	产品 A	产品 B	产品 C	每月可供量（公斤）
原材料甲	2	1	1	200
原材料乙	1	2	3	500
原材料丙	2	2	1	600
单位利润（千元）	4	1	3	

请分别回答下列问题：

（1）怎样安排生产，才能使利润最大？

（2）若增加 1 公斤原材料甲，总利润增加多少？

（3）设原材料乙的市场价格为 1.2 千元/公斤，若要转卖原材料乙，工厂应该至少叫价多少？为什么？

（4）产品的单位利润分别在什么范围内变化时，原生产计划不变？

（5）由于市场变化，产品 B、C 的单位利润变为 2 千元、4 千元，这时应该如何调整生产计划？

解：

本问题是一个生产计划问题。

（1）决策变量。

设 x_1，x_2，x_3 分别表示 A、B、C 三种产品的每月产量。

（2）目标函数。

本问题的目标是工厂利润最大，即：$\max z=4x_1+x_2+3x_3$。

（3）约束条件。

① 原材料甲每月可供量限制：$2x_1+x_2+x_3\leqslant 200$

② 原材料乙每月可供量限制：$x_1+2x_2+3x_3\leqslant 500$

③ 原材料丙每月可供量限制：$2x_1 + 2x_2 + x_3 \leqslant 600$

④ 非负：$x_1, x_2, x_3 \geqslant 0$

于是，得到习题 2.2 的线性规划模型为：

$$\max z = 4x_1 + x_2 + 3x_3$$

$$\text{s.t.} \begin{cases} 2x_1 + x_2 + x_3 \leqslant 200 \\ x_1 + 2x_2 + 3x_3 \leqslant 500 \\ 2x_1 + 2x_2 + x_3 \leqslant 600 \\ x_1, x_2, x_3 \geqslant 0 \end{cases}$$

习题 2.2 的电子表格模型如图 2—4 所示，参见"习题 2.2.xlsx"。

	A	B	C	D	E	F	G	H
1	习题2.2							
2								
3			产品A	产品B	产品C			
4		单位利润	4	1	3			
5								
6			单位产品所需原材料			实际使用		可供量
7		原材料甲	2	1	1	200	<=	200
8		原材料乙	1	2	3	500	<=	500
9		原材料丙	2	2	1	200	<=	600
10								
11			产品A	产品B	产品C			总利润
12		每月产量	20	0	160			560

	F
6	实际使用
7	=SUMPRODUCT(C7:E7,每月产量)
8	=SUMPRODUCT(C8:E8,每月产量)
9	=SUMPRODUCT(C9:E9,每月产量)

	H
11	总利润
12	=SUMPRODUCT(单位利润,每月产量)

规划求解参数

设置目标：(T)   总利润

到：   ◉ 最大值(M)   ○ 最小值(N)   ○ 目标值：(V)

通过更改可变单元格：(B)

每月产量

遵守约束：(U)

实际使用 <= 可供量

名称	单元格
单位利润	C4:E4
可供量	H7:H9
每月产量	C12:E12
实际使用	F7:F9
总利润	H12

☑ 使无约束变量为非负数(K)

选择求解方法：(E)   单纯线性规划

图 2—4 习题 2.2 的电子表格模型

于是，可得相应问题的解答如下：

（1）工厂最优的生产计划是：每月生产 20 公斤产品 A、160 公斤产品 C（不生产产品 B），此时工厂的总利润最大，为 56 万元（560 千元）。原材料甲、乙刚好全部用完，而原材料丙没有用完，还剩余 400 公斤。

（2）Excel 规划求解生成的"敏感性报告"如图 2—5 所示。

	A B	C	D	E	F	G	H
6	可变单元格						
7 8	单元格	名称	终值	递减成本	目标式系数	允许的增量	允许的减量
9	C12	每月产量 产品A	20	0	4	2	3
10	D12	每月产量 产品B	0	-1.6	1	1.6	1E+30
11	E12	每月产量 产品C	160	0	3	9	1
12							
13	约束						
14 15	单元格	名称	终值	阴影价格	约束限制值	允许的增量	允许的减量
16	F7	原材料甲 实际使用	200	1.8	200	400	33.333
17	F8	原材料乙 实际使用	500	0.4	500	100	400
18	F9	原材料丙 实际使用	200	0	600	1E+30	400

图 2—5　习题 2.2 的敏感性报告

从"敏感性报告"（见图 2—5）的"约束"中可以看出，原材料甲的影子价格为 1.8，因此，若增加 1 公斤原材料甲，总利润可增加 1.8 千元。

（3）原材料乙的影子价格为 0.4，由于原材料乙的市场价格为 1.2 千元/公斤，若要转卖原材料乙，工厂应该至少叫价 1.2+0.4=1.6 千元/公斤。

（4）从"敏感性报告"（见图 2—5）的"可变单元格"中可以看出，产品 A 的单位利润在 [1, 6]（即 [4−3, 4+2]）范围内变化、产品 B 的单位利润在 [0, 2.6]（即 [1−∞, 1+1.6]）范围内变化、产品 C 的单位利润在 [2, 12]（即 [3−1, 3+9]）范围内变化时，原生产计划不变。需要说明的是：只有当单位利润分别在一定的范围内变化（注意：非同时变化）时，原生产计划才能不变，如果是同时变化，要用"目标函数系数同时变化的百分之百法则"来判断最优解（生产计划）是否改变。

（5）由于市场变化，产品 B、C 的单位利润变为 2 千元、4 千元，这时变化量占允许变化量的百分比之和为：

$$\frac{2-1}{1.6}+\frac{4-3}{9}\approx 73.6\% < 100\%$$

根据"目标函数系数同时变化的百分之百法则"可知：不需要调整生产计划。

2.3 已知某工厂计划生产三种产品，各产品需要在设备 A、B、C 上加工，有关数据如表 2—3 所示。

表 2—3　　　　　　　　　生产三种产品的有关数据

	产品 1	产品 2	产品 3	每月设备有效台时
设备 A	8	2	10	300
设备 B	10	5	8	400
设备 C	2	13	10	420
单位利润（千元）	3	2	2.9	

请分别回答下列问题：

（1）如何充分发挥设备能力，才能使生产盈利最大？

（2）为了增加产量，可借用其他工厂的设备 B，若每月可借用 60 台时，租金为 1.8 万元，问借用设备 B 是否合算？

（3）若另有两种新产品（产品 4 和产品 5），其中生产每件新产品 4 需用设备 A、B、C 各 12、5、10 台时，单位盈利 2.1 千元；生产每件新产品 5 需用设备 A、B、C 各 4、4、12 台时，单位盈利 1.87 千元。如果设备 A、B、C 台时不增加，分别回答这两种新产品的投产在经济上是否合算？

（4）对产品工艺重新进行设计，改进构造。改进后生产每件产品 1，需用设备 A、B、C 各 9、12、4 台时，单位盈利 4.5 千元，问这对原生产计划有何影响？

解：

本问题是一个生产计划问题。

（1）决策变量。

设 x_1，x_2，x_3 分别表示产品 1、产品 2 和产品 3 的每月产量。

（2）目标函数。

本问题的目标是使工厂盈利最大，即：$\max z=3x_1+2x_2+2.9x_3$（千元）。

（3）约束条件。

①设备 A 的有效台时限制：$8x_1+2x_2+10x_3\leqslant300$

②设备 B 的有效台时限制：$10x_1+5x_2+8x_3\leqslant400$

③设备 C 的有效台时限制：$2x_1+13x_2+10x_3\leqslant420$

④非负：x_1，x_2，$x_3\geqslant0$

于是，得到习题 2.3 的线性规划模型为：

$$\max z=3x_1+2x_2+2.9x_3$$

$$\text{s. t.}\begin{cases}8x_1+2x_2+10x_3\leqslant300\\10x_1+5x_2+8x_3\leqslant400\\2x_1+13x_2+10x_3\leqslant420\\x_1,x_2,x_3\geqslant0\end{cases}$$

习题 2.3 问题（1）的电子表格模型如图 2—6 所示，请参见 "习题 2.3（1）.xlsx"。

	A	B	C	D	E	F	G	H
1	习题2.3（1）							
2								
3			产品1	产品2	产品3			
4		单位利润	3	2	2.9			
5								
6			单位产品所需台时			实际使用		有效台时
7		设备 A	8	2	10	300	<=	300
8		设备 B	10	5	8	400	<=	400
9		设备 C	2	13	10	420	<=	420
10								
11			产品1	产品2	产品3			总利润
12		每月产量	22.533	23.2	7.333			135.267

图 2—6　习题 2.3（1）的电子表格模型

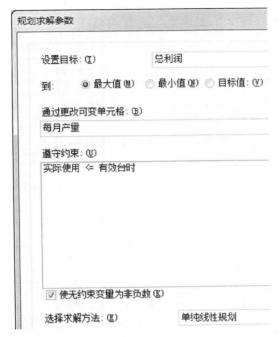

名称	单元格
单位利润	C4:E4
每月产量	C12:E12
实际使用	F7:F9
有效台时	H7:H9
总利润	H12

	F
6	实际使用
7	=SUMPRODUCT(C7:E7,每月产量)
8	=SUMPRODUCT(C8:E8,每月产量)
9	=SUMPRODUCT(C9:E9,每月产量)

	H
11	总利润
12	=SUMPRODUCT(单位利润,每月产量)

图 2—6 习题 2.3（1）的电子表格模型（续）

于是，可得相应问题的解答如下：

（1）工厂最优的生产计划是：每月生产 22.533 单位的产品 1、23.2 单位的产品 2 和 7.333 单位的产品 3，此时工厂的总利润最大，约为 13.53 万元（135.267 千元），且充分发挥了三种设备的能力。

（2）Excel 规划求解生成的"敏感性报告"如图 2—7 所示。

	单元格	名称	终值	递减成本	目标式系数	允许的增量	允许的减量
5							
6 可变单元格							
9	C12	每月产量 产品1	22.533	0	3	0.333	1.455
10	D12	每月产量 产品2	23.2	0	2	0.214	0.778
11	E12	每月产量 产品3	7.333	0	2.9	1.6	0.15

	单元格	名称	终值	阴影价格	约束限制值	允许的增量	允许的减量
13 约束							
16	F7	设备A 实际使用	300	0.03	300	165.714	36.667
17	F8	设备B 实际使用	400	0.267	400	44	122.909
18	F9	设备C 实际使用	420	0.047	420	397.647	220

图 2—7 习题 2.3（1）的敏感性报告

从"敏感性报告"（见图 2—7）的"约束"中可以看出，设备 B 的影子价格约为 0.267，允许的增量为 44，于是，$0.267 \times 44 = 11.748$ 千元，小于租金 1.8 万元，故为了增加产量，每月去其他工厂借用 60 台时的设备 B，租金为 1.8 万元，是不合算的。该问题还可以从另一个角度考虑，设备 B 的单位租金（成本）为 $18/60 = 0.3$ 千元/台时，大于影子价格（收益）0.267，故借用不合算。

还有另外一种方法，假设借用了 60 台时的设备 B，此时将设备 B 的有效台时（见图 2—6 中的 H8 单元格）增加 60（即从原有的 400 增加到 $400 + 60 = 460$），然后重新运行"规划求解"命令，看新的总利润（H12 单元格）与原有的总利润（135.267 千元）的差值（增加的利润）是否大于租金 1.8 万元，如果"是"就合算，否则就不合算。具体操作，请读者自己尝试。

温馨提示：可参见"习题 2.3(2).xlsx"。

（3）对于问题（3），在问题（1）的基础上，分别增加一种新产品，具体操作（包括数学模型和电子表格模型）请读者自己尝试。

温馨提示：电子表格模型可分别参见"习题 2.3（3）增加新产品 4.xlsx"和"习题 2.3（3）增加新产品 5.xlsx"。

对于增加新产品 4，求解结果是：与问题（1）的求解结果相同，不生产新产品 4。也就是说，投产新产品 4 在经济上是不合算的。

对于增加新产品 5，求解结果是：工厂每月生产 26.75 单位的产品 1、15.5 单位的产品 2 和 13.75 单位的产品 5（不生产产品 3），此时工厂总利润最大，约为 13.7 万元（136.962 5 千元）。也就是说，投产新产品 5 在经济上是合算的。

（4）对于问题（4），在问题（1）的基础上，修改产品 1 的技术系数（单位产品所需台时，C7：C9 区域）和单位利润（C4 单元格），参见"习题 2.3（4）.xlsx"。求解结果是：工厂每月生产 22.794 单位的产品 1 和 25.294 单位的产品 2（不生产产品 3），此时工厂总利润最大，约为 15.32 万元（153.162 千元）。也就是说，要增加产品 1 的产量，停止产品 3 的生产，且总利润增加了 $15.32 - 13.53 = 1.79$ 万元。

2.4 某公司为其冰淇淋经营店提供三种口味的冰淇淋：巧克力、香草和香蕉。因为天气炎热，顾客对冰淇淋的需求大增，而公司库存的原料已经不够了。这些原料分别为：牛奶、糖和奶油。公司无法完成接收的订单，但是，为了在原料有限的条件下，使利润最大化，公司需要确定各种口味冰淇淋的最优组合。

巧克力、香草和香蕉三种口味的冰淇淋的销售利润分别为每加仑 100 元、90 元和 95 元。公司现有 200 加仑牛奶、150 加仑糖和 60 加仑奶油的存货。

这一问题的线性规划模型如下：

假设 x_1，x_2，x_3 分别为三种口味（巧克力、香草、香蕉）冰淇淋的产量（加仑）。

公司的总利润最大，即：$\max z = 100x_1 + 90x_2 + 95x_3$。

约束条件为：

$$\text{s. t.} \begin{cases} 0.45x_1 + 0.5x_2 + 0.4x_3 \leqslant 200 & \text{（牛奶）} \\ 0.5x_1 + 0.4x_2 + 0.4x_3 \leqslant 150 & \text{（糖）} \\ 0.1x_1 + 0.15x_2 + 0.2x_3 \leqslant 60 & \text{（奶油）} \\ x_1, x_2, x_3 \geqslant 0 & \text{（非负）} \end{cases}$$

使用 Excel 的"规划求解"命令后的电子表格模型和敏感性报告如图 2—8 和图 2—9 所示。

	A	B	C	D	E	F	G	H
1	习题2.4							
2								
3			巧克力	香草	香蕉			
4		单位利润	100	90	95			
5								
6			每加仑产品所需原料			实际使用		现有存货
7		牛奶	0.45	0.5	0.4	180	<=	200
8		糖	0.5	0.4	0.4	150	<=	150
9		奶油	0.1	0.15	0.2	60	<=	60
10								
11			巧克力	香草	香蕉			总利润
12		产量	0	300	75			34125

图 2—8 习题 2.4 的电子表格模型

	A	B	C	D	E	F	G	H
5								
6	可变单元格							
7				终值	递减成本	目标式系数	允许的增量	允许的减量
8		单元格	名称					
9		C12	产量 巧克力	0	-3.75	100	3.75	1E+30
10		D12	产量 香草	300	0	90	5	1.25
11		E12	产量 香蕉	75	0	95	2.143	5
12								
13	约束							
14				终值	阴影价格	约束限制值	允许的增量	允许的减量
15		单元格	名称					
16		F7	牛奶 实际使用	180	0	200	1E+30	20
17		F8	糖 实际使用	150	187.5	150	10	30
18		F9	奶油 实际使用	60	100	60	15	3.75

图 2—9 习题 2.4 的敏感性报告

不使用 Excel 重新规划求解,请尽可能详细地回答下列问题(注意:各个问题互不干扰,相互独立)。

(1)最优解和总利润各是多少?

答:最优解(各种口味冰淇淋产量的最优组合,见图 2—8)为:生产 300 加仑的香草冰淇淋、75 加仑的香蕉冰淇淋(不生产巧克力冰淇淋),此时总利润最大,为 34 125 元。

(2)假设香蕉冰淇淋每加仑的利润变为 100 元,最优解是否改变?对总利润又会产生怎样的影响?

答:从"敏感性报告"(见图 2—9)的"可变单元格"中可知,香蕉冰淇淋的目标函数系数的变化范围是 [95-5,95+2.143]=[90,97.143],当香蕉冰淇淋每加仑的利润变为 100 元时,由于 100 大于上限 97.143(不在变化范围内),因此不能确定最优解是否改变,但总利润一定是增加的,因为香蕉冰淇淋的单位利润增加了(从 95 元增加到 100 元)。

(3)假设香蕉冰淇淋每加仑的利润变为 92 元,最优解是否改变?对总利润又会产生怎样的影响?

答:从(2)的解答中可知,香蕉冰淇淋的目标函数系数的变化范围是 [90,97.143],于是,当香蕉冰淇淋每加仑的利润变为 92 元时,由于 92 大于下限 90(仍在变化范围内),因此最优解不会改变,总利润减少了(95-92)×75=225 元。

（4）假设香草冰淇淋和香蕉冰淇淋每加仑的利润都变为 92 元，最优解是否改变？对总利润又会产生怎样的影响？

答：由于涉及两种口味冰淇淋的单位利润变化，因此要用到"目标函数系数同时变化的百分之百法则"。

香草冰淇淋的目标函数系数（单位利润）：90→92（增加了 2）

$$占允许的增量的百分比=\frac{92-90}{5}\times100\%=40\%$$

香蕉冰淇淋的目标函数系数（单位利润）：95→92（减少了 3）

$$占允许的减量的百分比=\frac{95-92}{5}\times100\%=60\%$$

二者百分比的总和 40%＋60%＝100%，不超过 100%，所以可以确定最优解不会改变。总利润的变化量是：（92－90）×300＋（92－95）×75＝600－225＝375 元，即总利润增加了 375 元。

（5）公司发现有 3 加仑的库存奶油已经变质，只能扔掉，最优解是否改变？对总利润又会产生怎样的影响？

答：从"敏感性报告"（见图 2—9）的"约束"中可知，奶油的影子价格是 100，允许的减量是 3.75。而变质的奶油有 3 加仑，小于允许的减量 3.75，所以影子价格依然有效。总利润减少了 3×100＝300 元。由于总利润（最优目标值）减少了，而目标函数系数并没有改变，那么改变的就一定是最优解了。也就是说可以确定最优解改变了。

（6）假设公司有机会购得 15 加仑糖，总成本 1 500 元，公司是否应该购买这批糖？为什么？

答：从"敏感性报告"（见图 2—9）的"约束"中可知，糖的影子价格是 187.5，允许的增量是 10，在影子价格有效范围内，总利润可增加 10×187.5＝1 875 元。由于可增加的总利润 1 875 元大于购得 15 加仑糖的总成本 1 500 元，因此公司应该购买这批糖（虽然这次购得的 15 加仑糖中有 5 加仑可能用不上，但可以下次再用）。

2.5 本章案例全解

案例 2.1 奶制品加工生产

某奶制品加工厂用牛奶生产 A_1 和 A_2 两种奶制品。1 桶牛奶可以在甲类设备上用 1.2 小时加工成 3 公斤 A_1，或者在乙类设备上用 0.8 小时加工成 4 公斤 A_2。根据市场需求，生产的 A_1 和 A_2 全部能售出，且每公斤 A_1 获利 24 元，每公斤 A_2 获利 16 元。现在加工厂每天能得到 50 桶牛奶的供应，每天正式工人总的劳动时间为 48 小时，并且甲类设备每天至多能加工 100 公斤 A_1，乙类设备的加工能力没有限制。试为该厂制订一个生产计划，使每天获利最大，并进一步讨论以下 3 个附加问题：

（1）若用 35 元可以买到 1 桶牛奶，是否应该作这项投资？若投资，每天最多购买多少桶牛奶？

（2）若可以聘用临时工人以增加劳动时间，付给临时工人的工资最多是每小时多少元？

（3）由于市场需求变化，每公斤 A1 的获利增加到 30 元，是否应该改变生产计划？

解：

本问题的目标是每天获利最大，要做的决策是生产计划，即每天用多少桶牛奶生产奶制品 A1，用多少桶牛奶生产奶制品 A2（也可以是每天生产多少公斤奶制品 A1，多少公斤奶制品 A2）。决策受到 3 个条件的限制：原料（牛奶）供应、劳动时间、甲类设备的加工能力。

（1）决策变量。

设每天用 x_1 桶牛奶生产奶制品 A1，用 x_2 桶牛奶生产奶制品 A2。

（2）目标函数。

设每天获利为 z 元。x_1 桶牛奶可生产 $3x_1$ 公斤奶制品 A1，获利 $24 \times 3x_1$ 元，x_2 桶牛奶可生产 $4x_2$ 公斤奶制品 A2，获利 $16 \times 4x_2$ 元，故：$\max z = 72x_1 + 64x_2$。

（3）约束条件。

① 原料供应：生产奶制品 A1 和 A2 的原料（牛奶）总量不得超过每天的供应，即：$x_1 + x_2 \leqslant 50$（桶）；

② 劳动时间：生产奶制品 A1 和 A2 的总加工时间不得超过每天正式工人总的劳动时间，即：$1.2x_1 + 0.8x_2 \leqslant 48$（小时）；

③ 设备能力：奶制品 A1 的产量不得超过甲类设备每天的加工能力，即：$3x_1 \leqslant 100$（公斤）；

④ 非负约束：$x_1 \geqslant 0$，$x_2 \geqslant 0$。

于是，得到案例 2.1 的线性规划模型为：

$$\max z = 72x_1 + 64x_2$$
$$\text{s. t.} \begin{cases} x_1 + x_2 \leqslant 50 \\ 1.2x_1 + 0.8x_2 \leqslant 48 \\ 3x_1 \leqslant 100 \\ x_1, x_2 \geqslant 0 \end{cases}$$

案例 2.1 的电子表格模型如图 2—10 所示，参见"案例 2.1.xlsx"。

	A	B	C	D	E	F	G
1		**案例2.1 奶制品加工生产**					
2							
3			奶制品A1	奶制品A2			
4		单位利润	72	64			
5							
6			加工1桶牛奶所需资源		实际使用		可用资源
7		原料（牛奶）	1	1	50	<=	50
8		加工时间	1.2	0.8	48	<=	48
9		甲类设备	3		60	<=	100
10							
11			奶制品A1	奶制品A2			总利润
12		牛奶用量	20	30			3360

图 2—10　案例 2.1 的电子表格模型

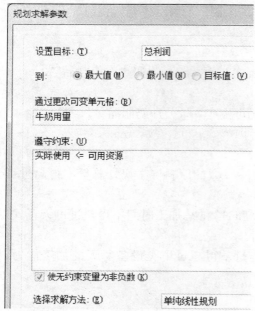

名称	单元格
单位利润	C4:D4
可用资源	G7:G9
牛奶用量	C12:D12
实际使用	E7:E9
总利润	G12

	E
6	实际使用
7	=SUMPRODUCT(C7:D7,牛奶用量)
8	=SUMPRODUCT(C8:D8,牛奶用量)
9	=SUMPRODUCT(C9:D9,牛奶用量)

	G
11	总利润
12	=SUMPRODUCT(单位利润,牛奶用量)

规划求解参数

设置目标：(T)　　　　总利润

到：　● 最大值(M)　　○ 最小值(N)　　○ 目标值：(V)

通过更改可变单元格：(B)

牛奶用量

遵守约束：(U)

实际使用 <= 可用资源

☑ 使无约束变量为非负数 (K)

选择求解方法：(E)　　　　单纯线性规划

图 2—10　案例 2.1 的电子表格模型（续）

案例 2.1 的最优生产计划是：用 20 桶牛奶生产奶制品 A1，30 桶牛奶生产奶制品 A2，可获最大利润 3 360 元。这时原料（牛奶）和劳动时间全部用完，而甲类设备尚有 40 公斤的加工能力。

Excel 规划求解生成的"敏感性报告"如图 2—11 所示。

	A	B	C	D	E	F	G	H
5								
6	可变单元格							
7				终	递减	目标式	允许的	允许的
8		单元格	名称	值	成本	系数	增量	减量
9		C12	牛奶用量 奶制品A1	20	0	72	24	8
10		D12	牛奶用量 奶制品A2	30	0	64	8	16
11								
12	约束							
13				终	阴影	约束	允许的	允许的
14		单元格	名称	值	价格	限制值	增量	减量
15		E7	原料（牛奶） 实际使用	50	48	50	10	6.667
16		E8	加工时间 实际使用	48	20	48	5.333	8
17		E9	甲类设备 实际使用	60	0	100	1E+30	40

图 2—11　案例 2.1 的敏感性报告

（1）从"敏感性报告"（见图 2—11）的"约束"中可知，牛奶的影子价格是 48，允许的增量是 10。而 1 桶牛奶的购买价为 35，低于 1 桶牛奶的影子价格，当然应该作这项投资，但每天最多购买 10 桶牛奶。

（2）从"敏感性报告"（见图 2—11）的"约束"中可知，加工时间的影子价格是 20，允许的增量是 5.333。聘用临时工人可以增加劳动时间（加工时间），付给的工资低于加工时间的影子价格才可以增加利润，所以工资最多是每小时 20 元。也就是说，可以用低于每小时 20 元的工资聘用临时工人以增加劳动时间，但最多增加 5 小时。

（3）从"敏感性报告"（见图 2—11）的"可变单元格"中可知，x_1（奶制品 A1 的牛奶用量）的目标函数系数的允许变化范围是［64，96］（即［72−8，72＋24］）。若每公斤奶制品 A1 的获利增加到 30 元，则 x_1 的系数变为 30×3＝90，小于上限 96，在允许变化的范围内，所以不应改变生产计划。

案例 2.2　奶制品生产销售

案例 2.1 给出的 A1 和 A2 两种奶制品的生产条件、利润及工厂的"资源"限制全都不变。为增加工厂的获利，开发了奶制品的深加工技术：用 0.2 小时和 3 元加工费，可将 1 公斤 A1 加工成 0.8 公斤高级奶制品 B1，也可将 1 公斤 A2 加工成 0.75 公斤高级奶制品 B2，每公斤 B1 能获利 44 元，每公斤 B2 能获利 32 元。试为该厂制订一个生产销售计划，使每天的净利润最大，并讨论以下问题：

（1）若投资 30 元可以增加 1 桶牛奶的供应，投资 30 元可以增加 1 小时劳动时间，是否应该作这些投资？若每天投资 150 元，可赚回多少？

（2）每公斤高级奶制品 B1、B2 的获利经常有 10％ 的波动，对制订的生产销售计划有无影响？若每公斤 B1 的获利下降 10％，计划应该变化吗？

解：

本问题要求制订生产销售计划，决策变量可以像案例 2.1 那样，可设每天用多少桶牛奶生产 A1、A2，再添上用多少公斤 A1 加工 B1，用多少公斤 A2 加工 B2。但是由于问题要分析 B1、B2 的获利对生产销售计划的影响，所以决策变量为 A1、A2、B1、B2 每天的销售量更方便。目标函数是工厂每天的净利润，也就是 A1、A2、B1、B2 的获利之和扣除深加工费用。约束条件基本不变，只需添上 A1、A2 深加工时间的约束即可。

（1）决策变量。

设每天销售 x_1 公斤 A1，x_2 公斤 A2，x_3 公斤 B1，x_4 公斤 B2，用 y_1 公斤 A1 加工 B1，y_2 公斤 A2 加工 B2（增设 y_1，y_2 可使下面的模型简单）。

（2）目标函数。

本问题的目标是每天的净利润最大，即：

$$\max z = 24x_1 + 16x_2 + 44x_3 + 32x_4 - 3y_1 - 3y_2$$

（3）约束条件。

①原料供应：A1 每天生产 $x_1 + y_1$ 公斤，用牛奶 $(x_1 + y_1)/3$ 桶，A2 每天生产 $x_2 + y_2$ 公斤，用牛奶 $(x_2 + y_2)/4$ 桶，二者之和不得超过每天的供应量 50 桶，即：$\dfrac{x_1 + y_1}{3} + \dfrac{x_2 + y_2}{4} \leq 50$。为了输入方便，改写成：$4x_1 + 3x_2 + 4y_1 + 3y_2 \leq 600$。

②劳动时间：每天生产 $A1$、$A2$ 的时间分别为 $0.4(x_1+y_1)$ 和 $0.2(x_2+y_2)$，加工 $B1$、$B2$ 的时间分别为 $0.2y_1$ 和 $0.2y_2$，二者之和不得超过总的劳动时间（加工时间）48 小时，即：$0.4(x_1+y_1)+0.2(x_2+y_2)+0.2y_1+0.2y_2\leqslant48$。为了输入方便，改写成：$0.4x_1+0.2x_2+0.6y_1+0.4y_2\leqslant48$。

③ 设备能力：$A1$ 的产量 x_1+y_1，不得超过甲类设备每天的加工能力 100 公斤，即：$x_1+y_1\leqslant100$。

④附加约束：1 公斤 $A1$ 加工成 0.8 公斤 $B1$，故 $x_3=0.8y_1$。类似地，1 公斤 $A2$ 加工成 0.75 公斤 $B2$，故 $x_4=0.75y_2$。

⑤非负：x_1，x_2，x_3，x_4，y_1，$y_2\geqslant0$。

于是，得到案例 2.2 的线性规划模型为：

$$\max z=24x_1+16x_2+44x_3+32x_4-3y_1-3y_2$$

$$\text{s. t.}\begin{cases}4x_1+3x_2+4y_1+3y_2\leqslant600\\0.4x_1+0.2x_2+0.6y_1+0.4y_2\leqslant48\\x_1+y_1\leqslant100\\x_3=0.8y_1\\x_4=0.75y_2\\x_1,x_2,x_3,x_4,y_1,y_2\geqslant0\end{cases}$$

案例 2.2 的电子表格模型如图 2—12 所示，参见"案例 2.2. xlsx"。

案例 2.2 的最优生产计划是：每天生产销售 168 公斤 $A2$ 和 19.2 公斤 $B1$（不销售 $A1$，不生产销售 $B2$），可获总利润 3 460.8 元。为此，① 要用 8 桶牛奶先加工成 24 公斤 $A1$，然后将得到的 24 公斤 $A1$ 全部加工成 19.2 公斤 $B1$ 并出售；②用 42 桶牛奶加工成 168 公斤 $A2$ 并出售。

与案例 2.1 一样，原料（牛奶）和劳动时间（加工时间）全部用完，而甲类设备尚有 76 公斤的加工能力。

Excel 规划求解生成的"敏感性报告"如图 2—13 所示。

图 2—12　案例 2.2 的电子表格模型

名称	单元格
单位利润	C4:H4
高级奶制品加工量	F16:F17
高级奶制品销售量	D16:D17
可用资源	K7:K9
实际使用	I7:I9
销售量	C12:H12
总利润	K12

	I
6	实际使用
7	=SUMPRODUCT(C7:H7,销售量)
8	=SUMPRODUCT(C8:H8,销售量)
9	=SUMPRODUCT(C9:H9,销售量)

	K
11	总利润
12	=SUMPRODUCT(单位利润,销售量)

	D	E	F
15	高级奶制品销售量		高级奶制品加工量
16	=E12	=	=G12*G16
17	=F12	=	=H12*G17

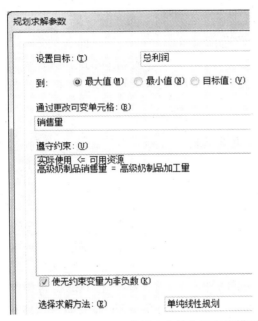

图 2—12　案例 2.2 的电子表格模型（续）

	A	B	C	D	E	F	G	H
5								
6	可变单元格							
7				终值	递减成本	目标式系数	允许的增量	允许的减量
8	单元格		名称					
9	C12	销售量	A1	0	-1.68	24	1.68	1E+30
10	D12	销售量	A2	168	0	16	8.15	2.1
11	E12	销售量	B1	19.2	0	44	19.75	3.167
12	F12	销售量	B2	0	0	32	2.027	1E+30
13	G12	销售量	A1→B1	24	0	-3	15.8	2.533
14	H12	销售量	A2→B2	0	-1.52	-3	1.52	1E+30
15								
16	约束							
17				终值	阴影价格	约束限制值	允许的增量	允许的减量
18	单元格		名称					
19	I7	牛奶 实际使用		600	3.16	600	120	280
20	I8	加工时间 实际使用		48	32.6	48	25.333	8
21	I9	甲类设备 实际使用		24	0	100	1E+30	76
22	D16	A1→B1 高级奶制品销售量		19.2	44	0	1E+30	19.2
23	D17	A2→B2 高级奶制品销售量		0	32	0	1E+30	0

图 2—13　案例 2.2 的敏感性报告

（1）从"敏感性报告"（见图 2—13）的"约束"中可知：（扩大了 12 倍）牛奶的影子价格是 3.16，允许的增量是 120，这是由于原料（牛奶）供应约束改写成了 $4x_1+3x_2+4y_1+3y_2\leqslant600$ 引起的。故增加 1 桶牛奶可使净利润增加 $3.16\times12=37.92$ 元，允许的增量是 120/12＝10 桶。同样，从"敏感性报告"的"约束"中可知：增加 1 小时劳动时间可使净利润增加 32.6 元，允许的增量是 25.333 小时。所以应该投资 30 元增加供应 1 桶牛奶，或投资 30 元增加 1 小时劳动时间。

由于牛奶的影子价格 37.92 大于劳动时间（加工时间）的影子价格 32.6，所以应优先投资牛奶。若每天投资 150 元，可增加供应 150/30＝5 桶牛奶，小于牛奶允许的增量 10 桶，在影子价格有效范围内，可直接计算赚回 $37.92\times5=189.6$ 元。

（2）从"敏感性报告"（见图 2—13）的"可变单元格"中可知：高级奶制品 B1 的目标函数系数的允许变化范围是 [40.833，63.75]，即 [44-3.167，44+19.75]；高级奶制品 B2 的目标函数系数的允许变化范围是 [0，34.027]，即 [32-∞，32+2.027]。所以当 B1 的获利向下波动 10%（$44\times10\%=4.4$，大于允许的减量 3.167），或 B2 的获利向上波动 10%（$32\times10\%=3.2$，大于允许的增量 2.027）时，上面得到的生产销售计划将不再是最优的，应该重新制订。

如果每公斤 B1 的获利下降 10%，应将模型中 B1 的单位利润（E4 单元格中的数值）改为 $44\times(1-10\%)=39.6$，然后重新运行"规划求解"命令，得到的最优生产计划是：50 桶牛奶全部加工成 200 公斤的 A2，出售其中的 160 公斤，将其余的 40 公斤加工成 30 公斤的 B2 出售，获得净利润 3 400 元，可见计划变化很大。

如果每公斤 B2 的获利上升 10%，应将模型中 B2 的单位利润（F4 单元格中的数值）改为 $32\times(1+10\%)=35.2$，然后重新运行"规划求解"命令，得到的最优生产计划与 B1 的单位利润下降 10% 时的最优生产计划相同，但获得的净利润是 3 496 元。

这就是说，最优生产计划对 B1 或 B2 获利的波动是比较敏感的。

与案例 2.1 相比，案例 2.2 多了两种产品 B1、B2，它们的销售量与 A1、A2 的加工量之间存在等式关系，虽然可以据此消掉 2 个变量，但是会增加人工计算，并使模型变得复杂。我们建模的原则是尽可能利用原始的数据信息，而把尽量多的计算留给计算机去做。

第 3 章

线性规划的建模与应用

3.1 本章学习要求

（1）了解线性规划问题的四种主要类型及其特征；

（2）掌握资源分配问题的建模与应用；

（3）掌握成本收益平衡问题的建模与应用；

（4）掌握网络配送问题的建模与应用；

（5）掌握混合问题的建模与应用。

3.2 本章主要内容

本章主要内容框架如图 3—1 所示。

$$
\text{线性规划的建模与应用}
\begin{cases}
\text{资源分配问题（}\leqslant\text{）}\\
\text{成本收益平衡问题（}\geqslant\text{）}\\
\text{网络配送问题（}=\text{）}\\
\text{混合问题（}\leqslant, \geqslant, =\text{）}
\end{cases}
$$

图 3—1 第 3 章主要内容框架图

1. 线性规划问题的四种主要类型

前三类线性规划问题分别为：资源分配问题、成本收益平衡问题以及网络配送问题。对于每一类线性规划问题，最重要的共同特征是决策所基于的约束条件的性质，也就是线性规划模型中相应的函数约束的性质。具体地说，三类线性规划问题的函数约束分别为资源约束（$\leqslant$）、收益约束（$\geqslant$）和确定需求约束（$=$）。

许多线性规划问题仅包含一种函数约束，并归属于三类线性规划问题中的某一类。但实际上，更多的问题包含至少两种甚至三种函数约束，因而不能绝对地归于三类中的某一类。于是这类问题便归入第四类线性规划问题，称为混合问题。

2. 资源分配问题

资源分配问题的共性是：在线性规划模型中，每一个函数约束均为资源约束，并且每一种资源都可以表现为如下的形式：

使用的资源数量≤可用的资源数量

对于资源分配问题，有三种数据必须收集，分别是：

（1）每种资源的可供量（可用的资源数量）；

（2）每一种活动所需要的各种资源的数量，对于每一种资源与活动的组合，必须首先估计出单位活动所消耗的资源数量；

（3）每一种活动对总的绩效测度（如总利润）的单位贡献（如单位利润）。

3. 成本收益平衡问题

成本收益平衡问题的共性是：在线性规划模型中，所有的函数约束均为收益约束，并具有如下的形式：

实现的水平≥最低的可接受水平

成本收益平衡问题需要收集的三种数据如下：

（1）每种收益最低的可接受水平（管理决策）；

（2）每一种活动对每一种收益的贡献（单位活动的贡献）；

（3）每种活动的单位成本。

排班问题是成本收益平衡问题的典型应用。

4. 网络配送问题

网络配送问题的共性是：确定需求约束。其形式如下：

提供的数量＝需求的数量

网络配送问题将在第 4 章和第 5 章中重点介绍。

5. 混合问题

混合问题的函数约束有多种形式（≤，≥，＝），且没有某一类占主导地位的函数约束。典型应用有：配料问题、营养配餐问题和市场调查问题。

3.3 本章上机实验

1. 实验目的

掌握使用 Excel 软件求解线性规划问题的操作方法。

2. 内容和要求

使用 Excel 软件求解习题 3.1、习题 3.2、习题 3.3、案例 3.1（或其他例子、习题、案例等）。

3. 操作步骤

（1）在 Excel 中建立电子表格模型；

（2）使用 Excel 软件中的"规划求解"命令求解线性规划问题；

（3）结果分析；

（4）在 Excel 文件或 Word 文档中撰写实验报告，包括线性规划模型、电子表格模型和结果分析等。

3.4 本章习题全解

3.1 小王由于在校成绩优秀，学校决定奖励给他 10 000 元。除了将 4 000 元用于交税和请客之外，他决定将剩余的 6 000 元用于投资。现有两个朋友分别邀请他成为两家不同公司的合伙人。无论选择两家中的哪一家都会花去他明年暑假的一些时间并且要花费一些资金。在第一个朋友的公司中成为一个独资人要求投资 5 000 元并花费 400 小时，估计利润（不考虑时间价值）是 4 500 元。第二个朋友的公司相应的数据为 4 000 元和 500 小时，估计利润也是 4 500 元。然而，每一个朋友都允许他选择投资一定的比例，上面所有给出的独资人的数据（资金投资、时间投资和利润）都将乘以这个比例。

因为小王正在寻找一个有意义的暑假工作（最多 600 小时），于是他决定以能够带来最大估计利润的组合参与到一个或者两个朋友的公司中。请你帮助他解决这个问题，找出最佳组合。

解：

本问题是一个资源分配问题。

（1）决策变量。

本问题要做的决策是小王在这两个朋友的公司中各投资多少比例。设：

x_1 为小王在第一个朋友的公司中的投资比例；

x_2 为小王在第二个朋友的公司中的投资比例。

（2）目标函数。

本问题的目标是小王所获得的总利润最大，即：$\max z = 4\,500x_1 + 4\,500x_2$。

（3）约束条件。

① 资金限制：$5\,000x_1 + 4\,000x_2 \leqslant 6\,000$

② 时间限制：$400x_1 + 500x_2 \leqslant 600$

③ 投资比例不超过 100%：$x_1，x_2 \leqslant 100\%$

④ 非负：$x_1，x_2 \geqslant 0$

于是，得到习题 3.1 的线性规划模型为：

$$\max z = 4\,500x_1 + 4\,500x_2$$

$$\text{s. t.} \begin{cases} 5\,000x_1 + 4\,000x_2 \leqslant 6\,000 \\ 400x_1 + 500x_2 \leqslant 600 \\ 0 \leqslant x_1，x_2 \leqslant 100\% \end{cases}$$

习题 3.1 的电子表格模型如图 3—2 所示，参见"习题 3.1. xlsx"。

Excel 求解结果为：小王在这两个朋友的公司中各投资 66.7%，此时获得的总利润最大，为 6 000 元，并且刚好把资金和时间都全部用完。

3.2 某大学计算机中心主任要为中心的人员进行排班。中心从 08:00 开到 22:00。主任观测出中心在一天的不同时段的计算机使用量，并确定了如表 3—1 所示的各时段咨询员的最少需求人数。

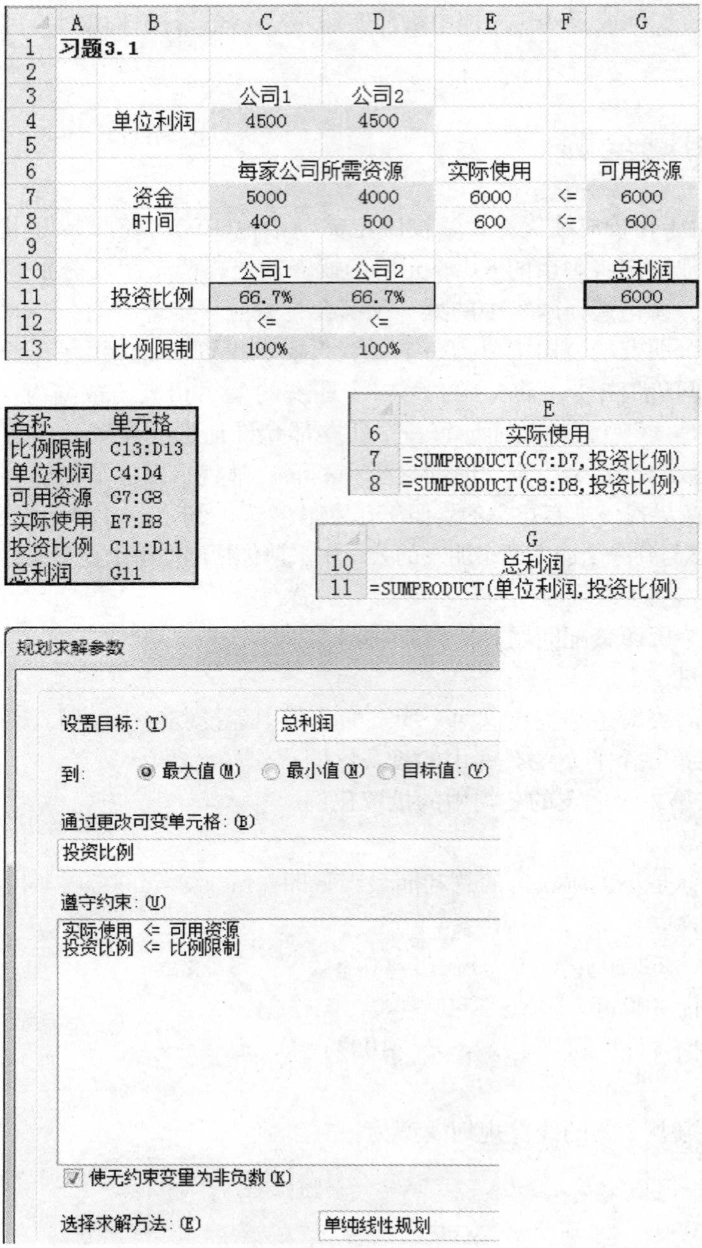

	A	B	C	D	E	F	G
1	习题3.1						
2							
3			公司1	公司2			
4		单位利润	4500	4500			
5							
6			每家公司所需资源		实际使用		可用资源
7		资金	5000	4000	6000	<=	6000
8		时间	400	500	600	<=	600
9							
10			公司1	公司2			总利润
11		投资比例	66.7%	66.7%			6000
12			<=	<=			
13		比例限制	100%	100%			

名称	单元格
比例限制	C13:D13
单位利润	C4:D4
可用资源	G7:G8
实际使用	E7:E8
投资比例	C11:D11
总利润	G11

	E
6	实际使用
7	=SUMPRODUCT(C7:D7,投资比例)
8	=SUMPRODUCT(C8:D8,投资比例)

	G
10	总利润
11	=SUMPRODUCT(单位利润,投资比例)

规划求解参数

设置目标：(T)   总利润

到： ⦿ 最大值(M)   ◯ 最小值(N)   ◯ 目标值：(V)

通过更改可变单元格：(B)

投资比例

遵守约束：(U)

实际使用 <= 可用资源
投资比例 <= 比例限制

☑ 使无约束变量为非负数(K)

选择求解方法：(E)   单纯线性规划

图 3—2　习题 3.1 的电子表格模型

表 3—1　　　　　　　　　　　各时段咨询员的最少需求人数

时段	最少需求人数
08：00～12：00	6
12：00～16：00	8
16：00～20：00	12
20：00～22：00	6

需要聘用两类计算机咨询员：全职和兼职。全职咨询员将在以下的三种轮班方式中连续工作 8 小时或 6 小时：上午上班（08:00～16:00）、中午上班（12:00～20:00）以及下午上班（16:00～22:00）。全职咨询员的工资为每小时 14 元。兼职咨询员将在表中所示的各个时段上班（即四种轮班方式，每次连续工作 4 小时或 2 小时），工资为每小时 12 元。

一个额外的条件是，在各时段，每个在岗的兼职咨询员必须配备至少两个在岗的全职咨询员（即全职咨询员与兼职咨询员的比例至少为 2：1）。

主任希望能够确定每一轮班的全职与兼职咨询员的上班人数，从而能以最小的成本满足上述需求。

解：

本问题是一个排班问题。

（1）决策变量。

本问题要作的决策是确定每种轮班的全职与兼职咨询员的上班人数。

设 x_i 为全职咨询员轮班 i 的上班人数（$i=1$ 表示上午，$i=2$ 表示中午，$i=3$ 表示下午）；y_j 为兼职咨询员轮班 j 的上班人数（$j=1$ 表示上午，$j=2$ 表示中午，$j=3$ 表示下午，$j=4$ 表示晚上）。

将这些决策变量、各时段最少需要咨询员人数、每位咨询员每天工资等信息列于表 3—2 中。

表 3—2　　　　　计算中心人员排班问题的决策变量及各时段咨询员的最少需求人数

时段	全职 1	全职 2	全职 3	兼职 1	兼职 2	兼职 3	兼职 4	最少需求人数
08:00～12:00	x_1			y_1				6
12:00～16:00	x_1	x_2			y_2			8
16:00～20:00		x_2	x_3			y_3		12
20:00～22:00			x_3				y_4	6
工资（元）	112	112	84	48	48	48	24	

（2）目标函数。

本问题的目标是计算中心咨询员每天的总成本（工资）最少，即：

$$\min z = 112x_1 + 112x_2 + 84x_3 + 48y_1 + 48y_2 + 48y_3 + 24y_4$$

（3）约束条件。

①每个时段在岗咨询员人数必须不少于最低的可接受水平（最少需求人数），可参照表 3—2（4 个收益约束）：

$$x_1 + y_1 \geq 6 \qquad (08:00～12:00)$$
$$x_1 + x_2 + y_2 \geq 8 \qquad (12:00～16:00)$$
$$x_2 + x_3 + y_3 \geq 12 \qquad (16:00～20:00)$$
$$x_3 + y_4 \geq 6 \qquad (20:00～22:00)$$

②每个时段在岗全职咨询员与兼职咨询员的比例（4 个收益约束）：

$$x_1 \geqslant 2y_1 \qquad (08{:}00 \sim 12{:}00)$$
$$x_1 + x_2 \geqslant 2y_2 \qquad (12{:}00 \sim 16{:}00)$$
$$x_2 + x_3 \geqslant 2y_3 \qquad (16{:}00 \sim 20{:}00)$$
$$x_3 \geqslant 2y_4 \qquad (20{:}00 \sim 22{:}00)$$

③非负：x_i，$y_j \geqslant 0$ （$i=1, 2, 3$；$j=1, 2, 3, 4$）

于是，得到习题 3.2 的线性规划模型为：

$$\min z = 112x_1 + 112x_2 + 84x_3 + 48y_1 + 48y_2 + 48y_3 + 24y_4$$

$$\text{s. t.} \begin{cases} x_1 + y_1 \geqslant 6 \\ x_1 + x_2 + y_2 \geqslant 8 \\ x_2 + x_3 + y_3 \geqslant 12 \\ x_3 + y_4 \geqslant 6 \\ x_1 \geqslant 2y_1 \\ x_1 + x_2 \geqslant 2y_2 \\ x_2 + x_3 \geqslant 2y_3 \\ x_3 \geqslant 2y_4 \\ x_i, \ y_j \geqslant 0 \quad (i=1, 2, 3; \ j=1, 2, 3, 4) \end{cases}$$

习题 3.2 的电子表格模型如图 3—3 所示，参见"习题 3.2.xlsx"。

Excel 求解结果如表 3—3 所示，此时计算中心咨询员每天的总成本（工资）最少，为每天 1 560 元。

图 3—3 习题 3.2 的电子表格模型

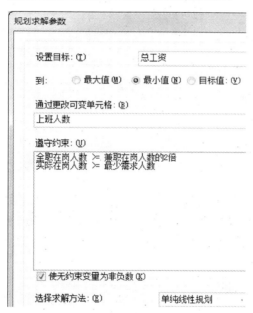

名称	单元格
倍数	G15
兼职上班人数	F13:I13
兼职在岗人数的2倍	G17:G20
每人每天工资	C4:I4
全职上班人数	C13:E13
全职在岗人数	E17:E20
上班人数	C13:I13
实际在岗人数	J7:J10
总工资	L13
最少需求人数	L7:L10

	J
6	实际在岗人数
7	=SUMPRODUCT(C7:I7,上班人数)
8	=SUMPRODUCT(C8:I8,上班人数)
9	=SUMPRODUCT(C9:I9,上班人数)
10	=SUMPRODUCT(C10:I10,上班人数)

	E
16	全职在岗人数
17	=SUMPRODUCT(C7:E7,全职上班人数)
18	=SUMPRODUCT(C8:E8,全职上班人数)
19	=SUMPRODUCT(C9:E9,全职上班人数)
20	=SUMPRODUCT(C10:E10,全职上班人数)

	L
12	总工资
13	=SUMPRODUCT(每人每天工资,上班人数)

	J
12	合计
13	=SUM(上班人数)

	G
16	兼职在岗人数的2倍
17	=倍数*SUMPRODUCT(F7:I7,兼职上班人数)
18	=倍数*SUMPRODUCT(F8:I8,兼职上班人数)
19	=倍数*SUMPRODUCT(F9:I9,兼职上班人数)
20	=倍数*SUMPRODUCT(F10:I10,兼职上班人数)

图 3—3 习题 3.2 的电子表格模型（续）

表 3—3　　　　　　　习题 3.2 排班问题的求解结果（不同轮班的上班人数）

轮班	全职1	全职2	全职3	兼职1	兼职2	兼职3	兼职4	合计
上班人数	4	2	6	2	2	4	0	20

3.3 某食品厂产品配方决策问题。某食品厂生产两种芝麻核桃营养产品：芝麻核桃粉和低糖芝麻核桃粉，它们由芝麻、核桃、白糖三种原料以不同的比例混合而成。据市场调查，第四季度对芝麻核桃粉和低糖芝麻核桃粉的最少需求量分别为 10 吨和 15 吨，它们的价格分别为 30 元/千克和 40 元/千克，它们的原料成分、各种成分的比例、各种原料的成本和可提供量见表 3—4。该厂应如何分配这三种原料，才能在符合产品规格要求和满足

最少需求量的前提下，获得最大利润？

表3—4 某食品厂产品成分的有关数据

原料	芝麻	核桃	白糖
成本（元/千克）	45	25	4
可提供量（吨）	12	15	3
芝麻核桃粉成分	≥40%	≥30%	≤20%
低糖芝麻核桃粉成分	≥50%	≥40%	≤5%

解：

本问题是一个配料问题。

（1）决策变量。

本问题要作的决策是两种芝麻核桃营养产品中各种原料的数量。

设 x_{ij} 为原料 i（$i=1$，2，3分别表示芝麻、核桃、白糖）混合到产品 j（$j=1$，2分别表示芝麻核桃粉、低糖芝麻核桃粉）的数量（吨），将这些变量列于表3—5中。

表3—5 习题3.3配料问题的决策变量（配料量）

原料	芝麻核桃粉	低糖芝麻核桃粉
芝麻	x_{11}	x_{12}
核桃	x_{21}	x_{22}
白糖	x_{31}	x_{32}

此时，芝麻的使用量为：$x_{11}+x_{12}$（吨）；

核桃的使用量为：$x_{21}+x_{22}$（吨）；

白糖的使用量为：$x_{31}+x_{32}$（吨）；

芝麻核桃粉的产量为：$x_{11}+x_{21}+x_{31}$（吨）；

低糖芝麻核桃粉的产量为：$x_{12}+x_{22}+x_{32}$（吨）。

（2）目标函数。

本问题的目标是食品厂获得的总利润最大。而总利润＝产品收入－原料成本。

由于产品价格和原料成本的单位是"元/千克"，而产品需求量和原料提供量的单位是"吨"，1吨等于1 000千克，所以总利润的单位是"千元"。

$$\max z = 30(x_{11}+x_{21}+x_{31})+40(x_{12}+x_{22}+x_{32})$$
$$-45(x_{11}+x_{12})-25(x_{21}+x_{22})-4(x_{31}+x_{32})$$

（3）约束条件。

①产品成分要求。

芝麻核桃粉中的芝麻成分要求：$x_{11} \geqslant 40\%(x_{11}+x_{21}+x_{31})$

芝麻核桃粉中的核桃成分要求：$x_{21} \geqslant 30\%(x_{11}+x_{21}+x_{31})$

芝麻核桃粉中的白糖成分要求：$x_{31} \leqslant 20\%(x_{11}+x_{21}+x_{31})$

低糖芝麻核桃粉中的芝麻成分要求：$x_{12} \geqslant 50\%(x_{12}+x_{22}+x_{32})$

低糖芝麻核桃粉中的核桃成分要求：$x_{22} \geqslant 40\%(x_{12}+x_{22}+x_{32})$

低糖芝麻核桃粉中的白糖成分要求：$x_{32} \leqslant 5\%(x_{12}+x_{22}+x_{32})$

②原料提供量限制。

芝麻的提供量限制：$x_{11}+x_{12} \leqslant 12$

核桃的提供量限制：$x_{21}+x_{22}\leqslant 15$

白糖的提供量限制：$x_{31}+x_{32}\leqslant 3$

③第四季度最少需求量限制。

芝麻核桃粉的最少需求量：$x_{11}+x_{21}+x_{31}\geqslant 10$

低糖芝麻核桃粉的最少需求量：$x_{12}+x_{22}+x_{32}\geqslant 15$

④非负：$x_{ij}\geqslant 0\quad (i=1,2,3;\ j=1,2)$。

于是，得到习题 3.3 的线性规划模型为：

$$\max z=30(x_{11}+x_{21}+x_{31})+40(x_{12}+x_{22}+x_{32})-45(x_{11}+x_{12})-25(x_{21}+x_{22})-4(x_{31}+x_{32})$$

$$\text{s.t.}\begin{cases} x_{11}\geqslant 40\%(x_{11}+x_{21}+x_{31}) \\ x_{21}\geqslant 30\%(x_{11}+x_{21}+x_{31}) \\ x_{31}\leqslant 20\%(x_{11}+x_{21}+x_{31}) \\ x_{12}\geqslant 50\%(x_{12}+x_{22}+x_{32}) \\ x_{22}\geqslant 40\%(x_{12}+x_{22}+x_{32}) \\ x_{32}\leqslant 5\%(x_{12}+x_{22}+x_{32}) \\ x_{11}+x_{12}\leqslant 12 \\ x_{21}+x_{22}\leqslant 15 \\ x_{31}+x_{32}\leqslant 3 \\ x_{11}+x_{21}+x_{31}\geqslant 10 \\ x_{12}+x_{22}+x_{32}\geqslant 15 \\ x_{ij}\geqslant 0\quad (i=1,2,3;\ j=1,2) \end{cases}$$

习题 3.3 的电子表格模型如图 3—4 所示，参见“习题 3.3.xlsx”。

	A	B	C	D	E	F	G	H	I
1	**习题3.3**								
2									
3			芝麻核桃粉	低糖芝麻核桃粉					
4		产品售价	30	40					
5									
6		配料量	芝麻核桃粉	低糖芝麻核桃粉	原料使用量		原料可提供量		原料成本
7		芝麻	4	8	12	<=	12		45
8		核桃	4	7.2	11.2	<=	15		25
9		白糖	2	0.8	2.8	<=	3		4
10		产品产量	10	16					
11			>=	>=					
12		最少需求量	10	15					
13									
14					成分要求		混合比例		
15				芝麻核桃粉，芝麻	4	>=	4	40%	
16				芝麻核桃粉，核桃	4	>=	3	30%	
17				芝麻核桃粉，白糖	2	<=	2	20%	
18									
19				低糖芝麻核桃粉，芝麻	8	>=	8	50%	
20				低糖芝麻核桃粉，核桃	7.2	>=	3.2	20%	
21				低糖芝麻核桃粉，白糖	0.8	<=	0.8	5%	
22									
23		产品总收入	940						
24		原料总成本	831.2						
25		总利润	108.8						

图 3—4　习题 3.3 的电子表格模型

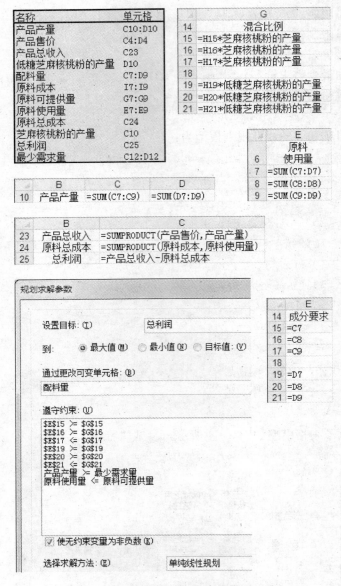

图 3—4　习题 3.3 的电子表格模型（续）

Excel 求解结果如表 3—6 所示，也就是说，用 4 吨芝麻、4 吨核桃以及 2 吨白糖混合生产 10 吨芝麻核桃粉，用 8 吨芝麻、7.2 吨核桃以及 0.8 吨白糖混合生产 16 吨低糖芝麻核桃粉，此时该食品厂获得的总利润最大，为 10.88 万元（108.8 千元）。同时，原料芝麻刚好用完，而核桃和白糖均有剩余。

表 3—6　　　　习题 3.3 配料问题的求解结果（三种原料混合到两种产品的数量）

	芝麻核桃粉	低糖芝麻核桃粉	合计（原料使用量）
芝麻	4	8	12
核桃	4	7.2	11.2
白糖	2	0.8	2.8
合计（产品产量）	10	16	

3.4 绿色饲料公司生产雏鸡、蛋鸡、肉鸡三种饲料。这三种饲料是由 A、B、C 三种原料混合而成。产品的规格要求、日销量、售价如表 3—7 所示，原料价格如表 3—8 所示。

表 3—7　　　　　　　　　　三种饲料产品的有关数据

产品	规格要求	日销量（吨）	售价（千元/吨）
雏鸡饲料	原料 A 不少于 50% 原料 B 不超过 20%	5	9
蛋鸡饲料	原料 A 不少于 30% 原料 C 不超过 30%	18	7
肉鸡饲料	原料 C 不少于 50%	10	8

表 3—8　　　　　　　　　　三种原料的价格

原料	价格（千元/吨）
A	5.5
B	4
C	5

受资金和生产能力的限制，每天只能生产 30 吨，问如何安排生产计划才能使获利最大？

解：

本问题是一个配料问题。

（1）决策变量。

设 x_{ij} 为原料 $i(i=A，B，C)$ 混合到产品 $j(j=1，2，3$ 分别表示雏鸡饲料、蛋鸡饲料、肉鸡饲料）的数量（吨），见表 3—9。

表 3—9　　　　　　　习题 3.4 配料问题的决策变量（配料量）

	雏鸡饲料	蛋鸡饲料	肉鸡饲料
原料 A	x_{A1}	x_{A2}	x_{A3}
原料 B	x_{B1}	x_{B2}	x_{B3}
原料 C	x_{C1}	x_{C2}	x_{C3}

此时，原料 A 的使用量为：$x_{A1}+x_{A2}+x_{A3}$（吨）；

原料 B 的使用量为：$x_{B1}+x_{B2}+x_{B3}$（吨）；

原料 C 的使用量为：$x_{C1}+x_{C2}+x_{C3}$（吨）；

雏鸡饲料的日产量为：$x_{A1}+x_{B1}+x_{C1}$（吨）；

蛋鸡饲料的日产量为：$x_{A2}+x_{B2}+x_{C2}$（吨）；

肉鸡饲料的日产量为：$x_{A3}+x_{B3}+x_{C3}$（吨）。

（2）目标函数。

本问题的目标是公司的总利润最大，而总利润＝饲料销售收入－原料成本。

①饲料销售收入：雏鸡饲料的销售收入为 $9(x_{A1}+x_{B1}+x_{C1})$，蛋鸡饲料的销售收入为

$7(x_{A2}+x_{B2}+x_{C2})$，肉鸡饲料的销售收入为 $8(x_{A3}+x_{B3}+x_{C3})$，三项相加。

②原料成本：原料 A 的成本为 $5.5(x_{A1}+x_{A2}+x_{A3})$，原料 B 的成本为 $4(x_{B1}+x_{B2}+x_{B3})$，原料 C 的成本为 $5(x_{C1}+x_{C2}+x_{C3})$，三项相加。

于是，得到习题 3.4 的目标函数为

$$\max z = 9(x_{A1}+x_{B1}+x_{C1})+7(x_{A2}+x_{B2}+x_{C2})+8(x_{A3}+x_{B3}+x_{C3})$$
$$-5.5(x_{A1}+x_{A2}+x_{A3})-4(x_{B1}+x_{B2}+x_{B3})-5(x_{C1}+x_{C2}+x_{C3})$$

（3）约束条件。

①三种饲料的规格要求。

雏鸡饲料对原料 A 的要求：$x_{A1} \geqslant 50\%(x_{A1}+x_{B1}+x_{C1})$

雏鸡饲料对原料 B 的要求：$x_{B1} \leqslant 20\%(x_{A1}+x_{B1}+x_{C1})$

蛋鸡饲料对原料 A 的要求：$x_{A2} \geqslant 30\%(x_{A2}+x_{B2}+x_{C2})$

蛋鸡饲料对原料 C 的要求：$x_{C2} \leqslant 30\%(x_{A2}+x_{B2}+x_{C2})$

肉鸡饲料对原料 C 的要求：$x_{C3} \geqslant 50\%(x_{A3}+x_{B3}+x_{C3})$

②三种饲料的日销量限制。

雏鸡饲料的日销量限制：$x_{A1}+x_{B1}+x_{C1} \leqslant 5$

蛋鸡饲料的日销量限制：$x_{A2}+x_{B2}+x_{C2} \leqslant 18$

肉鸡饲料的日销量限制：$x_{A3}+x_{B3}+x_{C3} \leqslant 10$

③生产能力限制（每天只能生产 30 吨）。

$$(x_{A1}+x_{B1}+x_{C1})+(x_{A2}+x_{B2}+x_{C2})+(x_{A3}+x_{B3}+x_{C3}) \leqslant 30$$

④非负：$x_{ij} \geqslant 0$　（$i=A, B, C; j=1, 2, 3$）。

于是，得到习题 3.4 的线性规划模型为：

$$\max z = 9(x_{A1}+x_{B1}+x_{C1})+7(x_{A2}+x_{B2}+x_{C2})$$
$$+8(x_{A3}+x_{B3}+x_{C3})-5.5(x_{A1}+x_{A2}+x_{A3})$$
$$-4(x_{B1}+x_{B2}+x_{B3})-5(x_{C1}+x_{C2}+x_{C3})$$

$$\text{s.t.} \begin{cases} x_{A1} \geqslant 50\%(x_{A1}+x_{B1}+x_{C1}) \\ x_{B1} \leqslant 20\%(x_{A1}+x_{B1}+x_{C1}) \\ x_{A2} \geqslant 30\%(x_{A2}+x_{B2}+x_{C2}) \\ x_{C2} \leqslant 30\%(x_{A2}+x_{B2}+x_{C2}) \\ x_{C3} \geqslant 50\%(x_{A3}+x_{B3}+x_{C3}) \\ x_{A1}+x_{B1}+x_{C1} \leqslant 5 \\ x_{A2}+x_{B2}+x_{C2} \leqslant 18 \\ x_{A3}+x_{B3}+x_{C3} \leqslant 10 \\ (x_{A1}+x_{B1}+x_{C1})+(x_{A2}+x_{B2}+x_{C2})+(x_{A3}+x_{B3}+x_{C3}) \leqslant 30 \\ x_{ij} \geqslant 0 \quad (i=A, B, C; j=1, 2, 3) \end{cases}$$

习题 3.4 的电子表格模型如图 3—5 所示，参见"习题 3.4.xlsx"。

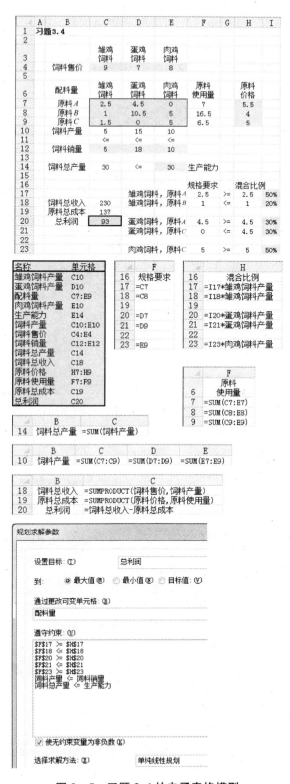

图 3—5　习题 3.4 的电子表格模型

Excel 求解结果如表 3—10 所示，公司应生产雏鸡饲料 5 吨、蛋鸡饲料 15 吨、肉鸡饲料 10 吨，此时获得的总利润最大，为 9.3 万元（93 千元）。

表 3—10　　　　习题 3.4 配料问题的求解结果（三种原料混合到三种饲料的数量）

	雏鸡饲料	蛋鸡饲料	肉鸡饲料	合计（原料使用量）
原料 A	2.5	4.5	0	7
原料 B	1	10.5	5	16.5
原料 C	1.5	0	5	6.5
合计（饲料产量）	5	15	10	30

3.5　某公司饲养实验用的动物以供出售。已知这些动物的生长对饲料中的三种营养元素（称为营养元素 A、B 和 C）特别敏感。已知这些动物每天至少需要 700 克营养元素 A，30 克营养元素 B，而营养元素 C 每天的需求量刚好是 200 毫克，不够和过量都是有害的。现有五种饲料可供选用，各种饲料每千克所含的营养元素及单价如表 3—11 所示。

表 3—11　　　　各种饲料每千克所含的营养元素及单价

饲料	营养元素 A（克）	营养元素 B（克）	营养元素 C（毫克）	价格（元/千克）
1	3	1	0.5	4
2	2	0.5	1	14
3	1	0.2	0.2	8
4	6	2	2	18
5	18	0.5	0.8	10

为了避免过多地使用某种饲料，规定混合饲料中各种饲料的最大用量分别是 50、60、50、70、40 千克。要求确定满足动物生长的营养需求而且费用最低的饲料配方。

解：

本问题是一个营养配餐问题。

（1）决策变量。

本问题要作的决策是混合饲料中各种饲料的用量。

设 x_i 为每天混合饲料中第 i 种饲料的用量（$i = 1, 2, 3, 4, 5$）。

（2）目标函数。

本问题的目标是混合饲料的总费用最低，即：

$$\min z = 4x_1 + 14x_2 + 8x_3 + 18x_4 + 10x_5$$

（3）约束条件。

①满足动物生长的营养需求。

每天至少需要 700 克营养元素 A：$3x_1 + 2x_2 + x_3 + 6x_4 + 18x_5 \geqslant 700$

每天至少需要 30 克营养元素 B：$x_1 + 0.5x_2 + 0.2x_3 + 2x_4 + 0.5x_5 \geqslant 30$

每天刚好需要 200 毫克营养元素 C：$0.5x_1 + x_2 + 0.2x_3 + 2x_4 + 0.8x_5 = 200$

②各种饲料的最大用量：$x_1 \leqslant 50$，$x_2 \leqslant 60$，$x_3 \leqslant 50$，$x_4 \leqslant 70$，$x_5 \leqslant 40$。

③非负：$x_i \geqslant 0$　（$i = 1, 2, 3, 4, 5$）。

于是，得到习题 3.5 的线性规划模型为：

$$\min z = 4x_1 + 14x_2 + 8x_3 + 18x_4 + 10x_5$$

$$\text{s. t.} \begin{cases} 3x_1 + 2x_2 + x_3 + 6x_4 + 18x_5 \geqslant 700 \\ x_1 + 0.5x_2 + 0.2x_3 + 2x_4 + 0.5x_5 \geqslant 30 \\ 0.5x_1 + x_2 + 0.2x_3 + 2x_4 + 0.8x_5 = 200 \\ x_1 \leqslant 50, x_2 \leqslant 60, x_3 \leqslant 50, x_4 \leqslant 70, x_5 \leqslant 40 \\ x_i \geqslant 0 \quad (i = 1, 2, 3, 4, 5) \end{cases}$$

习题 3.5 的电子表格模型如图 3—6 所示，参见"习题 3.5. xlsx"。

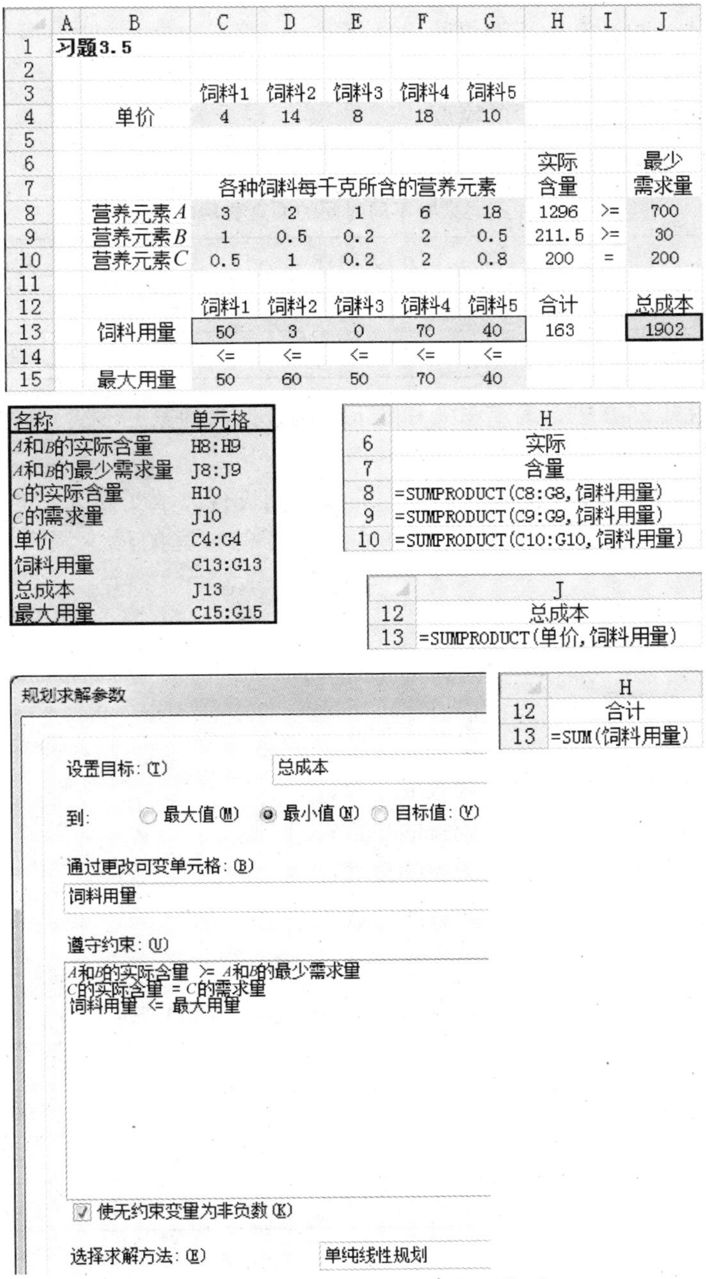

图 3—6　习题 3.5 的电子表格模型

Excel 求解结果为：最优饲料配方是每天混合 50 千克饲料 1、3 千克饲料 2、70 千克饲料 4 以及 40 千克饲料 5（共混合饲料 163 千克），此时费用（成本）最低，为 1 902 元。

3.6 某咨询公司，受厂商的委托，对新上市的一种新产品进行消费者反应的调查。该公司采用了入户调查的方法，厂商以及该公司的市场调研专家对该调查提出下列几点要求：

（1）至少调查 2 000 户居民；

（2）晚上调查的户数和白天调查的户数相等；

（3）至少调查 700 户有孩子的家庭；

（4）至少调查 450 户无孩子的家庭。

每入户调查一个家庭，调查费用如表 3—12 所示。

表 3—12　　　　　　　　　不同家庭不同时间的调查费用

	白天调查	晚上调查
有孩子的家庭	25 元	30 元
无孩子的家庭	20 元	25 元

（1）请用线性规划方法，确定白天和晚上各调查这两种家庭多少户，才能使总调查费用最少？

（2）分别对在白天和晚上调查这两种家庭的费用进行灵敏度分析。

（3）对调查的总户数、有孩子的家庭和无孩子的家庭的最少调查户数进行灵敏度分析。

解：

本问题是一个市场调查问题。

1. 问题（1）的求解

（1）决策变量。

x_{11} 表示对有孩子的家庭在白天调查的户数；

x_{12} 表示对有孩子的家庭在晚上调查的户数；

x_{21} 表示对无孩子的家庭在白天调查的户数；

x_{22} 表示对无孩子的家庭在晚上调查的户数。

将这些决策变量列于表 3—13 中。

表 3—13　　　　　习题 3.6 市场调查问题的决策变量（调查户数）

	白天调查	晚上调查	合计
有孩子的家庭	x_{11}	x_{12}	$x_{11}+x_{12}$
无孩子的家庭	x_{21}	x_{22}	$x_{21}+x_{22}$
合计	$x_{11}+x_{21}$	$x_{12}+x_{22}$	$x_{11}+x_{12}+x_{21}+x_{22}$

（2）目标函数。

本问题的目标是咨询公司的总调查费用最少，即：

$$\min z=25x_{11}+30x_{12}+20x_{21}+25x_{22}$$

（3）约束条件（1 个确定需求约束，3 个收益约束）。

①至少调查 2 000 户居民：$x_{11}+x_{12}+x_{21}+x_{22}\geqslant 2\,000$

②晚上调查的户数和白天调查的户数相等：$x_{11}+x_{21}=x_{12}+x_{22}$

③至少调查 700 户有孩子的家庭：$x_{11}+x_{12}\geqslant 700$

④至少调查 450 户无孩子的家庭：$x_{21}+x_{22}\geqslant 450$

⑤非负：$x_{ij}\geqslant 0\quad (i=1,\ 2;\ j=1,\ 2)$

于是，得到习题 3.6 的线性规划模型为：

$$\min z=25x_{11}+30x_{12}+20x_{21}+25x_{22}$$

$$\text{s.t.}\begin{cases}x_{11}+x_{12}+x_{21}+x_{22}\geqslant 2\,000\\ x_{11}+x_{21}=x_{12}+x_{22}\\ x_{11}+x_{12}\geqslant 700\\ x_{21}+x_{22}\geqslant 450\\ x_{ij}\geqslant 0\quad (i=1,\ 2;\ j=1,\ 2)\end{cases}$$

习题 3.6 的电子表格模型如图 3—7 所示，参见“习题 3.6.xlsx”。

	A	B	C	D	E	F	G
1	**习题3.6**						
2							
3		单位调查费用	白天调查	晚上调查			
4		有孩子的家庭	25	30			
5		无孩子的家庭	20	25			
6							
7		调查户数	白天调查	晚上调查	实际调查户数		最少调查户数
8		有孩子的家庭	700	0	700	>=	700
9		无孩子的家庭	300	1000	1300	>=	450
10				合计	2000	>=	2000
11							
12			白天调查户数		晚上调查户数		
13			1000	=	1000		
14							
15		总调查费用	48500				

名称	单元格
白天调查户数	C13
单位调查费用	C4:D5
实际调查户数	E8:E10
调查户数	C8:D9
晚上调查户数	E13
总调查费用	C15
最少调查户数	G8:G10

	E
7	实际调查户数
8	=SUM(C8:D8)
9	=SUM(C9:D9)
10	=SUM(调查户数)

	C	D	E
12	白天调查户数		晚上调查户数
13	=SUM(C8:C9)	=	=SUM(D8:D9)

	B	C
15	总调查费用	=SUMPRODUCT(单位调查费用,调查户数)

图 3—7　习题 3.6 的电子表格模型

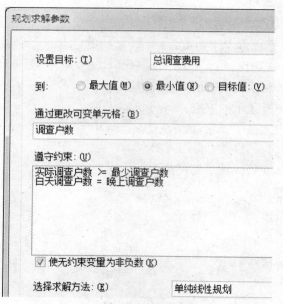

图 3—7 习题 3.6 的电子表格模型（续）

Excel 求得的最优调查方案如表 3—14 所示。这时，满足厂商要求，并且咨询公司的总调查费用最少，为 4.85 万元（48 500 元）。

表 3—14 　　　　　　　　　　习题 3.6 的最优调查方案（调查户数）

	白天调查	晚上调查	合计
有孩子的家庭	700	0	700
无孩子的家庭	300	1 000	1 300
合计	1 000	1 000	2 000

2. 问题（2）的求解

在使用 Excel 软件中的"规划求解"命令求解问题（1）时，在最后的"规划求解结果"对话框右边的"报告"列表框中选择"敏感性报告"选项，单击"确定"按钮。这时，生成一个名为"敏感性报告"的新工作表。

习题 3.6 的敏感性报告如图 3—8 所示。

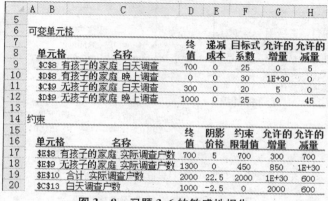

图 3—8 习题 3.6 的敏感性报告

利用图 3—8 中的"可变单元格"（B7：H12 区域）信息，可分别对在白天和晚上调查这两种家庭的费用进行灵敏度分析。

①对于有孩子的家庭，白天调查的费用在［20，25］（即［25－5，25＋0］）范围内变化时，最优调查方案（最优解）不变；

②对于有孩子的家庭，晚上调查的费用在［30，∞）（即［30－0，30＋∞］）范围内变化时，最优调查方案（最优解）不变；

③对于无孩子的家庭，白天调查的费用在［20，25］（即［20－0，20＋5］）范围内变化时，最优调查方案（最优解）不变；

④对于无孩子的家庭，晚上调查的费用在［0，25］（即［25－45，25＋0］）范围内变化时，最优调查方案（最优解）不变。

3. 问题（3）的求解

利用图 3—8 中的"约束"（B15：H20 区域）信息，可对调查的总户数、有孩子的家庭和无孩子的家庭的最少调查户数进行灵敏度分析。

①对于"调查的总户数"（参见 B19：H19 区域），其影子价格为 22.5（多调查一个家庭，费用就多 22.5 元），影子价格有效范围是［1 400，∞）（即［2 000－600，2 000＋∞］）；

②对于"有孩子的家庭最少调查户数"（参见 B17：H17 区域），其影子价格为 5（多调查一个有孩子的家庭，费用就多 5 元），影子价格有效范围是［0，1 000］（即［700－700，700＋300］）；

③对于"无孩子的家庭最少调查户数"（参见 B18：H18 区域），其影子价格为 0（多调查一个无孩子的家庭，费用不增加），影子价格有效范围是［0，1 300］（即［450－∞，450＋850］）。

3.5 本章案例全解

案例 3.1 某医院护理部 24 小时护士排班计划优化研究

某医院决策层正在开会研究制订急诊病区的一昼夜护士值班安排计划。在会议上，护理部主任提交了一份该病区一昼夜 24 小时各时段护士的最少需求人数的报告，见表 3—15。

表 3—15　　　　　　　　　　各时段护士的最少需求人数

序号	时段	最少需求人数
1	02:00～06:00	10
2	06:00～10:00	15
3	10:00～14:00	25
4	14:00～18:00	20
5	18:00～22:00	18
6	22:00～02:00	12

护士们分别在表中所示的各时段开始时上班（即 6 种轮班方式），并连续工作 8 小时。现在医院决策层面临的问题是：

（1）在不考虑在编和工资的前提下，应如何合理安排岗位，才能满足值班的需要（应如何安排各个时段开始时上班的护士人数，才能使护士的总人数最少）？

（2）在会议做出安排之前，护理部又提出一个问题：目前全院在编的正式护士只有 50 人，工资定额为 20 元/小时；如果所需护士总人数超过 50 人，那么必须以 25 元/小时的较高薪酬外聘合同护士。另外，对于轮班 6(22:00～06:00)的护士，医院提供夜间加餐补贴，在编护士每人每班 20 元，外聘护士每人每班 25 元。出现这种情况又该如何安排班次？医院最少支出的工资是多少？

（3）护理部后来又提出，最好在深夜 2 点（02:00）的时候避免交班，这样又该如何安排班次？医院在这方面的成本变化是多少？

解：

本问题是一个排班问题。

1. 问题（1）的求解

（1）决策变量。

本问题要做的决策是合理安排岗位，即确定该急诊病区一昼夜护士在 6 种轮班方式中的上班人数。

设 x_i 为护士在轮班 i 的上班人数（$i=1，2，\cdots，6$）。

将这些变量之间的关系、各时段护士的最少需求人数等信息列于表 3—16 中。

表 3—16　　　　　急诊病区人员排班问题的决策变量及各时段护士的最少需求人数

时段	轮班 1	轮班 2	轮班 3	轮班 4	轮班 5	轮班 6	最少需求人数
02:00～06:00	x_1					x_6	10
06:00～10:00	x_1	x_2					15
10:00～14:00		x_2	x_3				25
14:00～18:00			x_3	x_4			20
18:00～22:00				x_4	x_5		18
22:00～02:00					x_5	x_6	12

（2）目标函数。

问题（1）的目标是护士们在 6 种轮班方式中的上班总人数最少，即：

$$\min z = \sum_{i=1}^{6} x_i$$

（3）约束条件。

①满足 24 小时内的 6 个时段中，在岗护士人数不少于最少需求人数，可参照表 3—16（6 个收益约束）：

$$x_1+x_6 \geqslant 10 \quad (02:00～06:00)$$
$$x_1+x_2 \geqslant 15 \quad (06:00～10:00)$$
$$x_2+x_3 \geqslant 25 \quad (10:00～14:00)$$
$$x_3+x_4 \geqslant 20 \quad (14:00～18:00)$$
$$x_4+x_5 \geqslant 18 \quad (18:00～22:00)$$
$$x_5+x_6 \geqslant 12 \quad (22:00～02:00)$$

②非负：$x_i \geqslant 0 \quad (i=1，2，\cdots，6)$

于是，得到案例 3.1 问题（1）的线性规划模型为：

$$\min z = \sum_{i=1}^{6} x_i$$

$$\text{s. t.} \begin{cases} x_1 + x_6 \geqslant 10 \\ x_1 + x_2 \geqslant 15 \\ x_2 + x_3 \geqslant 25 \\ x_3 + x_4 \geqslant 20 \\ x_4 + x_5 \geqslant 18 \\ x_5 + x_6 \geqslant 12 \\ x_i \geqslant 0 \quad (i = 1, 2, \cdots, 6) \end{cases}$$

案例 3.1 问题 (1) 的电子表格模型如图 3—9 所示，参见"案例 3.1 (1) . xlsx"。

图 3—9 案例 3.1 (1) 的电子表格模型

案例 3.1 问题（1）的规划求解结果表明，医院在 6 种轮班方式下，最少需要 53 名护士。

2. 问题（2）的求解

由于医院的正式在编护士只有 50 人，而问题（1）的规划求解结果是至少需要 53 人。显然，需要外聘护士，才能满足需求。因此，相应增加与正式在编护士的上班人数 $x_i(i=1, 2, \cdots, 6)$——对应的外聘护士的上班人数 $y_i(i=1, 2, \cdots, 6)$。于是，每个时段的护士在岗人数，将分别由 4 个变量累加而成。例如，时段 "02:00～06:00" 的护士在岗人数为：$x_1+x_6+y_1+y_6$。

在约束方面，由于正式在编护士只有 50 人，因此需增加一个 $\sum\limits_{i=1}^{6} x_i \leqslant 50$ 的约束条件。

由于工资的差异，目标函数不能再是简单的护士总人数，而是两类护士的总工资成本（包括夜间加餐补贴）。

这样，案例 3.1 问题（2）的线性规划模型为：

$$\min z = (20 \times 8)\sum_{i=1}^{6} x_i + 20x_6 + (25 \times 8)\sum_{i=1}^{6} y_i + 25y_6$$

$$\text{s. t.} \begin{cases} x_1+x_6+y_1+y_6 \geqslant 10 \\ x_1+x_2+y_1+y_2 \geqslant 15 \\ x_2+x_3+y_2+y_3 \geqslant 25 \\ x_3+x_4+y_3+y_4 \geqslant 20 \\ x_4+x_5+y_4+y_5 \geqslant 18 \\ x_5+x_6+y_5+y_6 \geqslant 12 \\ \sum\limits_{i=1}^{6} x_i \leqslant 50 \\ x_i, y_i \geqslant 0 \quad (i=1,2,\cdots,6) \end{cases}$$

案例 3.1 问题（2）的电子表格模型如图 3—10 所示，参见 "案例 3.1（2）.xlsx"。

问题（2）的规划求解结果表明，医院在 6 种轮班方式下，需要 50 名在编护士和 3 名外聘护士。其中轮班 6(22:00～06:00) 均未安排护士上班，这个结果显然是由于该轮班有夜间加餐补贴，而规划求解过程极力避免在这个轮班有护士上班。此时医院支付给护士们的总工资（成本）最少，为 8 600 元/昼夜。其中在编护士的总工资为 8 000 元/昼夜，外聘护士的总工资为 600 元/昼夜。

3. 问题（3）的求解

在问题（2）的基础上，要求避免在深夜 2 点（02:00）的时候交班，这等价于在深夜 2 点的时刻，既不存在上班的班组（轮班），也不存在下班的班组（轮班），因此，增加约束条件 "$x_1=x_5=y_1=y_5=0$"，使得问题（2）中的第 1 轮班和第 5 轮班的相关变量（上班人数）为 0。

案例 3.1 问题（3）的电子表格模型如图 3—11 所示，参见 "案例 3.1（3）.xlsx"。也就是说，在问题（2）的 "规划求解参数" 对话框中原有的 "遵守约束" 中增加了 "第 1 轮班上班总人数（C18）=0" 和 "第 5 轮班上班总人数（G18）=0"。

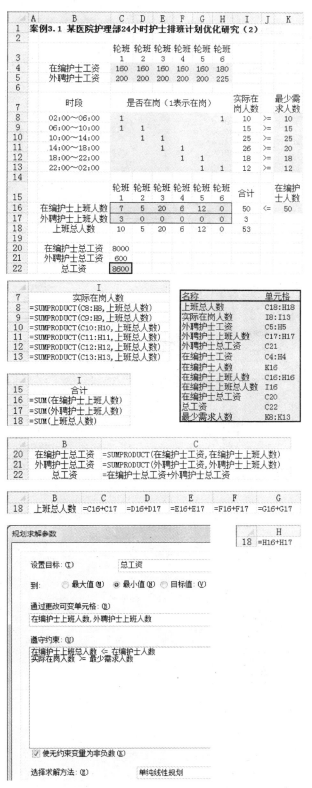

图 3—10 案例 3.1（2）的电子表格模型

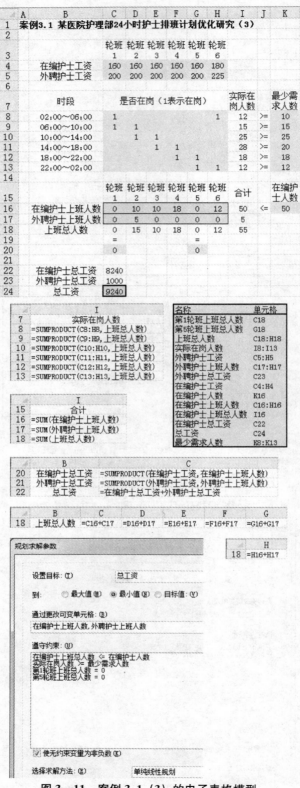

图3—11　案例3.1（3）的电子表格模型

问题（3）的规划求解结果表明，该医院在问题（2）基础上，如果进一步考虑深夜 2 点（02:00）不进行交接班的情况，则第 1 轮班和第 5 轮班的有关变量（上班人数）均遵守约束，等于 0。此时需要护士 55 名（除了 50 名在编护士外，还需 5 名外聘护士），最优排班方案如表 3—17 所示。与问题（2）的规划求解结果相比较，由于按照要求在第 1 轮班和第 5 轮班均未安排护士上班，所以新的规划求解结果中存在拿夜间加餐补贴、在第 6 轮班上班的护士。

表 3—17　　　　案例 3.1 问题（3）排班问题的求解结果（不同轮班的上班人数）

上班人数	轮班 1	轮班 2	轮班 3	轮班 4	轮班 5	轮班 6	合计
在编护士	0	10	10	18	0	12	50
外聘护士	0	5	0	0	0	0	5
合计	0	15	10	18	0	12	55

该最优排班方案的总工资成本为 9 240 元/昼夜。其中在编护士的总工资为 8 240 元/昼夜，外聘护士的总工资为 1 000 元/昼夜。显然，由于顾及深夜 2 点不交接班的情况，医院的总工资成本进一步增加了，从 8 600 元/昼夜增加到 9 240 元/昼夜，增加了 640 元/昼夜。

案例 3.2　回收中心的配料问题

某公司经营一个回收中心，专门从事四种固体废弃物（原料）的回收，并将回收物进行处理，混合成为可销售的三种产品。根据混合时各种原料的比例（规格要求），可将产品分成 A、B、C 三种不同等级，它们的混合成本和售价也不同，具体如表 3—18 所示。

表 3—18　　　　回收中心产品的有关数据

产品等级	规格要求	混合成本（元/公斤）	售价（元/公斤）
A	原料 1：不超过总量的 30% 原料 2：不少于总量的 40% 原料 3：不超过总量的 50% 原料 4：总量的 20%	3	8.5
B	原料 1：不超过总量的 50% 原料 2：不少于总量的 10% 原料 4：总量的 10%	2.5	7
C	原料 1：不超过总量的 70%	2	5.5

回收中心可以从一些渠道定期收集到所需的固体废弃物（原料），表 3—19 给出了中心每周可以收集到的每种原料的数量以及处理成本。

表 3—19　　　　回收中心固体废弃物的有关数据

原料	每周可获得的数量（公斤）	处理成本（元/公斤）	附加约束
1	3 000	3	1. 对于每种原料，每周必须至少收集并处理一半以上的数量；
2	2 000	6	
3	4 000	4	2. 每周有 3 万元捐款，可用于处理这些原料。
4	1 000	5	

（1）该公司是一家专门从事环保业务的公司，公司的收益将全部用于环保事业，而公司每周可获得 3 万元的捐款，专门用于固体废弃物的处理。公司决定在表 3—18 和表 3—19所列的约束之内，有效地将各种原料混合到各种等级的产品中去，以实现每周的总利润（销售收入减混合成本，不包括处理成本）最大。

（2）由于受到捐款额的限制，四种固体废弃物并没有全部收集并处理完。假设在四种原料（固体废弃物）每周可获得的数量限制下，在要求收集并处理一半以上的情况下，处理成本先由捐款支付（捐款要全部用完），不足时从产品销售利润中支付（产品销售利润的一部分作为处理成本）。在新的情况下，公司应收集并处理多少固体废弃物并混合成各种等级产品多少，才能使每周获得的总利润最大？

（3）作为一家专门从事环保事业的公司，公司有责任把每周可获得的四种固体废弃物全部收集并处理完，处理成本先由捐款支付（捐款要全部用完），不足时从产品销售利润中支付（产品销售利润的一部分作为处理成本）。在新的情况下，公司每周可获利多少？

解：

本问题是一个配料问题。

1. 问题（1）的求解

（1）决策变量。

本问题要做的决策是每周混合到三种等级产品中的各种原料（固体废弃物）的数量。设 x_{ij} 为每周将原料 $i(i=1，2，3，4)$ 混合到等级 $j(j=A，B，C)$ 产品中的数量，如表 3—20 所示。

表 3—20　　　　　　　　　　　**案例 3.2 配料问题的决策变量（混合量）**

	等级 A 产品	等级 B 产品	等级 C 产品
原料 1	x_{1A}	x_{1B}	x_{1C}
原料 2	x_{2A}	x_{2B}	x_{2C}
原料 3	x_{3A}	x_{3B}	x_{3C}
原料 4	x_{4A}	x_{4B}	x_{4C}

此时，原料 1 的用量为：$x_{1A}+x_{1B}+x_{1C}$（公斤）；

原料 2 的用量为：$x_{2A}+x_{2B}+x_{2C}$（公斤）；

原料 3 的用量为：$x_{3A}+x_{3B}+x_{3C}$（公斤）；

原料 4 的用量为：$x_{4A}+x_{4B}+x_{4C}$（公斤）；

等级 A 产品的产量为：$x_{1A}+x_{2A}+x_{3A}+x_{4A}$（公斤）；

等级 B 产品的产量为：$x_{1B}+x_{2B}+x_{3B}+x_{4B}$（公斤）；

等级 C 产品的产量为：$x_{1C}+x_{2C}+x_{3C}+x_{4C}$（公斤）。

（2）目标函数。

问题（1）的目标是公司每周的总利润最大，而总利润＝总收入－总成本。

由于固体废弃物的处理成本由捐款来支付，因此成本只计算产品的混合成本。也就是说，总利润＝产品销售收入－混合成本＝三种等级产品的单位利润×产量。

$$\max z =(8.5-3)(x_{1A}+x_{2A}+x_{3A}+x_{4A})+(7-2.5)(x_{1B}+x_{2B}+x_{3B}+x_{4B})$$
$$+(5.5-2)(x_{1C}+x_{2C}+x_{3C}+x_{4C})$$

即：

$$\max z = 5.5(x_{1A}+x_{2A}+x_{3A}+x_{4A})+4.5(x_{1B}+x_{2B}+x_{3B}+x_{4B})$$
$$+3.5(x_{1C}+x_{2C}+x_{3C}+x_{4C})$$

（3）约束条件。

①产品的规格要求（混合产品时各种原料的比例）。

等级 A 产品对原料 1 的比例要求：$x_{1A} \leqslant 30\% (x_{1A}+x_{2A}+x_{3A}+x_{4A})$

等级 A 产品对原料 2 的比例要求：$x_{2A} \geqslant 40\% (x_{1A}+x_{2A}+x_{3A}+x_{4A})$

等级 A 产品对原料 3 的比例要求：$x_{3A} \leqslant 50\% (x_{1A}+x_{2A}+x_{3A}+x_{4A})$

等级 A 产品对原料 4 的比例要求：$x_{4A} = 20\% (x_{1A}+x_{2A}+x_{3A}+x_{4A})$

等级 B 产品对原料 1 的比例要求：$x_{1B} \leqslant 50\% (x_{1B}+x_{2B}+x_{3B}+x_{4B})$

等级 B 产品对原料 2 的比例要求：$x_{2B} \geqslant 10\% (x_{1B}+x_{2B}+x_{3B}+x_{4B})$

等级 B 产品对原料 4 的比例要求：$x_{4B} = 10\% (x_{1B}+x_{2B}+x_{3B}+x_{4B})$

等级 C 产品对原料 1 的比例要求：$x_{1C} \leqslant 70\% (x_{1C}+x_{2C}+x_{3C}+x_{4C})$

②每周可获得的固体废弃物（原料）的数量限制。

原料 1 每周可获得量：$x_{1A}+x_{1B}+x_{1C} \leqslant 3\,000$

原料 2 每周可获得量：$x_{2A}+x_{2B}+x_{2C} \leqslant 2\,000$

原料 3 每周可获得量：$x_{3A}+x_{3B}+x_{3C} \leqslant 4\,000$

原料 4 每周可获得量：$x_{4A}+x_{4B}+x_{4C} \leqslant 1\,000$

③固体废弃物（原料）要求的最少处理量限制（收集并处理一半以上）。

原料 1 每周最少处理量：$x_{1A}+x_{1B}+x_{1C} \geqslant 1\,500$

原料 2 每周最少处理量：$x_{2A}+x_{2B}+x_{2C} \geqslant 1\,000$

原料 3 每周最少处理量：$x_{3A}+x_{3B}+x_{3C} \geqslant 2\,000$

原料 4 每周最少处理量：$x_{4A}+x_{4B}+x_{4C} \geqslant 500$

④固体废弃物的处理成本由每周可获得的捐款（3 万元）支付。

$$3(x_{1A}+x_{1B}+x_{1C})+6(x_{2A}+x_{2B}+x_{2C})+4(x_{3A}+x_{3B}+x_{3C})+5(x_{4A}+x_{4B}+x_{4C})=30\,000$$

⑤非负：$x_{ij} \geqslant 0$ （$i=1, 2, 3, 4; j=A, B, C$）

于是，得到案例 3.2 问题（1）的线性规划模型为：

$$\max z = 5.5(x_{1A}+x_{2A}+x_{3A}+x_{4A})+4.5(x_{1B}+x_{2B}+x_{3B}+x_{4B})$$
$$+3.5(x_{1C}+x_{2C}+x_{3C}+x_{4C})$$

$$\text{s. t.} \begin{cases} x_{1A} \leqslant 30\%(x_{1A}+x_{2A}+x_{3A}+x_{4A}) \\ x_{2A} \geqslant 40\%(x_{1A}+x_{2A}+x_{3A}+x_{4A}) \\ x_{3A} \leqslant 50\%(x_{1A}+x_{2A}+x_{3A}+x_{4A}) \\ x_{4A} = 20\%(x_{1A}+x_{2A}+x_{3A}+x_{4A}) \\ x_{1B} \leqslant 50\%(x_{1B}+x_{2B}+x_{3B}+x_{4B}) \\ x_{2B} \geqslant 10\%(x_{1B}+x_{2B}+x_{3B}+x_{4B}) \\ x_{4B} = 10\%(x_{1B}+x_{2B}+x_{3B}+x_{4B}) \end{cases}$$

$$
\text{s. t.}\begin{cases}
x_{1C}\leqslant 70\%(x_{1C}+x_{2C}+x_{3C}+x_{4C})\\
1\,500\leqslant x_{1A}+x_{1B}+x_{1C}\leqslant 3\,000\\
1\,000\leqslant x_{2A}+x_{2B}+x_{2C}\leqslant 2\,000\\
2\,000\leqslant x_{3A}+x_{3B}+x_{3C}\leqslant 4\,000\\
500\leqslant x_{4A}+x_{4B}+x_{4C}\leqslant 1\,000\\
3(x_{1A}+x_{1B}+x_{1C})+6(x_{2A}+x_{2B}+x_{2C})+\\
4(x_{3A}+x_{3B}+x_{3C})+5(x_{4A}+x_{4B}+x_{4C})=30\,000\\
x_{ij}\geqslant 0\quad (i=1,2,3,4;j=A,B,C)
\end{cases}
$$

案例 3.2 问题（1）的电子表格模型如图 3—12 所示，参见“案例 3.2（1）.xlsx”。

	A	B	C	D	E	F	G	H
1	案例3.2 回收中心的配料问题（1）							
2								
3			等级A产品	等级B产品	等级C产品			
4		混合成本	3	2.5	2			
5		产品售价	8.5	7	5.5			
6		产品利润	5.5	4.5	3.5			
7								
8		混合量	等级A产品	等级B产品	等级C产品		处理成本	
9		原料1	412	2588	0		3	
10		原料2	860	518	0		6	
11		原料3	447	1553	0		4	
12		原料4	430	518	0		5	
13		产品产量	2149	5175	0			
14								
15			最少处理量		原料处理量		可获得量	
16		原料1	1500	<=	3000	<=	3000	
17		原料2	1000	<=	1377	<=	2000	
18		原料3	2000	<=	2000	<=	4000	
19		原料4	500	<=	947	<=	1000	
20								
21					总处理成本		可获得捐款	
22		总利润	35110		30000	=	30000	
23								
24					规格要求		混合比例	
25			等级A产品，原料1		412	<=	645	30%
26			等级A产品，原料2		860	>=	860	40%
27			等级A产品，原料3		447	<=	1075	50%
28			等级A产品，原料4		430	=	430	20%
29								
30			等级B产品，原料1		2588	<=	2588	50%
31			等级B产品，原料2		518	>=	518	10%
32			等级B产品，原料4		518	=	518	10%
33								
34			等级C产品，原料1		0	<=	0	70%

	E	F	G
24	规格要求		混合比例
25	=C9	<=	=H25*等级A产品的产量
26	=C10	>=	=H26*等级A产品的产量
27	=C11	<=	=H27*等级A产品的产量
28	=C12	=	=H28*等级A产品的产量
29			
30	=D9	<=	=H30*等级B产品的产量
31	=D10	>=	=H31*等级B产品的产量
32	=D12	=	=H32*等级B产品的产量
33			
34	=E9	<=	=H34*等级C产品的产量

图 3—12 案例 3.2（1）的电子表格模型

名称	单元格
产品产量	C13:E13
产品利润	C6:E6
处理成本	G9:G12
等级 *A* 产品的产量	C13
等级 *B* 产品的产量	D13
等级 *C* 产品的产量	E13
混合量	C9:E12
可获得捐款	G22
可获得量	G16:G19
原料处理量	E16:E19
总处理成本	E22
总利润	C22
最少处理量	C16:C19

	E
15	原料处理量
16	=SUM(C9:E9)
17	=SUM(C10:E10)
18	=SUM(C11:E11)
19	=SUM(C12:E12)

	B	C	D	E
6	产品利润	=C5-C4	=D5-D4	=E5-E4

	E
21	总处理成本
22	=SUMPRODUCT(处理成本,原料处理量)

	B	C
22	总利润	=SUMPRODUCT(产品利润,产品产量)

	B	C	D	E
13	产品产量	=SUM(C9:C12)	=SUM(D9:D12)	=SUM(E9:E12)

规划求解参数

设置目标: (T)　　　　总利润

到: ● 最大值 (M)　○ 最小值 (N)　○ 目标值: (V)

通过更改可变单元格: (B)

混合量

遵守约束: (U)

E25 <= G25
E26 >= G26
E27 >= G27
E28 = G28
E30 >= G30
E31 >= G31
E32 = G32
E34 <= G34
原料处理量 <= 可获得量
原料处理量 >= 最少处理量
总处理成本 = 可获得捐款

☑ 使无约束变量为非负数 (K)

选择求解方法: (E)　　　　单纯线性规划

图 3—12　案例 3.2 (1) 的电子表格模型 (续)

Excel 求解结果如表 3—21 所示,此时公司的总利润最大,为每周 35 110 元。

表 3—21　　案例 3.2 (1) 配料问题的求解结果 (处理固体废弃物、混合成产品)

	等级 *A* 产品	等级 *B* 产品	等级 *C* 产品	合计 (原料处理量)	每周可获得量
原料 1	412	2 588	0	3 000	3 000
原料 2	860	518	0	1 377	2 000
原料 3	447	1 553	0	2 000	4 000
原料 4	430	518	0	947	1 000
合计 (产品产量)	2 149	5 175	0	7 324	10 000

从表 3—21 中可知，由于受到捐款额的限制，除了原料 1 全部收集并处理完外，其他三种固体废弃物并没有全部收集并处理完。

2. 问题（2）的求解

由于处理成本先由捐款支付（捐款要全部用完），不足时从产品销售利润中支付（产品销售利润的一部分作为处理成本），因此，只需在问题（1）的模型中，修改以下两点：

①将约束条件"总处理成本＝可获得捐款"改为"总处理成本≥可获得捐款"，即改为：

$$3(x_{1A}+x_{1B}+x_{1C})+6(x_{2A}+x_{2B}+x_{2C})+4(x_{3A}+x_{3B}+x_{3C})+5(x_{4A}+x_{4B}+x_{4C})\geqslant 30\,000$$

②目标函数改为"总利润＝等级 A、B、C 产品的总利润＋可获得捐款 3 万元－总处理成本"，即改为：

$$\max z = 5.5(x_{1A}+x_{2A}+x_{3A}+x_{4A})+4.5(x_{1B}+x_{2B}+x_{3B}+x_{4B})$$
$$+3.5(x_{1C}+x_{2C}+x_{3C}+x_{4C})+30\,000-3(x_{1A}+x_{1B}+x_{1C})-6(x_{2A}+x_{2B}+x_{2C})$$
$$-4(x_{3A}+x_{3B}+x_{3C})-5(x_{4A}+x_{4B}+x_{4C})$$

案例 3.2 问题（2）的电子表格模型如图 3—13 所示，参见"案例 3.2（2）.xlsx"。

图 3—13　案例 3.2（2）的电子表格模型

Excel 求解结果如表 3—22 所示，此时三种等级产品的销售利润为 36 250 元，总处理成本为 31 000 元，比可获得捐款（3 万元）多 1 000 元，每周可获得的总利润为 35 250 元，比问题（1）的总利润（35 110 元）多 140 元。

表 3—22　　　　案例 3.2（2）配料问题的求解结果（处理固体废弃物、混合成产品）

	等级 A 产品	等级 B 产品	等级 C 产品	合计（原料处理量）	每周可获得量
原料 1	500	2 500	0	3 000	3 000
原料 2	1 000	500	0	1 500	2 000
原料 3	500	1 500	0	2 000	4 000
原料 4	500	500	0	1 000	1 000
合计（产品产量）	2 500	5 000	0	7 500	10 000

从表 3—22 中可知，原料 1 和原料 4 这两种固体废弃物全部收集并处理完，而其他两种固体废弃物（原料 2 和原料 3）并没有全部收集并处理完。

3. 问题（3）的求解

由于要把每周可获得的四种固体废弃物全部收集并处理完，因此，只需在问题（2）的模型中，修改以下两点：

①去掉约束条件"对于每种固体废弃物（原料），每周必须至少收集并处理一半以上的数量"，即去掉"原料处理量≥最少处理量"；

②将"原料处理量≤可获得量"改为"原料处理量＝可获得量"。

于是，得到案例 3.2 问题（3）的线性规划模型为：

$$
\begin{aligned}
\max z = &\ 5.5(x_{1A}+x_{2A}+x_{3A}+x_{4A})+4.5(x_{1B}+x_{2B}+x_{3B}+x_{4B})\\
&+3.5(x_{1C}+x_{2C}+x_{3C}+x_{4C})+30\,000-3(x_{1A}+x_{1B}+x_{1C})-6(x_{2A}+x_{2B}+x_{2C})\\
&-4(x_{3A}+x_{3B}+x_{3C})-5(x_{4A}+x_{4B}+x_{4C})
\end{aligned}
$$

$$
\text{s. t.}
\begin{cases}
x_{1A}\leqslant 30\%(x_{1A}+x_{2A}+x_{3A}+x_{4A})\\
x_{2A}\geqslant 40\%(x_{1A}+x_{2A}+x_{3A}+x_{4A})\\
x_{3A}\leqslant 50\%(x_{1A}+x_{2A}+x_{3A}+x_{4A})\\
x_{4A}= 20\%(x_{1A}+x_{2A}+x_{3A}+x_{4A})\\
x_{1B}\leqslant 50\%(x_{1B}+x_{2B}+x_{3B}+x_{4B})\\
x_{2B}\geqslant 10\%(x_{1B}+x_{2B}+x_{3B}+x_{4B})\\
x_{4B}= 10\%(x_{1B}+x_{2B}+x_{3B}+x_{4B})\\
x_{1C}\leqslant 70\%(x_{1C}+x_{2C}+x_{3C}+x_{4C})\\
x_{1A}+x_{1B}+x_{1C}=3\,000\\
x_{2A}+x_{2B}+x_{2C}=2\,000\\
x_{3A}+x_{3B}+x_{3C}=4\,000\\
x_{4A}+x_{4B}+x_{4C}=1\,000\\
3(x_{1A}+x_{1B}+x_{1C})+6(x_{2A}+x_{2B}+x_{2C})+\\
4(x_{3A}+x_{3B}+x_{3C})+5(x_{4A}+x_{4B}+x_{4C})\geqslant 30\,000\\
x_{ij}\geqslant 0 \quad (i=1,2,3,4;j=A,B,C)
\end{cases}
$$

案例 3.2 问题（3）的电子表格模型如图 3—14 所示，参见"案例 3.2（3）.xlsx"。

Excel 求解结果如表 3—23 所示，此时三种等级产品的销售利润为 45 000 元，总处理成本为 42 000 元，比可获得捐款（30 000 元）多 12 000 元，每周可获得的总利润为 33 000 元，比问题（1）的每周总利润（35 110 元）少 2 110 元，比问题（2）的每周总利润（35 250 元）少 2 250 元。虽然每周的总利润有所下降，但四种固体废弃物全部收集并处理完，取得了社会效益。

	A	B	C	D	E	F	G	H
1		**案例3.2 回收中心的配料问题（3）**						
2								
3			等级A产品	等级B产品	等级C产品			
4		混合成本	3	2.5	2			
5		产品售价	8.5	7	5.5			
6		产品利润	5.5	4.5	3.5			
7								
8		混合量	等级A产品	等级B产品	等级C产品		处理成本	
9		原料1	0	3000	0		3	
10		原料2	500	875	625		6	
11		原料3	0	4000	0		4	
12		原料4	125	875	0		5	
13		产品产量	625	8750	625			
14								
15					原料处理量		可获得量	
16				原料1	3000	=	3000	
17				原料2	2000	=	2000	
18				原料3	4000	=	4000	
19				原料4	1000	=	1000	
20								
21		销售利润	45000		总处理成本		可获得捐款	
22		总利润	33000		42000	>=	30000	
23								
24					规格要求		混合比例	
25			等级A产品，原料1		0	<=	188	30%
26			等级A产品，原料2		500	>=	250	40%
27			等级A产品，原料3		0	<=	312	50%
28			等级A产品，原料4		125	=	125	20%
29								
30			等级B产品，原料1		3000	<=	4375	50%
31			等级B产品，原料2		875	>=	875	10%
32			等级B产品，原料4		875	=	875	10%
33								
34			等级C产品，原料1		0	<=	437.5	70%

	E	F	G
24	规格要求		混合比例
25	=C9	<=	=H25*等级A产品的产量
26	=C10	>=	=H26*等级A产品的产量
27	=C11	<=	=H27*等级A产品的产量
28	=C12	=	=H28*等级A产品的产量
29			
30	=D9	<=	=H30*等级B产品的产量
31	=D10	>=	=H31*等级B产品的产量
32	=D12	=	=H32*等级B产品的产量
33			
34	=E9	<=	=H34*等级C产品的产量

图 3—14   案例 3.2（3）的电子表格模型

名称	单元格
产品产量	C13:E13
产品利润	C6:E6
处理成本	G9:G12
等级A产品的产量	C13
等级B产品的产量	D13
等级C产品的产量	E13
混合量	C9:E12
可获得捐款	G22
可获得量	G16:G19
销售利润	C21
原料处理量	E16:E19
总处理成本	E22
总利润	C22

	E
15	原料处理量
16	=SUM(C9:E9)
17	=SUM(C10:E10)
18	=SUM(C11:E11)
19	=SUM(C12:E12)

	B	C	D	E
6	产品利润	=C5-C4	=D5-D4	=E5-E4

	E
21	总处理成本
22	=SUMPRODUCT(处理成本,原料处理量)

	B	C
21	销售利润	=SUMPRODUCT(产品利润,产品产量)
22	总利润	=销售利润+可获得捐款-总处理成本

	B	C	D	E
13	产品产量	=SUM(C9:C12)	=SUM(D9:D12)	=SUM(E9:E12)

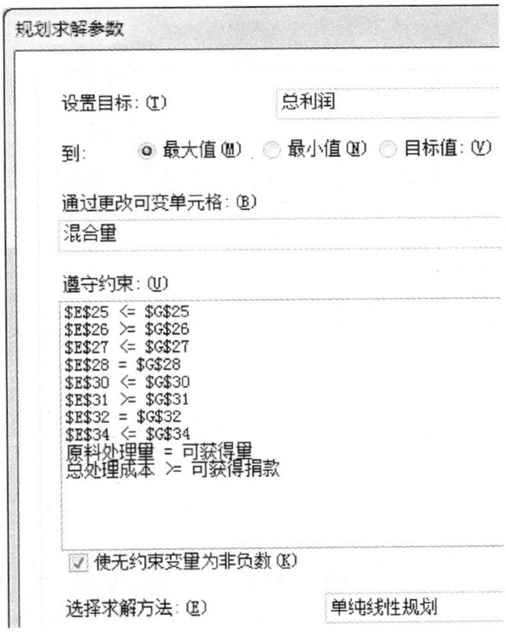

规划求解参数

设置目标：(T)　总利润

到：　⦿最大值(M)　○最小值(N)　○目标值：(V)

通过更改可变单元格：(B)
混合量

遵守约束：(U)
```
$E$25 <= $G$25
$E$26 >= $G$26
$E$27 <= $G$27
$E$28 = $G$28
$E$30 <= $G$30
$E$31 >= $G$31
$E$32 = $G$32
$E$34 <= $G$34
原料处理量 = 可获得量
总处理成本 >= 可获得捐款
```

☑ 使无约束变量为非负数(K)

选择求解方法：(E)　单纯线性规划

图3—14 案例3.2（3）的电子表格模型（续）

表3—23　案例3.2（3）配料问题的求解结果（处理固体废弃物、混合成产品）

	等级A产品	等级B产品	等级C产品	合计（原料处理量）	每周可获得量
原料1	0	3 000	0	3 000	3 000
原料2	500	875	625	2 000	2 000
原料3	0	4 000	0	4 000	4 000
原料4	125	875	0	1 000	1 000
合计（产品产量）	625	8 750	625	10 000	10 000

第4章

运输问题和指派问题

4.1　本章学习要求

(1) 了解运输问题的基本概念及其变形；

(2) 掌握运输问题及其变形的建模与应用；

(3) 了解指派问题的基本概念及其变形；

(4) 掌握指派问题及其变形的建模与应用。

4.2　本章主要内容

本章主要内容框架如图 4—1 所示。

运输问题和指派问题
- 运输问题
  - 产销平衡（总产量等于总销量）
  - 产大于销（总产量大于总销量）
  - 销大于产（总产量小于总销量）
  - 数学模型和电子表格模型
  - 运输问题的变形及其应用
- 指派问题
  - 平衡指派问题（总人数等于总任务数）
  - 数学模型和电子表格模型
  - 指派问题的变形及其应用

图 4—1　第 4 章主要内容框架图

1. 产销平衡的运输问题

(1) 产销平衡运输问题的数学模型。

具有 m 个产地 $A_i(i=1, 2, \cdots, m)$ 和 n 个销地 $B_j(j=1, 2, \cdots, n)$ 的运输问题的数学模型为：

$$\min z = \sum_{i=1}^{m} \sum_{j=1}^{n} c_{ij} x_{ij}（总运费最小）$$

$$\text{s. t.}\begin{cases}\sum_{j=1}^{n}x_{ij}=a_i & (i=1,2,\cdots,m) \quad (\text{产量约束})\\ \sum_{i=1}^{m}x_{ij}=b_j & (j=1,2,\cdots,n) \quad (\text{销量约束})\\ x_{ij}\geqslant 0 & (i=1,2,\cdots,m;j=1,2,\cdots,n)\end{cases}$$

对于产销平衡运输问题，有：$\sum_{i=1}^{m}a_i=\sum_{i=1}^{m}(\sum_{j=1}^{n}x_{ij})=\sum_{j=1}^{n}(\sum_{i=1}^{m}x_{ij})=\sum_{j=1}^{n}b_j$。

（2）产销平衡运输问题的电子表格模型及求解。

2. 产销不平衡的运输问题

（1）当总产量小于总销量时（总供应量＜总需求量，供不应求），即 $\sum_{i=1}^{m}a_i<\sum_{j=1}^{n}b_j$，销大于产运输问题的数学模型为（以满足小的产量为准）：

$$\min z=\sum_{i=1}^{m}\sum_{j=1}^{n}c_{ij}x_{ij}$$

$$\text{s. t.}\begin{cases}\sum_{j=1}^{n}x_{ij}=a_i & (i=1,2,\cdots,m) \quad (\text{产量约束})\\ \sum_{i=1}^{m}x_{ij}\leqslant b_j & (j=1,2,\cdots,n) \quad (\text{销量约束})\\ x_{ij}\geqslant 0 & (i=1,2,\cdots,m;j=1,2,\cdots,n)\end{cases}$$

（2）当总产量大于总销量时（总供应量＞总需求量，供过于求），即 $\sum_{i=1}^{m}a_i>\sum_{j=1}^{n}b_j$，产大于销运输问题的数学模型为（以满足小的销量为准）：

$$\min z=\sum_{i=1}^{m}\sum_{j=1}^{n}c_{ij}x_{ij}$$

$$\text{s. t.}\begin{cases}\sum_{j=1}^{n}x_{ij}\leqslant a_i & (i=1,2,\cdots,m) \quad (\text{产量约束})\\ \sum_{i=1}^{m}x_{ij}=b_j & (j=1,2,\cdots,n) \quad (\text{销量约束})\\ x_{ij}\geqslant 0 & (i=1,2,\cdots,m;j=1,2,\cdots,n)\end{cases}$$

3. 运输问题的变形及其应用

运输问题变形的一些特征：

（1）总供应量大于总需求量。每一个供应量（产量）代表了从其出发地（产地）运送出去的最大数量（而不是一个固定的数值）。

（2）总供应量小于总需求量。每一个需求量（销量）代表了在其目的地（销地）所接收到的最大数量（而不是一个固定的数值）。

（3）一个目的地（销地）同时存在着最小需求量和最大需求量，于是所有在这两个数值之间的数量都是可以接受的（需求量可在一定范围内变化）。

（4）在运输中不能使用特定的出发地（产地）—目的地（销地）组合。

（5）目标是使与运输量有关的总利润最大而不是使总成本最小。

4. 指派问题

（1）平衡指派问题的线性规划模型为：

$$\min z = \sum_{i=1}^{n} \sum_{j=1}^{n} c_{ij} x_{ij}$$

$$\text{s.t.} \begin{cases} \sum_{j=1}^{n} x_{ij} = 1 & (i = 1, 2, \cdots, n) \quad （一个人做一件事） \\ \sum_{i=1}^{n} x_{ij} = 1 & (j = 1, 2, \cdots, n) \quad （一件事一个人做） \\ x_{ij} \geqslant 0 & (i, j = 1, 2, \cdots, n) \quad （非负） \end{cases}$$

（2）指派问题的电子表格模型及求解。

5. 指派问题的变形及其应用

指派问题变形的一些特征：

（1）某人不能完成某项任务（某事一定不能由某人做，无法接受的指派）；

（2）每个人只能完成一项任务，但是任务数比人数多（人少事多，任务数多于人数），因此其中有些任务会没人做（不能完成）；

（3）每项任务只由一个人完成，但是人数比任务数多（人多事少，人数多于任务数），因此其中有些人会没事做；

（4）某人可以同时被指派多项任务（一人可做多事）；

（5）某事需要由多人共同完成（一事需多人做）；

（6）目标是与指派有关的总利润最大而不是总成本最小（最大化目标函数）；

（7）实际需要完成的任务数不超过总人数也不超过总任务数。

4.3　本章上机实验

1. 实验目的

掌握使用 Excel 软件求解运输问题和指派问题的操作方法。

2. 内容和要求

使用 Excel 软件求解习题 4.2、习题 4.5、案例 4.1（或其他例子、习题、案例等）。

3. 操作步骤

（1）在 Excel 中建立运输问题（或指派问题）的电子表格模型；

（2）使用 Excel 软件中的"规划求解"命令求解运输问题和指派问题；

（3）结果分析；

（4）在 Excel 文件或 Word 文档中撰写实验报告，包括数学模型、电子表格模型和结果分析等。

4.4　本章习题全解

4.1　某农民承包了五块土地共 206 亩，打算种植小麦、玉米和蔬菜三种农作物，各种农作物的计划播种面积以及每块土地种植各种农作物的亩产见表4—1，问如何安排种植计划，可使总产量达到最高？

表 4—1 　　　　　　　　　　　五块土地种植三种农作物的亩产（公斤）

	土地 1	土地 2	土地 3	土地 4	土地 5	计划播种面积（亩）
小麦	500	600	650	1 050	800	86
玉米	850	800	700	900	950	70
蔬菜	1 000	950	850	550	700	50
土地面积（亩）	36	48	44	32	46	

解：

把"指定土地种植农作物问题"当作"运输问题"来求解。由于总供应量（86+70+50=206）=总需求量（36+48+44+32=206），于是，这是一个典型的平衡运输问题。

设 x_{ij} 为作物 i（$i=1$，2，3分别代表小麦、玉米、蔬菜）在土地 j（$j=1$，2，3，4，5）的种植面积，则其线性规划模型如下：

$$\max z = 500x_{11}+600x_{12}+650x_{13}+1\,050x_{14}+800x_{15}$$
$$+850x_{21}+800x_{22}+700x_{23}+900x_{24}+950x_{25}$$
$$+1\,000x_{31}+950x_{32}+850x_{33}+550x_{34}+700x_{35}$$

$$\text{s.t.}\begin{cases}
x_{11}+x_{12}+x_{13}+x_{14}+x_{15}=86 & \text{（小麦）}\\
x_{21}+x_{22}+x_{23}+x_{24}+x_{25}=70 & \text{（玉米）}\\
x_{31}+x_{32}+x_{33}+x_{34}+x_{35}=50 & \text{（蔬菜）}\\
x_{11}+x_{21}+x_{31}=36 & \text{（土地 1）}\\
x_{12}+x_{22}+x_{32}=48 & \text{（土地 2）}\\
x_{13}+x_{23}+x_{33}=44 & \text{（土地 3）}\\
x_{14}+x_{24}+x_{34}=32 & \text{（土地 4）}\\
x_{15}+x_{25}+x_{35}=46 & \text{（土地 5）}\\
x_{ij}\geq 0 & (i=1,2,3; j=1,2,3,4,5)
\end{cases}$$

习题4.1的电子表格模型如图4—2所示，参见"习题4.1.xlsx"。为了查看方便，在最优解（种植面积）C9：G11区域中，使用Excel的"条件格式"功能[1]，将"0"值单元格的字体颜色设置成"黄色"，与填充颜色（背景色）相同[2]。

整理图4—2中的B8：G11区域，得到如图4—3所示的最优种植方案网络图[3]，从中可以看出：在土地1上种植蔬菜2亩、玉米34亩；在土地2上种植蔬菜48亩；在土地3上种植小麦44亩；在土地4上种植小麦32亩；在土地5上种植玉米36亩、小麦10亩。按此方案种植，可使总产量达到最高，为180 900公斤。

---

① 设置"条件格式"的操作请参见教材第4章附录Ⅱ。

② 本章所有习题和案例的最优解（运输方案或指派方案）有一个共同特点："0"值较多，所以都使用了Excel的"条件格式"功能。

③ 为了绘图方便，将农作物"小麦"和"蔬菜"的位置作了对调。

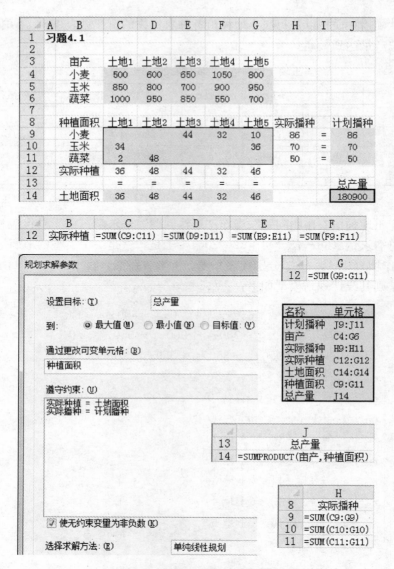

图 4—2　习题 4.1 的电子表格模型

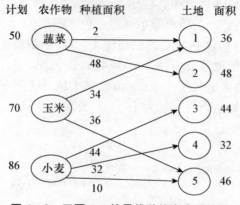

图 4—3　习题 4.1 的最优种植方案网络图

4.2 甲、乙、丙三个城市每年分别需要煤炭 320 万吨、250 万吨、350 万吨，由 A、B 两个煤矿负责供应。已知煤炭年供应量分别为 A 煤矿 400 万吨、B 煤矿 450 万吨。各煤矿至各城市的单位运价见表 4—2。由于需大于供（供不应求），经研究平衡决定，城市甲供应量可减少 0～30 万吨，城市乙需求量应全部满足，城市丙供应量不少于 270 万吨。试求将供应量分配完又使总运费最低的调运方案。

表 4—2　　　　　　　　两个煤矿至三个城市的单位运价（万元/万吨）

	城市甲	城市乙	城市丙
煤矿 A	15	18	22
煤矿 B	21	25	16

解：

本问题中，总供应量（400＋450＝850）小于总需求量（320＋250＋350＝920），为需大于供（供不应求）的运输问题。

设 x_{ij} 为煤矿 $i(i=A，B)$ 运往城市 $j(j=1，2，3$ 分别代表城市甲、乙、丙）的煤炭量（万吨），则其线性规划模型如下：

$$\min z=15x_{A1}+18x_{A2}+22x_{A3}+21x_{B1}+25x_{B2}+16x_{B3}$$

$$\text{s. t.}\begin{cases} x_{A1}+x_{A2}+x_{A3}=400 & \text{（煤矿 }A\text{）} \\ x_{B1}+x_{B2}+x_{B3}=450 & \text{（煤矿 }B\text{）} \\ 290\leqslant x_{A1}+x_{B1}\leqslant320 & \text{（城市甲）} \\ x_{A2}+x_{B2}=250 & \text{（城市乙）} \\ 270\leqslant x_{A3}+x_{B3}\leqslant350 & \text{（城市丙）} \\ x_{ij}\geqslant0 & (i=A,B;j=1,2,3) \end{cases}$$

习题 4.2 的电子表格模型如图 4—4 所示，参见"习题 4.2. xlsx"。

图 4—4　习题 4.2 的电子表格模型

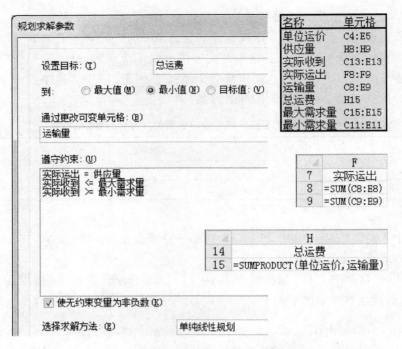

图4—4　习题4.2的电子表格模型（续）

习题4.2的最优调运方案（见图4—4中的C8：E9区域）：煤矿 A 要运送150万吨煤炭到城市甲、运送250万吨煤炭到城市乙；而煤矿 B 要运送140万吨煤炭到城市甲、运送310万吨煤炭到城市丙，此时的总运费最低，为14 650万元。同时，甲、乙、丙三个城市的煤炭实际供给量分别为290万吨（缺口30万吨）、250万吨（全部满足）、310万吨（缺口40万吨）。

4.3　某电子公司生产四种不同型号的电子计算器 C_1、C_2、C_3、C_4。这四种计算器可以分别由五个不同车间（D_1、D_2、D_3、D_4、D_5）生产，但这五个车间生产一个计算器所需的时间不同，如表4—3所示。

表4—3　　　　　　　　　　　四种计算器在五个车间生产所需的时间（分钟）

	车间 D_1	车间 D_2	车间 D_3	车间 D_4	车间 D_5
计算器 C_1	5	6	4	3	2
计算器 C_2	7	—	3	2	4
计算器 C_3	6	3	—	4	5
计算器 C_4	5	3	—	2	—

该公司销售人员要求：

（1）C_1 的产量不能多于1 400个；

（2）C_2 的产量至少300个，但不能超过800个；

（3）C_3 的产量不能超过8 000个；

（4）C_4 的产量至少700个，而且 C_4 在市场上畅销，根据该公司的生产能力，无论生产多少都能卖出去。

该公司财会人员报告称：

(1) C_1 每个可得利润 25 元；

(2) C_2 每个可得利润 20 元；

(3) C_3 每个可得利润 17 元；

(4) C_4 每个可得利润 11 元。

这五个车间可用于生产的时间如表 4—4 所示。

表 4—4   五个车间可用于生产的时间

车间	D_1	D_2	D_3	D_4	D_5
时间（分钟）	18 000	15 000	14 000	12 000	10 000

请作一个生产方案，使得该公司总利润最大。

解：

由表 4—3 可知，车间 D_2 不能生产 C_2，车间 D_3 不能生产 C_3 和 C_4，车间 D_5 不能生产 C_4。

设 x_{ij} 为计算器 C_i（$i=1,2,3,4$）由车间 D_j（$j=1,2,3,4,5$）生产的数量（百个），则其线性规划模型如下：

计算器 C_1 的产量为 $x_{11}+x_{12}+x_{13}+x_{14}+x_{15}$（百个），

计算器 C_2 的产量为 $x_{21}+x_{22}+x_{23}+x_{24}+x_{25}$（百个），

计算器 C_3 的产量为 $x_{31}+x_{32}+x_{33}+x_{34}+x_{35}$（百个），

计算器 C_4 的产量为 $x_{41}+x_{42}+x_{43}+x_{44}+x_{45}$（百个）。

$$\max z = 25(x_{11}+x_{12}+x_{13}+x_{14}+x_{15})+20(x_{21}+x_{22}+x_{23}+x_{24}+x_{25})$$
$$+17(x_{31}+x_{32}+x_{33}+x_{34}+x_{35})+11(x_{41}+x_{42}+x_{43}+x_{44}+x_{45})$$

$$\text{s. t.}\begin{cases} x_{11}+x_{12}+x_{13}+x_{14}+x_{15}\leqslant 14 & (C_1\text{ 的产量}) \\ 3\leqslant x_{21}+x_{22}+x_{23}+x_{24}+x_{25}\leqslant 8 & (C_2\text{ 的产量}) \\ x_{31}+x_{32}+x_{33}+x_{34}+x_{35}\leqslant 80 & (C_3\text{ 的产量}) \\ x_{41}+x_{42}+x_{43}+x_{44}+x_{45}\geqslant 7 & (C_4\text{ 的产量}) \\ 5x_{11}+7x_{21}+6x_{31}+5x_{41}\leqslant 180 & (\text{车间 }D_1\text{ 的生产时间}) \\ 6x_{12}+3x_{32}+3x_{42}\leqslant 150 & (\text{车间 }D_2\text{ 的生产时间}) \\ 4x_{13}+3x_{23}\leqslant 140 & (\text{车间 }D_3\text{ 的生产时间}) \\ 3x_{14}+2x_{24}+4x_{34}+2x_{44}\leqslant 120 & (\text{车间 }D_4\text{ 的生产时间}) \\ 2x_{15}+4x_{25}+5x_{35}\leqslant 100 & (\text{车间 }D_5\text{ 的生产时间}) \\ x_{22},x_{33},x_{43},x_{45}=0 & (\text{不能生产}) \\ x_{ij}\geqslant 0 \quad (i=1,2,3,4;j=1,2,3,4,5) & (\text{非负}) \end{cases}$$

习题 4.3 的电子表格模型如图 4—5 所示，参见"习题 4.3. xlsx"。

习题 4.3 的最优生产方案（见图 4—5 中的 C10：G13 区域）为：计算器 C_1 生产 1 400 个（14 百个），全部由车间 D_3 生产；计算器 C_2 生产 800 个，全部由车间 D_3 生产；计算器 C_3 生产 8 000 个，其中 1 000 个由车间 D_1 生产、5 000 个由车间 D_2 生产、2 000 个由车间 D_5 生产；计算器 C_4 生产 8 400 个，其中 2 400 个由车间 D_1 生产、6 000 个由车间 D_4 生产。此时的总利润最大，为 279 400 元（2 794 百元）。

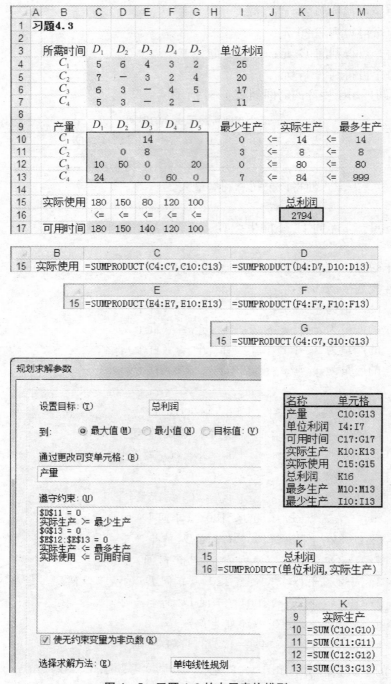

图4—5 习题 4.3 的电子表格模型

从车间的角度看，车间 D_1 和车间 D_3 各生产两种计算器（车间 D_1 生产 C_3 和 C_4、车间 D_3 生产 C_1 和 C_2），而车间 D_2、车间 D_4 和车间 D_5 各只生产一种计算器（车间 D_2 生产 C_3、车间 D_4 生产 C_4、车间 D_5 生产 C_3）。

从车间生产时间的角度看，只有车间 D_3 的生产时间没有用完，剩余 6 000 分钟（60 百分钟），其他 4 个车间（D_1、D_2、D_4 和 D_5）的生产时间全部用完。

4.4 某房地产公司计划在一住宅小区建设五栋不同类型的楼房（B_1、B_2、B_3、B_4 和 B_5）。由三家建筑公司（A_1、A_2 和 A_3）进行投标，允许每家建筑公司可承建 1～2 栋楼。经过投标，得知各建筑公司对各新楼的预算费用（如表 4—5 所示），求使总费用最少的分派方案。

表 4—5　　　　　　　　　　　各建筑公司对各栋新楼的预算费用

	楼房 B_1	楼房 B_2	楼房 B_3	楼房 B_4	楼房 B_5
建筑公司 A_1	3	8	7	15	11
建筑公司 A_2	7	9	10	14	12
建筑公司 A_3	6	9	13	12	17

解：

该问题可视为指派问题，建筑公司可以看作指派问题中的"人"，楼房则可以看作需要完成的"任务"。由于有 5 栋楼房和 3 家建筑公司，所以就有两家建筑公司要承建 2 栋楼房，第三家建筑公司承建 1 栋楼房。

设 x_{ij} 为指派建筑公司 $A_i (i=1,2,3)$ 承建楼房 $B_j (j=1,2,3,4,5)$，则线性规划数学模型如下：

$$\min z = 3x_{11}+8x_{12}+7x_{13}+15x_{14}+11x_{15}$$
$$+7x_{21}+9x_{22}+10x_{23}+14x_{24}+12x_{25}$$
$$+6x_{31}+9x_{32}+13x_{33}+12x_{34}+17x_{35}$$

$$s.t. \begin{cases} 1 \leqslant x_{11}+x_{12}+x_{13}+x_{14}+x_{15} \leqslant 2 & \text{（建筑公司 } A_1\text{）} \\ 1 \leqslant x_{21}+x_{22}+x_{23}+x_{24}+x_{25} \leqslant 2 & \text{（建筑公司 } A_2\text{）} \\ 1 \leqslant x_{31}+x_{32}+x_{33}+x_{34}+x_{35} \leqslant 2 & \text{（建筑公司 } A_3\text{）} \\ x_{11}+x_{21}+x_{31}=1 & \text{（楼房 } B_1\text{）} \\ x_{12}+x_{22}+x_{32}=1 & \text{（楼房 } B_2\text{）} \\ x_{13}+x_{23}+x_{33}=1 & \text{（楼房 } B_3\text{）} \\ x_{14}+x_{24}+x_{34}=1 & \text{（楼房 } B_4\text{）} \\ x_{15}+x_{25}+x_{35}=1 & \text{（楼房 } B_5\text{）} \\ x_{ij} \geqslant 0 & (i=1,2,3; j=1,2,3,4,5) \end{cases}$$

习题 4.4 的电子表格模型如图 4—6 所示，参见"习题 4.4.xlsx"。

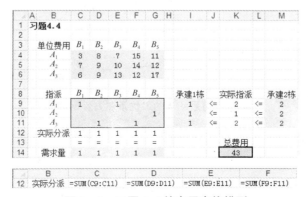

图 4—6　习题 4.4 的电子表格模型

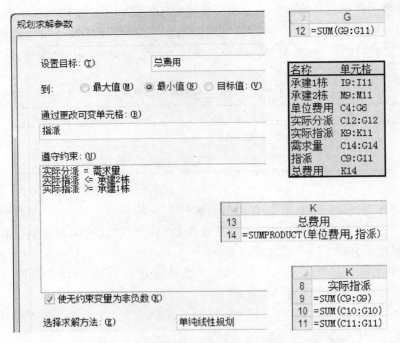

图 4—6　习题 4.4 的电子表格模型（续）

整理图 4—6 中的 B8：G11 区域，得到如图 4—7 所示的最优承建方案网络图。[①] 从中可以看出：建筑公司 A_1 承建 2 栋楼（B_1 和 B_3），建筑公司 A_2 承建 1 栋楼（B_5），建筑公司 A_3 承建 2 栋楼（B_2 和 B_4），此时的总费用最少，为 43。

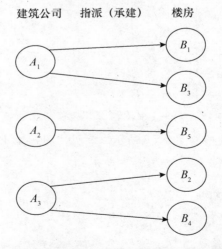

图 4—7　习题 4.4 的最优承建方案网络图

4.5　安排 4 个人去完成 4 项不同的任务。每个人完成各项任务所需要的时间如表 4—6 所示。

---

① 为了绘图方便，调整了楼房 $B_1 \sim B_5$ 的顺序。

表 4—6   每个人完成各项任务所需要的时间（分钟）

	任务 A	任务 B	任务 C	任务 D
甲	20	19	20	28
乙	18	24	27	20
丙	26	16	15	18
丁	17	20	24	19

（1）应指派哪个人去完成哪项任务，可使需要的总时间最少？

（2）如果把问题（1）中的时间看成是利润，那么应如何指派，可使获得的总利润最大？

（3）如果在问题（1）中增加一项任务 E，甲、乙、丙、丁完成任务 E 所需的时间分别为 17、20、15、16 分钟，那么应指派这 4 个人去完成哪 4 项任务，可使得这 4 个人完成 4 项任务所需的总时间最少？

（4）如果在问题（1）中再增加一个人戊，他完成任务 A、B、C、D 所需的时间分别为 16、17、20、21 分钟，这时应指派哪 4 个人去完成这 4 项任务，可使得 4 个人完成 4 项任务所需的总时间最少？

解：

该问题为考虑了多种情况的指派问题，其中：问题（1）为典型的平衡指派问题，问题（2）为求总利润最大的平衡指派问题，问题（3）为"人少事多"的指派问题，问题（4）为"人多事少"的指派问题。

1. 问题（1）的求解

问题（1）是一个典型的平衡指派问题。总人数（4 人）与总任务数（4 项）相等。

设 x_{ij} 为指派 i（$i=1$，2，3，4 分别表示甲，乙，丙，丁）去完成任务 j（$j=A$，B，C，D），则其线性规划模型如下：

$$\min z = 20x_{1A} + 19x_{1B} + 20x_{1C} + 28x_{1D}$$
$$+ 18x_{2A} + 24x_{2B} + 27x_{2C} + 20x_{2D}$$
$$+ 26x_{3A} + 16x_{3B} + 15x_{3C} + 18x_{3D}$$
$$+ 17x_{4A} + 20x_{4B} + 24x_{4C} + 19x_{4D}$$

$$\text{s. t.} \begin{cases} x_{1A} + x_{1B} + x_{1C} + x_{1D} = 1 & （甲要完成一项任务）\\ x_{2A} + x_{2B} + x_{2C} + x_{2D} = 1 & （乙要完成一项任务）\\ x_{3A} + x_{3B} + x_{3C} + x_{3D} = 1 & （丙要完成一项任务）\\ x_{4A} + x_{4B} + x_{4C} + x_{4D} = 1 & （丁要完成一项任务）\\ x_{1A} + x_{2A} + x_{3A} + x_{4A} = 1 & （任务 A 要有一人完成）\\ x_{1B} + x_{2B} + x_{3B} + x_{4B} = 1 & （任务 B 要有一人完成）\\ x_{1C} + x_{2C} + x_{3C} + x_{4C} = 1 & （任务 C 要有一人完成）\\ x_{1D} + x_{2D} + x_{3D} + x_{4D} = 1 & （任务 D 要有一人完成）\\ x_{ij} \geqslant 0 & （i=1,2,3,4; j=A,B,C,D）（非负） \end{cases}$$

习题 4.5 问题（1）的电子表格模型如图 4—8 所示，参见"习题 4.5（1）.xlsx"。

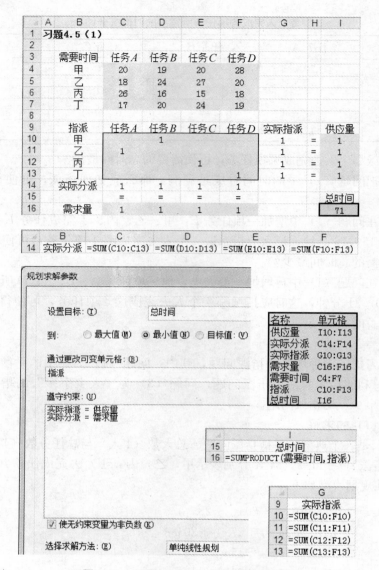

图4—8　习题4.5（1）的电子表格模型

　　整理图4—8中的B9：F13区域，得到如图4—9所示的最优指派方案网络图。从中可以看出：安排甲负责完成任务B（甲→任务B）、乙负责完成任务A（乙→任务A）、丙负责完成任务C（丙→任务C）、丁负责完成任务D（丁→任务D），此时需要的总时间最少，为71分钟。

2. 问题（2）的求解

　　问题（2）是一个"求总利润最大"的平衡指派问题。这时只需要在问题（1）的基础上稍做修改即可。

　　（1）首先将B3单元格中的"需要时间"改为"单位利润"；然后在"名称管理器"对话框中（在"公式"选项卡的"定义的名称"组中），将"需要时间"改为"单位利润"。也就是说，将C4：F7区域的名称由"需要时间"改为"单位利润"。

　　（2）同理，将"总时间"改为"总利润"。首先将I15单元格中的"总时间"改为

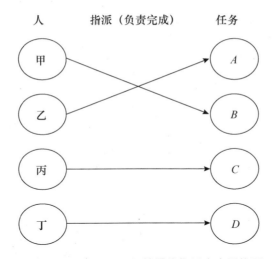

图 4—9 习题 4.5（1）的最优指派方案网络图

"总利润"；然后在"名称管理器"对话框中，将"总时间"改为"总利润"。也就是说，将 I16 单元格的名称由"总时间"改为"总利润"。

（3）在"规划求解参数"对话框中，将设置目标单元格的"最小值"改为"最大值"。

习题 4.5 问题（2）的电子表格模型如图 4—10 所示，参见"习题 4.5（2）.xlsx"。

	A	B	C	D	E	F	G	H	I
1	习题4.5（2）								
2									
3		单位利润	任务A	任务B	任务C	任务D			
4		甲	20	19	20	28			
5		乙	18	24	27	20			
6		丙	26	16	15	18			
7		丁	17	20	24	19			
8									
9		指派	任务A	任务B	任务C	任务D	实际指派		供应量
10		甲				1	1	=	1
11		乙		1			1	=	1
12		丙	1				1	=	1
13		丁			1		1	=	1
14		实际分派	1	1	1	1			
15			=	=	=	=			总利润
16		需求量	1	1	1	1			102

图 4—10 习题 4.5（2）的电子表格模型

重新运行"规划求解"命令后的最优分派方案（见图 4—10 中的 B9：F13 区域，或见图 4—11）为：安排甲负责完成任务 D(甲→任务 D)、乙负责完成任务 B(乙→任务 B)、丙负责完成任务 A(丙→任务 A)、丁负责完成任务 C(丁→任务 C)，此时获得的总利润最大，为 102。

3. 问题（3）的求解

问题（3）是一个"人少事多"的指派问题。在问题（1）的基础上作如下修改：

（1）在 F 列右侧插入一列，然后在新插入的 G 列中添加与"任务 E"有关的信息（见图 4—12 中的 C3：G16 区域）。

（2）由于增加了一项任务 E，总任务数为 5，而总人数为 4。因此，将任务分派的原

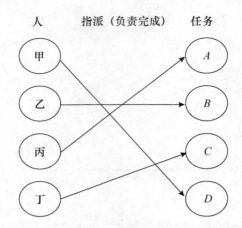

图 4—11 习题 4.5（2）的最优指派方案网络图

约束条件"实际分派＝需求量"改为"实际分派≤需求量"（见图 4—12 中的 C15：G15 区域，并且在"规划求解参数"对话框中修改约束），即表示并不是每个任务都能分派出去。

（3）在"名称管理器"对话框中（在"公式"选项卡的"定义的名称"组中，单击"名称管理器"，打开"名称管理器"对话框），查看并编辑修改各名称所对应的"引用位置"。如："需要时间"的引用位置改为"C4：G7"区域，决策变量"指派"的引用位置改为"C10：G13"区域，等等。

（4）查看各公式单元格中的公式是否自动更新。如果 Excel 没有自动更新，需要读者自己手动更新。

习题 4.5 问题（3）的电子表格模型如图 4—12 所示，参见"习题 4.5（3）.xlsx"。

	A	B	C	D	E	F	G	H	I	J
1	习题4.5（3）									
2										
3		需要时间	任务A	任务B	任务C	任务D	任务E			
4		甲	20	19	20	28	17			
5		乙	18	24	27	20	20			
6		丙	26	16	15	18	15			
7		丁	17	20	24	19	16			
8										
9		指派	任务A	任务B	任务C	任务D	任务E	实际指派		供应量
10		甲		1				1	=	1
11		乙	1					1	=	1
12		丙			1			1	=	1
13		丁					1	1	=	1
14		实际分派	1	1	1	0	1			
15			<=	<=	<=	<=	<=			总时间
16		需求量	1	1	1	1	1			68

图 4—12 习题 4.5（3）的电子表格模型

重新运行"规划求解"命令后的最优分派方案（见图 4—12 中的 B9：G13 区域，或见图 4—13）为：安排甲负责完成任务 B（甲→任务 B）、乙负责完成任务 A（乙→任务 A）、丙负责完成任务 C（丙→任务 C）、丁负责完成任务 E（丁→任务 E），此时需要的总时间最少，为 68 分钟。

与问题（1）的分派方案相比可知，只有丁的任务有变化（任务 D→任务 E），而其他 3 人的任务没有变化。

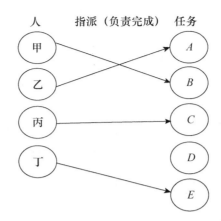

图 4—13 习题 4.5（3）的最优指派方案网络图

4. 问题（4）的求解

问题（4）是一个"人多事少"的指派问题。在问题（1）的基础上作如下修改：

（1）在第 7 行的下方插入一行，然后在新插入的第 8 行中添加"戊"完成各任务的所需时间（见图 4—14 中的 C8：F8 区域）。

（2）在第 14 行的下方插入一行，然后在新插入的第 15 行中添加"戊"指派决策变量（见图 4—14 中的 C15：F15 区域）。

（3）由于增加了一个人（戊），总人数为 5，而任务只有 4 项。因此，将人的指派的原约束条件"实际指派＝供应量"改为"实际指派≤供应量"（见图 4—14 中的 H11：H15 区域），表示并不是每个人都能有一件事可做。

（4）在"名称管理器"对话框中，查看并编辑修改各名称所对应的"引用位置"。如："需要时间"的引用位置改为"C4：F8"区域，决策变量"指派"的引用位置改为"C11：F15"区域，等等。

（5）查看各公式单元格中的公式是否自动更新。如果 Excel 没有自动更新，需要读者自己手动更新。

习题 4.5 问题（4）的电子表格模型如图 4—14 所示，参见"习题 4.5（4）.xlsx"。

	A B	C	D	E	F	G	H	I
1	习题4.5（4）							
2								
3	需要时间	任务A	任务B	任务C	任务D			
4	甲	20	19	20	28			
5	乙	18	24	27	20			
6	丙	26	16	15	18			
7	丁	17	20	24	19			
8	戊	16	17	20	21			
9								
10	指派	任务A	任务B	任务C	任务D	实际指派		供应量
11	甲					0	<=	1
12	乙				1	1	<=	1
13	丙			1		1	<=	1
14	丁	1				1	<=	1
15	戊		1			1	<=	1
16	实际分派	1	1	1	1			总时间
17		=	=	=	=			
18	需求量	1	1	1	1			69

图 4—14 习题 4.5（4）的电子表格模型

重新运行"规划求解"命令后的最优分派方案（见图 4—14 中的 B10：F15 区域，或见图 4—15）为：甲没有任务、乙负责完成任务 D(乙→任务 D)、丙负责完成任务 C(丙→任务 C)、丁负责完成任务 A(丁→任务 A)、戊负责完成任务 B(戊→任务 B)，此时需要的总时间最少，为 69 分钟。

与问题（1）的分派方案相比可知，只有"丙→任务 C"没有变化，其他 3 项任务的分派都发生了变化。

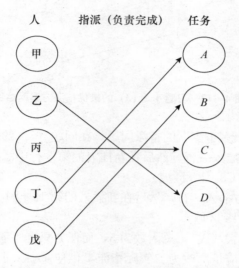

图 4—15　习题 4.5（4）的最优指派方案网络图

4.6 某系有四位教师甲、乙、丙和丁，均有能力讲授课程 A、B、C 和 D。由于经验方面的原因，各位教师每周所需备课时间见表 4—7。

表 4—7　　　　　　　　　　　各位教师每周所需的备课时间

	课程 A	课程 B	课程 C	课程 D
甲	4	17	15	6
乙	12	6	16	7
丙	11	16	18	15
丁	9	10	13	11

教务部门的要求是：每门课程由一位教师担任，同时每位教师只担任一门课程的教学任务。针对以下不同情况，请给出教师整体备课时间最少的排课方案。

（1）首先按照教务部门的要求排课，暂时没有咨询各教师的意见。

（2）随后教师丙提出不担任课程 A 教学任务的要求。

（3）在问题（2）的基础上，该系研究决定由教师乙担任课程 A 的教学任务。

（4）教师丁将外出进修。在问题（3）的条件下，暂时停开一门课。

（5）教师丁将外出进修。在问题（3）的条件下，教务部门放宽课程与教师一一对应的要求，同意可以由甲、乙、丙三名教师中的一名（注意仅仅一名）同时担任两门课程的教学任务，从而避免了课程停开。

解：

1．问题（1）的求解

问题（1）是一个典型的平衡指派问题。教师总人数（4 名）与教学总任务数（4 门课程）相等。

习题 4.6 问题（1）的电子表格模型如图 4—16 所示，参见"习题 4.6（1）.xlsx"。

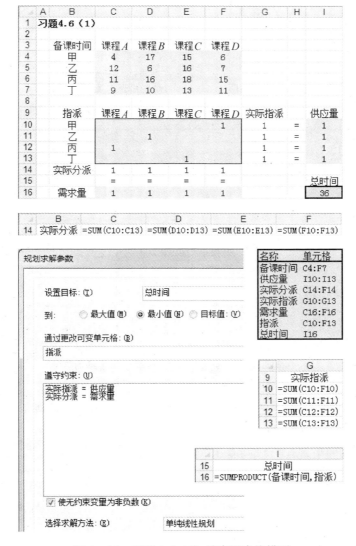

图 4—16 习题 4.6（1）的电子表格模型

整理图 4—16 中的 B9：F13 区域，得到如图 4—17 所示的最优排课方案网络图。从中可以看出：甲讲授课程 D（甲→课程 D）、乙讲授课程 B（乙→课程 B）、丙讲授课程 A（丙→课程 A）和丁讲授课程 C（丁→课程 C），此时的总备课时间最少，为 36。

2．问题（2）的求解

问题（2）是一个"某人不能完成某项任务"的平衡指派问题。这时只需要在问题（1）的基础上稍做修改即可，即在约束中增加"C12＝0"（即教师丙不担任课程 A 的教学任务）。

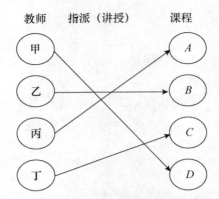

图4—17　习题4.6（1）的最优排课方案网络图

习题4.6问题（2）的电子表格模型如图4—18所示，参见"习题4.6（2）.xlsx"。

	A	B	C	D	E	F	G	H	I
1	习题4.6（2）								
2									
3		备课时间	课程A	课程B	课程C	课程D			
4		甲	4	17	15	6			
5		乙	12	6	16	7			
6		丙	11	16	18	15			
7		丁	9	10	13	11			
8									
9		指派	课程A	课程B	课程C	课程D	实际指派		供应量
10		甲	1				1	=	1
11		乙		1			1	=	1
12		丙	0			1	1	=	1
13		丁			1		1	=	1
14		实际分派	1	1	1	1			
15			=	=	=	=			总时间
16		需求量	1	1	1	1			38

图4—18　习题4.6（2）的电子表格模型

重新运行"规划求解"命令后的最优排课方案（如图4—19所示）是：甲讲授课程A（甲→课程A）、乙讲授课程B（乙→课程B）、丙讲授课程D（丙→课程D）和丁讲授课程C（丁→课程C），此时的备课时间最少，为38。

也就是说，与问题（1）的排课方案相比，甲和丙讲授的课程互换了，而乙和丁还讲授原来的课程。

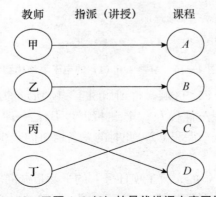

图4—19　习题4.6（2）的最优排课方案网络图

3. 问题（3）的求解

问题（3）是一个"某人不能完成某项任务"和"某人要完成某项任务"的指派问题。这时只需要在问题（2）的基础上稍做修改即可，即在约束中增加"C11＝1"（教师乙担任课程 A 的教学任务）。

习题 4.6 问题（3）的电子表格模型如图 4—20 所示，参见"习题 4.6（3）.xlsx"。

	A	B	C	D	E	F	G	H	I
1	习题4.6（3）								
2									
3		备课时间	课程A	课程B	课程C	课程D			
4		甲	4	17	15	6			
5		乙	12	6	16	7			
6		丙	11	16	18	15			
7		丁	9	10	13	11			
8									
9		指派	课程A	课程B	课程C	课程D	实际指派		供应量
10		甲				1	1	=	1
11		乙	1				1	=	1
12		丙	0		1		1	=	1
13		丁		1			1	=	1
14		实际分派	1	1	1	1			
15			=	=	=	=			总时间
16		需求量	1	1	1	1			46

图 4—20 习题 4.6（3）的电子表格模型

重新运行"规划求解"命令后的最优排课方案（如图 4—21 所示）是：甲讲授课程 D（甲→课程 D）、乙讲授课程 A（乙→课程 A）、丙讲授课程 C（丙→课程 C）和丁讲授课程 B（丁→课程 B），此时的备课时间最少，为 46。

也就是说，与问题（2）的排课方案相比，所有教师讲授的课程都要换。

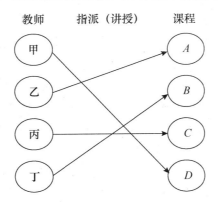

图 4—21 习题 4.6（3）的最优排课方案网络图

4. 问题（4）的求解

由于教师丁将外出进修，不参与教学任务的指派，因此问题（4）是一个"某人不能完成某项任务"、"某人要完成某项任务"和"人少课程多"的指派问题。这时，在问题（3）的基础上作如下修改：

（1）去掉与"教师丁"有关的信息（包括备课时间和排课方案）；

（2）将每门课程的需求约束"＝1"改为"≤1"（表示某一门课可以停开）。

习题 4.6 问题（4）的电子表格模型如图 4—22 所示，参见"习题 4.6（4）.xlsx"。

	A	B	C	D	E	F	G	H	I
1		习题4.6（4）							
2									
3		备课时间	课程A	课程B	课程C	课程D			
4		甲	4	17	15	6			
5		乙	12	6	16	7			
6		丙	11	16	18	15			
7									
8		指派	课程A	课程B	课程C	课程D	实际指派		供应量
9		甲				1	1	=	1
10		乙	1				1	=	1
11		丙	0	1			1	=	1
12		实际分派	1	1	0	1			
13			<=	<=	<=	<=			总时间
14		需求量	1	1	1	1			34

图 4—22　习题 4.6（4）的电子表格模型

重新运行"规划求解"命令后的最优排课方案（如图 4—23 所示）是：甲讲授课程 D（甲→课程 D）、乙讲授课程 A（乙→课程 A）和丙讲授课程 B（丙→课程 B），此时的备课时间最少，为 34。也就是说，与问题（3）的排课方案相比，丙将讲授原来由丁讲授的课程 B，而课程 C 暂时无人承担。

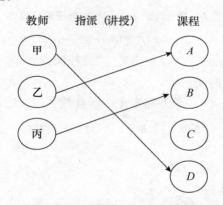

图 4—23　习题 4.6（4）的最优排课方案网络图

5. 问题（5）的求解

由于教师丁将外出进修，不参与教学任务的指派，但是由于约束的放宽（允许某位教师担任两门课程），因此问题（5）是一个"某人不能完成某项任务"、"某人要完成某项任务"和"一人可做多事"的指派问题。

在问题（4）的基础上做如下修改：

（1）将甲、乙、丙三位教师的"供应量"由"1"（表示每位教师只担任一门课程的教学任务）改为"最小供应量"为"1"（表示每位教师最少担任一门课程的教学任务）和"最大供应量"为"2"（表示每位教师同时最多可以担任两门课程的教学任务）。

（2）每门课程的需求约束"＝1"（表示每门课程有且仅有一位教师担任教学任务，避免了课程停开）。

习题 4.6 问题（5）的电子表格模型如图 4—24 所示，参见"习题 4.6（5）.xlsx"。

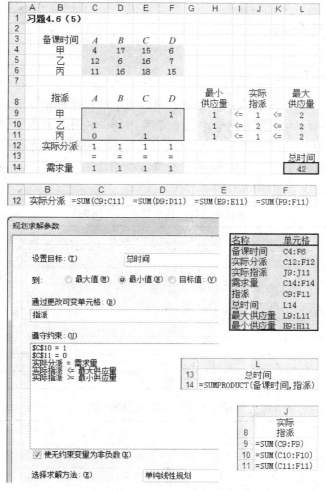

12	实际分派	=SUM(C9:C11)	=SUM(D9:D11)	=SUM(E9:E11)	=SUM(F9:F11)

图 4—24　习题 4.6（5）的电子表格模型

　　重新运行"规划求解"命令后的最优排课方案（如图 4—25 所示）是：甲讲授课程 D（甲→课程 D）、乙讲授课程 A 和 B（乙→课程 A 和 B）、丙讲授课程 C（丙→课程 C），此时的备课时间最少，为 42。也就是说，与问题（3）的排课方案相比，乙将讲授原来由丁讲授的课程 B，即乙将同时担任两门课程的教学任务，从而避免了课程停开。

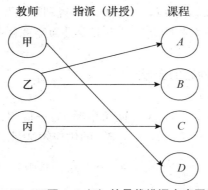

图 4—25　习题 4.6（5）的最优排课方案网络图

4.5 本章案例全解

案例4.1 菜篮子工程

某市是一个人口不到15万人的小城市，根据该市的蔬菜种植情况，分别在A、B和C设三个收购点，再由收购点分送到全市的8个菜市场。按往年情况，A、B、C三个收购点每天收购量分别为200、170和160（单位：100kg），各菜市场每天的需求量及发生供应短缺时带来的损失见表4—8。各收购点至各菜市场的距离见表4—9，各收购点至各菜市场蔬菜的单位运价为1元/100kg·100m。

表 4—8   各菜市场每天需求量及短缺损失

菜市场	每天需求量（100kg）	短缺损失（元/100kg）
1	75	10
2	60	8
3	80	5
4	70	10
5	100	10
6	55	8
7	90	5
8	80	8

表 4—9   各收购点至各菜市场的距离

距离 （单位：100m）		菜市场							
		1	2	3	4	5	6	7	8
收购点	A	4	8	8	19	11	6	22	16
	B	14	7	7	16	12	16	23	17
	C	20	19	11	14	6	15	5	10

（1）为该市设计一个从各收购点至各菜市场的定点供应方案，使总费用（包括蔬菜运费、短缺损失）最小。

（2）若规定各菜市场短缺量一律不超过需求量的20%，重新设计定点供应方案。

（3）为满足城市居民的蔬菜供应，该市的领导规划增加蔬菜种植面积，试问增产的蔬菜每天应分别向A、B、C三个收购点各供应多少最为经济合理？

解：

本问题可以看作是运输问题的变形。

1. 问题（1）的求解

（1）设 x_{ij} 为收购点 $i(i=A, B, C)$ 向菜市场 $j(j=1, 2, \cdots, 8)$ 调运的蔬菜量（单位：100kg），y_j 为菜市场 $j(j=1, 2, \cdots, 8)$ 的供应短缺量（单位：100kg）。

（2）目标函数：$\min z = \sum_{i=A}^{C} \sum_{j=1}^{8} c_{ij} x_{ij} + \sum_{j=1}^{8} s_j y_j$，其中 c_{ij} 为调运费用，s_j 为短缺损失。

（3）约束条件：三个收购点每天总收购量为200＋170＋160＝530，而菜市场每天总需求量为 75＋60＋80＋70＋100＋55＋90＋80＝610，因此问题（1）可以看作是"销大于产（供不应求）"的运输问题。

①三个收购点每天收购量：

$$\sum_{j=1}^{8} x_{Aj} = 200, \sum_{j=1}^{8} x_{Bj} = 170, \sum_{j=1}^{8} x_{Cj} = 160$$

②8 个菜市场每天需求量和短缺量：

$$x_{A1} + x_{B1} + x_{C1} + y_1 = 75 \quad （市场 1）$$
$$x_{A2} + x_{B2} + x_{C2} + y_2 = 60 \quad （市场 2）$$
$$x_{A3} + x_{B3} + x_{C3} + y_3 = 80 \quad （市场 3）$$
$$x_{A4} + x_{B4} + x_{C4} + y_4 = 70 \quad （市场 4）$$
$$x_{A5} + x_{B5} + x_{C5} + y_5 = 100 \quad （市场 5）$$
$$x_{A6} + x_{B6} + x_{C6} + y_6 = 55 \quad （市场 6）$$
$$x_{A7} + x_{B7} + x_{C7} + y_7 = 90 \quad （市场 7）$$
$$x_{A8} + x_{B8} + x_{C8} + y_8 = 80 \quad （市场 8）$$

③非负：x_{ij}，$y_j \geqslant 0$ （$i = A$，B，C；$j = 1$，2，$\cdots$，8）

案例 4.1 问题（1）的电子表格模型如图 4—26 所示，参见"案例 4.1（1）.xlsx"。

	A	B	C	D	E	F	G	H	I	J	K	L	M
1	案例4.1 菜篮子工程（1）												
2													
3		调运费用	1	2	3	4	5	6	7	8			
4		收购点A	4	8	8	19	11	6	22	16			
5		收购点B	14	7	7	16	12	16	23	17			
6		收购点C	20	19	11	14	6	15	5	10			
7													
8		短缺损失	10	8	5	10	10	8	5	8			
9													
10		供应方案	1	2	3	4	5	6	7	8	实际运出		收购量
11		收购点A	75	40			30	55			200	=	200
12		收购点B		20	80	70					170	=	170
13		收购点C					70		90		160	=	160
14													
15		短缺量								80			
16		市场合计	75	60	80	70	100	55	90	80			
17			=	=	=	=	=	=	=	=			
18		需求量	75	60	80	70	100	55	90	80			
19													
20		调运总费用	3970										
21		短缺总损失	640										
22		总费用	4610										

图 4—26 案例 4.1（1）的电子表格模型

Excel 规划求解后的结果如图 4—26 中的 B10：J13 区域所示，整理后的最优供应方案如表 4—10 所示，调运总费用为 3 970 元。此时，只有一个菜市场发生供应短缺（菜市场 8 短缺 80，即 8 000kg），短缺所带来的损失为 640 元，总费用为 3 970＋640＝4 610 元。

表 4—10　　　　　　　　　　案例 4.1（1）的最优供应方案　　　　　　　　　（单位：100kg）

菜市场	1	2	3	4	5	6	7	8
收购点 A	75	40			30	55		
收购点 B		20	80	70				
收购点 C					70		90	

2. 问题（2）的求解

在问题（1）的基础上，增加约束"各菜市场短缺量一律不超过需求量的 20％"即可。

$$y_1 \leqslant 75 \times 20\%, \ y_2 \leqslant 60 \times 20\%, \ y_3 \leqslant 80 \times 20\%, \ y_4 \leqslant 70 \times 20\%,$$
$$y_5 \leqslant 100 \times 20\%, \ y_6 \leqslant 55 \times 20\%, \ y_7 \leqslant 90 \times 20\%, \ y_8 \leqslant 80 \times 20\%$$

案例 4.1 问题（2）的电子表格模型如图 4—27 所示，参见"案例 4.1（2）.xlsx"。

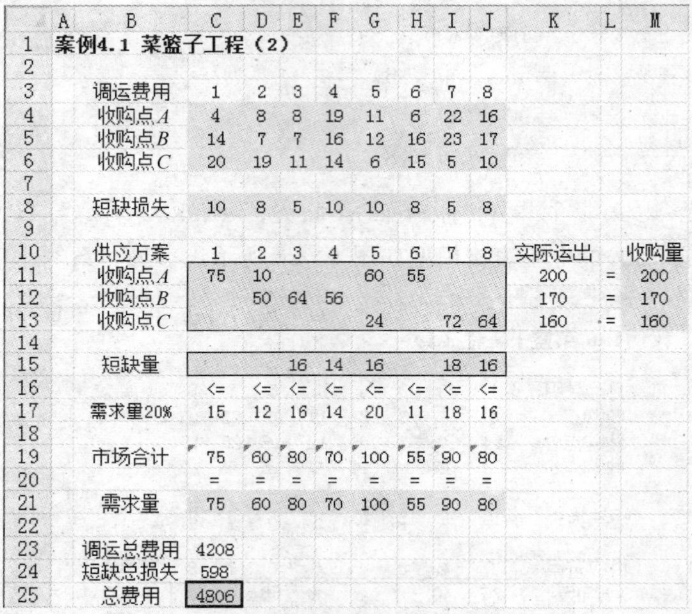

图 4—27　案例 4.1（2）的电子表格模型

Excel 重新规划求解后的结果如图 4—27 中的 B10：J13 区域所示，整理后的最优供应方案如表 4—11 所示，调运总费用为 4 208 元。此时，有 5 个菜市场（菜市场 3、4、5、7、8）发生供应短缺，短缺所带来的损失为 598 元，总费用为 4 208＋598＝4 806 元。

表 4—11　　　　　　　　　　案例 4.1（2）的供应方案　　　　　　　　　（单位：100kg）

菜市场	1	2	3	4	5	6	7	8
收购点 A	75	10			60	55		
收购点 B		50	64	56				
收购点 C					24		72	64

3. 问题（3）的求解

问题（3）比问题（1）和（2）简单些。设 x_{ij} 为收购点 $i(i＝A，B，C)$ 向菜市场 $j(j＝1，2，\cdots，8)$ 调运的蔬菜量（单位：100kg），增产的蔬菜每天应分别向 A、B、C 三个收购点各供应 y_A，y_B，y_C（单位：100kg）。

由于要满足 8 个菜市场每天需求量，所以线性规划模型为：

$$\min z = \sum_{i=A}^{C} \sum_{j=1}^{8} c_{ij} x_{ij}$$

$$\text{s. t.} \begin{cases} \sum_{j=1}^{8} x_{Aj} = 200 + y_A, \sum_{j=1}^{8} x_{Bj} = 170 + y_B, \sum_{j=1}^{8} x_{Cj} = 160 + y_C \\ x_{A1} + x_{B1} + x_{C1} = 75, x_{A2} + x_{B2} + x_{C2} = 60 \\ x_{A3} + x_{B3} + x_{C3} = 80, x_{A4} + x_{B4} + x_{C4} = 70 \\ x_{A5} + x_{B5} + x_{C5} = 100, x_{A6} + x_{B6} + x_{C6} = 55 \\ x_{A7} + x_{B7} + x_{C7} = 90, x_{A8} + x_{B8} + x_{C8} = 80 \\ x_{ij}, y_i \geqslant 0 \quad (i = A, B, C; j = 1, 2, \cdots, 8) \end{cases}$$

案例 4.1 问题（3）的电子表格模型如图 4—28 所示，参见 "案例 4.1（3）.xlsx"。

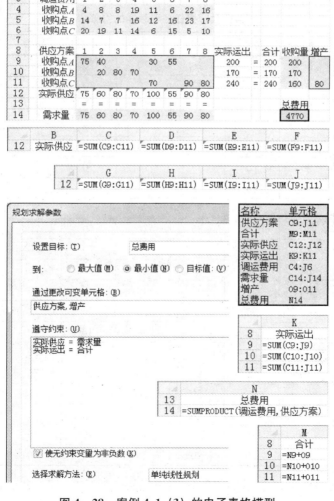

图 4—28　案例 4.1（3）的电子表格模型

Excel 规划求解后的结果如图 4—28 中的 B8：J11 区域和 O8：O11 区域所示，整理后的最优供应方案和增产的蔬菜向收购点的供应情况如表 4—12 所示，也就是说，增产的蔬菜每天都向收购点 C 供应是最经济合理的。此时的调运总费用为 4 770 元。

表 4—12 　　　　案例 4.1（3）的供应方案和增产的蔬菜向收购点的供应情况

菜市场	1	2	3	4	5	6	7	8	增产
收购点 A	75	40			30	55			
收购点 B		20	80	70					
收购点 C					70		90	80	80

案例 4.2 教师工作安排

某市实验小学为了配合新课标的改革，决定对教师教学进行综合管理，即根据教师的特长和教学效果合理地安排教学。为此，学校对担任一、二年级教学任务的教师的教学效果进行评价打分，其打分结果如表 4—13 所示。

表 4—13 　　　　　　　各位教师担任各科教学的得分

教师	美术	体育	音乐	英语	阅读	健康	品德	综合实验	计算机
刘　芳	20	20	0	0	70	70	70	70	0
李玉坤	20	20	0	0	70	70	70	70	0
刘小东	20	20	0	60	75	75	75	75	85
刘　航	20	20	0	70	75	75	75	75	85
陈　洁	40	20	20	85	70	70	70	70	60
陈宝琳	40	20	20	85	70	70	70	70	60
邓　钦	60	20	20	85	70	70	70	70	60
邓晓航	40	20	20	85	70	70	70	70	60
杜　威	40	20	20	85	70	70	70	70	60
王　俊	20	20		85	70	70	70	70	60
王小凤	0	85	0	0	40	40	40	40	50
王　朝	0	85	0	0	40	40	40	40	50
李　力	60	60	60	0	70	70	70	70	0
赵路易	0	85	0	0	40	40	40	40	50
徐王储	40	40	85	20	70	70	70	70	60
徐珊珊	40	40	85	20	70	70	70	70	60
林　群	40	50	85	20	70	70	70	70	0
林　洁	90	20	0	40	70	70	70	70	60
赵丽丽	90	20	0	0	70	70	70	70	60
何　敏	60	40	60	20	70	70	70	70	40

表中打分标准是 0～39 表示不能胜任该学科的任教，40～59 表示勉强胜任，60～75 表示基本胜任，75 以上表示工作出色。该校各科需要的教师数量如表 4—14 所示。

表 4—14 各科需要的教师数量

科目	美术	体育	音乐	英语	阅读	健康	品德	综合实验	计算机
需要的教师数量	2	4	2	6	1	1	1	1	2

请为该校合理安排教师的教学工作岗位，使得学生的总体满意度最高。

解：

该问题是一个变形的指派问题，各科需要教师总人数 20，而能够任教的教师人数也是 20，每位教师任教一个科目，但有的科目却需要多位教师。

设 x_{ij} 为指派教师 i 任教科目 j $(i=1, 2, \cdots, 20; j=1, 2, \cdots, 9)$。

目标是分配教学任务后，学生的总体满意度（总评价）最高。即：$\max z = \sum_{i=1}^{20} \sum_{j=1}^{9} c_{ij} x_{ij}$，其中 c_{ij} 表示教师 i 任教科目 j 的得分（具体见表 4—13）。

约束条件：

①每一位教师各任教一个科目：$\sum_{j=1}^{9} x_{ij} = 1$ $(i = 1,2,\cdots,20)$；

②科目 j 由 k_j 位老师担任教学任务：$\sum_{i=1}^{20} x_{ij} = k_j$ $(j = 1,2,\cdots,9)$；

③非负：$x_{ij} \geqslant 0$ $(i=1, 2, \cdots, 20; j=1, 2, \cdots, 9)$。

教师工作安排问题（案例 4.2）的电子表格模型如图 4—29 所示，参见"案例 4.2.xlsx"。

图 4—29 案例 4.2 的电子表格模型

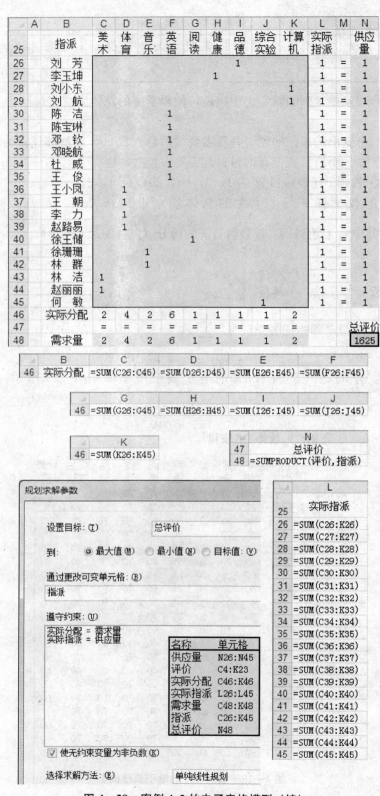

	指派	美术	体育	音乐	英语	阅读	健康	品德	综合实验	计算机	实际指派		供应量
25													
26	刘 芳							1			1	=	1
27	李玉坤						1				1	=	1
28	刘小东									1	1	=	1
29	刘 航									1	1	=	1
30	陈 洁				1						1	=	1
31	陈宝琳				1						1	=	1
32	邓 钦				1						1	=	1
33	邓晓航				1						1	=	1
34	杜 威				1						1	=	1
35	王 俊				1						1	=	1
36	王小凤		1								1	=	1
37	王 朝		1								1	=	1
38	李 力		1								1	=	1
39	赵路易		1								1	=	1
40	徐王储						1				1	=	1
41	徐珊珊			1							1	=	1
42	林 群			1							1	=	1
43	林 洁	1									1	=	1
44	赵丽丽	1									1	=	1
45	何 敏								1		1	=	1
46	实际分配	2	4	2	6	1	1	1	1	2			
47		=	=	=	=	=	=	=	=	=			总评价
48	需求量	2	4	2	6	1	1	1	1	2			1625

	B	C	D	E	F
46	实际分配	=SUM(C26:C45)	=SUM(D26:D45)	=SUM(E26:E45)	=SUM(F26:F45)

	G	H	I	J
46	=SUM(G26:G45)	=SUM(H26:H45)	=SUM(I26:I45)	=SUM(J26:J45)

	K
46	=SUM(K26:K45)

	N
47	总评价
48	=SUMPRODUCT(评价,指派)

规划求解参数

设置目标(T)　　　　总评价

到:　●最大值(M)　○最小值(N)　○目标值(V)

通过更改可变单元格(B)：

指派

遵守约束(U)：

实际分配 = 需求量
实际指派 = 供应量

名称	单元格
供应量	N26:N45
评价	C4:K23
实际分配	C46:K46
实际指派	L26:L45
需求量	C48:K48
指派	C26:K45
总评价	N48

☑ 使无约束变量为非负数(K)

选择求解方法：(E)　　　　单纯线性规划

	L
25	实际指派
26	=SUM(C26:K26)
27	=SUM(C27:K27)
28	=SUM(C28:K28)
29	=SUM(C29:K29)
30	=SUM(C30:K30)
31	=SUM(C31:K31)
32	=SUM(C32:K32)
33	=SUM(C33:K33)
34	=SUM(C34:K34)
35	=SUM(C35:K35)
36	=SUM(C36:K36)
37	=SUM(C37:K37)
38	=SUM(C38:K38)
39	=SUM(C39:K39)
40	=SUM(C40:K40)
41	=SUM(C41:K41)
42	=SUM(C42:K42)
43	=SUM(C43:K43)
44	=SUM(C44:K44)
45	=SUM(C45:K45)

图4—29　案例4.2的电子表格模型（续）

Excel 的规划求解结果如图 4—29 中的 B25：K45 区域所示。整理后，教师工作最优安排方案如表 4—15 所示。

表 4—15　　　　　　　　　　　　　　教师工作最优安排方案

科目	需要教师数量	教师名单
美术	2	林洁、赵丽丽
体育	4	王小凤、王朝、李力、赵路易
音乐	2	徐珊珊、林群
英语	6	陈洁、陈宝琳、邓钦、邓晓航、杜威、王俊
阅读	1	徐王储
健康	1	李玉坤
品德	1	刘芳
综合实验	1	何敏
计算机	2	刘小东、刘航

教师工作最优安排方案为：

（1）安排林洁和赵丽丽 2 位老师教"美术"；

（2）安排王小凤、王朝、李力和赵路易 4 位老师教"体育"；

（3）安排徐珊珊和林群 2 位老师教"音乐"；

（4）安排陈洁、陈宝琳、邓钦、邓晓航、杜威和王俊 6 位老师教"英语"；

（5）安排徐王储老师教"阅读"；

（6）安排李玉坤老师教"健康"；

（7）安排刘芳老师教"品德"；

（8）安排何敏老师教"综合实验"；

（9）安排刘小东和刘航 2 位老师教"计算机"。

此时的总评分最高，为 1 625。

第5章

网络最优化问题

5.1 本章学习要求

（1）了解最小费用流问题的基本概念，掌握最小费用流问题的建模与应用；

（2）了解最大流问题的基本概念，掌握最大流问题的建模与应用；

（3）了解最小费用最大流问题的基本概念，掌握最小费用最大流问题的建模与应用；

（4）了解最短路问题的基本概念，掌握最短路问题的建模与应用；

（5）了解最小支撑树问题的基本概念，掌握用贪婪算法完成网络设计的方法；

（6）了解货郎担问题和中国邮路问题。

5.2 本章主要内容

本章主要内容框架如图 5—1 所示。

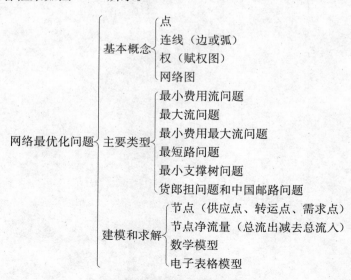

图 5—1　第 5 章主要内容框架图

1. 最小费用流问题

将某个点的物资（或信息）送到另一个点，使得运送总费用最小。

（1）网络模型：节点（包括供应点、需求点和转运点）、弧（运输线路）、权（运输成本，运输能力）；

（2）数学模型：弧的流量、节点的净流量、弧的容量限制；

（3）电子表格模型：弧（从→到）、流量、容量、单位成本、节点、净流量、供应量/需求量；

（4）五种重要的特殊类型：运输问题、指派问题、转运问题、最大流问题、最短路问题。

2. 最大流问题

将某个点的物资（或信息）送到另一个点，使得流量最大。最大流问题有供应点、需求点、转运点、弧的容量限制，但没有供应量和需求量的限制，目标是使通过配送网络到目的地的总流量最大。

（1）网络模型：节点（包括供应点、需求点和转运点）、弧（运输线路）、最大运输能力（容量）；

（2）数学模型：弧的流量、转运点的净流量为零、弧的容量限制；

（3）电子表格模型：弧（从→到）、流量、容量、节点、净流量；

（4）应用：通过配送网络的流量最大、通过管道运输系统的油的流量最大、通过输水系统的水的流量最大、通过交通网络的车辆的流量最大等。

3. 最小费用最大流问题

在实际的网络应用中，当涉及流的问题时，有时考虑的不只是流量，还要考虑费用问题，尤其是同时兼顾流量和费用问题，于是就出现了最小费用最大流问题。所谓的"最小费用最大流问题"，就是保证网络在最大流的情况下，如果有多个流量最大运输方案，则寻求其中一个费用最小的方案。如果问题明确提出求最小费用最大流问题，则问题可以分成两步走（建立两个模型）：第一步求出问题不考虑成本时的最大流量；第二步是将前一步确定的最大流量作为新的约束条件，添加到求最小费用的模型中去。

4. 最短路问题

从某个点出发，到达另一个点，怎样安排路线，使得总距离最短或总费用最小。最短路问题的出发地（供应点）的供应量为 1、目的地（需求点）的需求量为 1、转运点的净流量为 0、没有弧的容量限制，目标是使通过网络到目的地的总距离最短。

（1）网络模型：节点（包括供应点、需求点和转运点）、弧（线路）、权（距离，时间，费用）；

（2）数学模型：弧是否走、节点净流量；

（3）电子表格模型：弧（从→到）、是否走、距离、节点、净流量、供应量/需求量；

（4）应用：设备更新、管道铺设、路线安排、厂区布局等。

5. 最小支撑树问题

许多网络问题可以归结为最小支撑树问题。例如，设计长度最短的公路网，把若干城市（乡村）联系起来；设计用料最省的电话线网（光纤），把有关单位联系起来；等等。这种问题的目标是设计网络。虽然节点已经给出，但必须决定在网络中要加入哪些边。特别要指出的是，向网络中插入的每一条可能的边都有成本。为了使每两个节点之间有连接，需要提供足够的边。目标就是以某种方法完成网络设计，使得边的总成本最小。这种问题称为最小支撑树问题。

需要注意的是：最小支撑树问题，不能（不需要）通过 Excel 软件中的"规划求解"命令来求解，而是通过"贪婪算法"求解。

6. 货郎担问题

有一个串村走户的卖货郎，他从某个村庄出发，通过若干个村庄一次且仅一次，最后仍回到原出发的村庄。问他应如何选择行走路线，可使总的行程最短。

7. 中国邮路问题

邮递员从邮局出发，经过每一条边（街道），将邮件送到客户手中，最后回到邮局，如何安排路线，可使他行走的总路程最短。

货郎担问题与中国邮路问题的不同之处在于：前者要遍历图中每个节点一次（且仅一次），后者要遍历图中每条边至少一次。

5.3　本章上机实验

1. 实验目的
掌握使用 Excel 软件求解网络最优化问题的操作方法。

2. 内容和要求
使用 Excel 软件求解最小费用流问题、最大流问题、最小费用最大流问题、最短路问题、货郎担问题和中国邮路问题等，题目自选。

3. 操作步骤
（1）在 Excel 中建立网络最优化问题的电子表格模型；
（2）使用 Excel 软件中的"规划求解"命令求解网络最优化问题；
（3）结果分析；
（4）在 Excel 文件或 Word 文档中撰写实验报告，包括数学模型、电子表格模型和结果分析等。

5.4　本章习题全解

5.1　图 5—2 中的 VS 表示仓库，VT 表示商店，现要从仓库运送物资到商店。弧表示交通线路，弧旁括号内的数字为（运输能力，单位运价）。

（1）从仓库运送 10 单位的物资到商店的最小费用是多少？
（2）该配送网络的最大流量是多少？

解：

1. 问题（1）的求解
问题（1）是一个最小费用流问题。

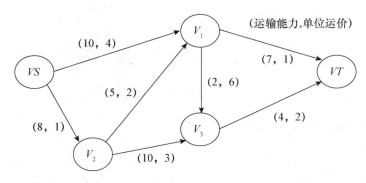

图 5—2 习题 5.1 的配送网络图

（1）决策变量。

问题（1）要做的决策是每条交通线路上的运输量，设 f_{ij} 为交通线路 $V_i \rightarrow V_j$ 的运输量（流量）。

（2）目标函数。

问题（1）的目标是使总运输费用最小，即：

$$\min z = 4f_{S1} + 1f_{S2} + 1f_{1T} + 6f_{13} + 2f_{21} + 3f_{23} + 2f_{3T}$$

（3）约束条件（节点的净流量、弧的容量限制、非负）。

① 供应点 VS：$f_{S1} + f_{S2} = 10$

② 转运点 V_1：$(f_{1T} + f_{13}) - (f_{S1} + f_{21}) = 0$

转运点 V_2：$(f_{21} + f_{23}) - f_{S2} = 0$

转运点 V_3：$f_{3T} - (f_{13} + f_{23}) = 0$

③ 需求点 VT：$f_{1T} + f_{3T} = 10$

④ 弧的容量限制：

$$f_{S1} \leqslant 10, f_{S2} \leqslant 8, f_{1T} \leqslant 7, f_{13} \leqslant 2, f_{21} \leqslant 5, f_{23} \leqslant 10, f_{3T} \leqslant 4$$

⑤ 非负：f_{S1}，f_{S2}，f_{1T}，f_{13}，f_{21}，f_{23}，$f_{3T} \geqslant 0$

习题 5.1 问题（1）的电子表格模型如图 5—3 所示，参见"习题 5.1（1）. xlsx"。

	从	到	流量		容量	单位运价		节点	净流量		供应/需求
	VS	V_1	2	<=	10	4		VS	10	=	10
	VS	V_2	8	<=	8	1		V_1	0	=	0
	V_1	VT	7	<=	7	1		V_2	0	=	0
	V_1	V_3	0	<=	2	6		V_3	0	=	0
	V_2	V_1	5	<=	5	2		VT	-10	=	-10
	V_2	V_3	3	<=	10	3					
	V_3	VT	3	<=	4	2					

总运费
48

图 5—3 习题 5.1（1）的电子表格模型

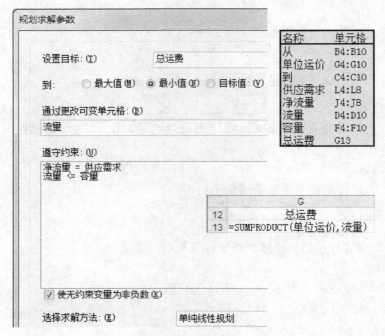

图 5—3 习题 5.1（1）的电子表格模型（续）

Excel 求解结果为：从仓库（VS）运送 10 单位的物资到商店（VT）的运送方案如图 5—3 中的 B4：D10 区域所示，此时的总运费最少，为 48。

2. 问题（2）的求解

问题（2）是一个最大流问题。

（1）决策变量：与问题（1）相同。

（2）目标函数。

问题（2）的目标是使网络的流量最大，即从仓库 VS 运送物资的量最大。即：

$$\max z = f_{S1} + f_{S2}$$

（3）约束条件（转运点的净流量为 0、弧的容量限制、非负）。

①转运点 V_1：$(f_{1T} + f_{13}) - (f_{S1} + f_{21}) = 0$

转运点 V_2：$(f_{21} + f_{23}) - f_{S2} = 0$

转运点 V_3：$f_{3T} - (f_{13} + f_{23}) = 0$

②弧的容量限制：

$$f_{S1} \leqslant 10, f_{S2} \leqslant 8, f_{1T} \leqslant 7, f_{13} \leqslant 2, f_{21} \leqslant 5, f_{23} \leqslant 10, f_{3T} \leqslant 4$$

③非负：f_{S1}，f_{S2}，f_{1T}，f_{13}，f_{21}，f_{23}，$f_{3T} \geqslant 0$

习题 5.1 问题（2）的电子表格模型如图 5—4 所示，参见"习题 5.1（2）.xlsx"。

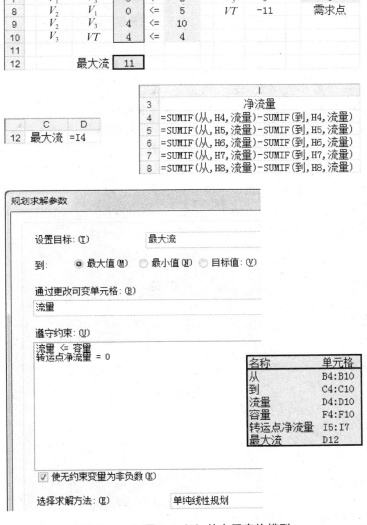

图 5—4 习题 5.1（2）的电子表格模型

Excel 求解结果为：网络的最大流量为 11。

5.2 将三个天然气田（A_1、A_2、A_3）的天然气输送到两个地区（C_1、C_2），中途有两个加压站（B_1、B_2），天然气管线如图 5—5 所示。输气管道单位时间的最大通过量 c_{ij} 及单位流量的费用 b_{ij} 标在弧旁（c_{ij}，b_{ij}）。

（1）流量为 22 的最小费用是多少？

（2）求网络的最小费用最大流。

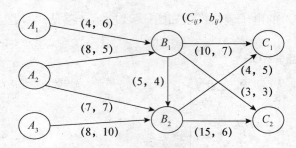

图5—5 习题5.2的天然气管线网络图

解：

1. 问题（1）的求解

问题（1）是一个最小费用流问题。

由于要求的是"流量为22的最小费用"，而三个供应点（天然气田A_1、A_2和A_3）的供应量没有具体给出，两个需求点（地区C_1和C_2）的需求量也没有具体给出，所以增加一个虚拟供应点S，指向三个天然气田，其最大通过量（容量）为22（因为要求的是流量为22的最小费用），单位流量的费用为0；同时，增加一个虚拟需求点T，两个地区指向它，其最大通过量（容量）也为22，单位流量的费用也为0。

（1）决策变量：设f_{ij}为弧（节点i→节点j）的流量。

（2）目标函数：目标为总费用最小，即：

$$\min z = 6f_{A_1B_1} + 5f_{A_2B_1} + 7f_{A_2B_2} + 10f_{A_3B_2} + 4f_{B_1B_2} + 7f_{B_1C_1} + 3f_{B_1C_2} + 5f_{B_2C_1} + 6f_{B_2C_2}$$

（3）约束条件（节点的净流量、弧的容量限制、非负）。

①虚拟供应点S：$f_{SA_1} + f_{SA_2} + f_{SA_3} = 22$

②转运点A_1：$f_{A_1B_1} - f_{SA_1} = 0$

转运点A_2：$(f_{A_2B_1} + f_{A_2B_2}) - f_{SA_2} = 0$

转运点A_3：$f_{A_3B_2} - f_{SA_3} = 0$

转运点B_1：$(f_{B_1B_2} + f_{B_1C_1} + f_{B_1C_2}) - (f_{A_1B_1} + f_{A_2B_1}) = 0$

转运点B_2：$(f_{B_2C_1} + f_{B_2C_2}) - (f_{B_1B_2} + f_{A_2B_2} + f_{A_3B_2}) = 0$

转运点C_1：$f_{C_1T} - (f_{B_1C_1} + f_{B_2C_1}) = 0$

转运点C_2：$f_{C_2T} - (f_{B_1C_2} + f_{B_2C_2}) = 0$

③虚拟需求点T：$f_{C_1T} + f_{C_2T} = 22$

④弧的容量限制：

$$f_{SA_1}, f_{SA_2}, f_{SA_3}, f_{C_1T}, f_{C_2T} \leqslant 22$$
$$f_{A_1B_1} \leqslant 4, f_{A_2B_1} \leqslant 8, f_{A_2B_2} \leqslant 7, f_{A_3B_2} \leqslant 8, f_{B_1B_2} \leqslant 5$$
$$f_{B_1C_1} \leqslant 10, f_{B_1C_2} \leqslant 3, f_{B_2C_1} \leqslant 4, f_{B_2C_2} \leqslant 15$$

⑤非负：

$$f_{SA_1}, f_{SA_2}, f_{SA_3}, f_{C_1T}, f_{C_2T} \geqslant 0$$
$$f_{A_1B_1}, f_{A_2B_1}, f_{A_2B_2}, f_{A_3B_2}, f_{B_1B_2}, f_{B_1C_1}, f_{B_1C_2}, f_{B_2C_1}, f_{B_2C_2} \geqslant 0$$

习题5.2问题（1）的电子表格模型如图5—6所示，参见"习题5.2（1）.xlsx"。

习题5.2（1）

从	到	流量		容量	单位费用		节点	净流量		供应/需求
S	A_1	4	<=	22	0		S	22	=	22
S	A_2	15	<=	22	0		A_1	0	=	0
S	A_3	3	<=	22	0		A_2	0	=	0
A_1	B_1	4	<=	4	6		A_3	0	=	0
A_2	B_1	8	<=	8	5		B_1	0	=	0
A_2	B_2	7	<=	7	7		B_2	0	=	0
A_3	B_2	3	<=	8	10		C_1	0	=	0
B_1	C_1	9	<=	10	7		C_2	0	=	0
B_1	C_2	3	<=	3	3		T	-22	=	-22
B_1	B_2	0	<=	5	4					
B_2	C_1	4	<=	4	5					
B_2	C_2	6	<=	15	6					
C_1	T	13	<=	22	0					
C_2	T	9	<=	22	0					

总费用
271

	J
3	净流量
4	=SUMIF(从, I4, 流量)-SUMIF(到, I4, 流量)
5	=SUMIF(从, I5, 流量)-SUMIF(到, I5, 流量)
6	=SUMIF(从, I6, 流量)-SUMIF(到, I6, 流量)
7	=SUMIF(从, I7, 流量)-SUMIF(到, I7, 流量)
8	=SUMIF(从, I8, 流量)-SUMIF(到, I8, 流量)
9	=SUMIF(从, I9, 流量)-SUMIF(到, I9, 流量)
10	=SUMIF(从, I10, 流量)-SUMIF(到, I10, 流量)
11	=SUMIF(从, I11, 流量)-SUMIF(到, I11, 流量)
12	=SUMIF(从, I12, 流量)-SUMIF(到, I12, 流量)

名称	单元格
从	B4:B17
单位费用	G4:G17
到	C4:C17
供应需求	L4:L12
净流量	J4:J12
流量	D4:D17
容量	F4:F17
总费用	G20

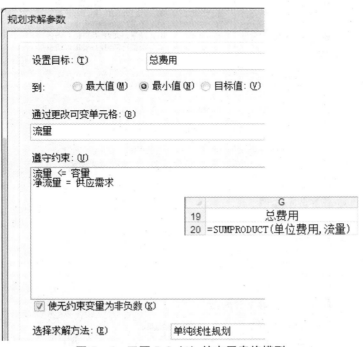

规划求解参数

设置目标: (T)　　　总费用

到:　○ 最大值(M)　● 最小值(N)　○ 目标值: (V)

通过更改可变单元格: (B)

流量

遵守约束: (U)

流量 <= 容量
净流量 = 供应需求

	G
19	总费用
20	=SUMPRODUCT(单位费用, 流量)

☑ 使无约束变量为非负数(K)

选择求解方法: (E)　　　单纯线性规划

图 5—6　习题 5.2（1）的电子表格模型

Excel 求解结果为：流量为 22 的最小费用为 271。

2. 问题（2）的求解

问题（2）是最小费用最大流问题。分两步求解，第一步是求出该网络的最大流量 F（最大流问题）。第二步是在最大流量 F 的条件下，求所需的最小费用（最小费用流问题）。

习题 5.2 问题（2）第一步的电子表格模型如图 5—7 所示，参见"习题 5.2（2）第一步 . xlsx"。其中虚拟供应点 S 到 3 个天然气田（A_1，A_2，A_3）、2 个地区（C_1，C_2）到虚拟需求点 T 的容量取了一个相对极大值 999。第一步求得的最大流量为 $F=27$。

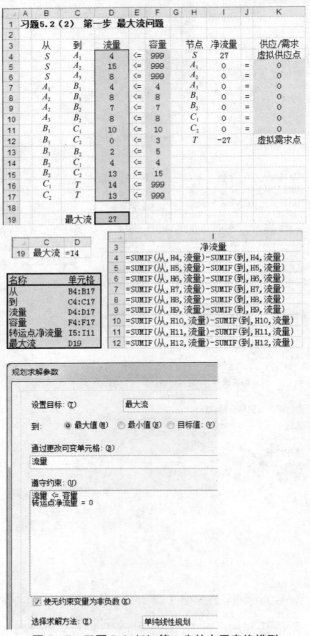

图 5—7　习题 5.2（2）第一步的电子表格模型

第二步：将第一步求得的最大流量 $F=27$，作为约束条件加入到模型中。求在最大流量 $F=27$ 的条件下，所需要的最小费用。

习题 5.2 问题（2）第二步的电子表格模型如图 5—8 所示，参见"习题 5.2（2）第二步.xlsx"。

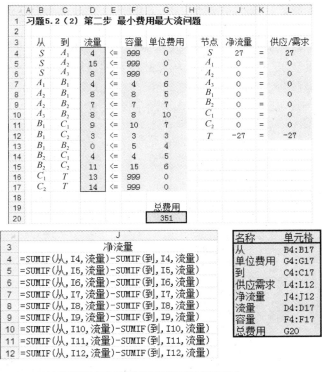

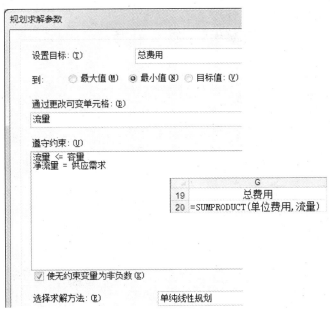

图 5—8　习题 5.2（2）第二步的电子表格模型

第二步求得的最小费用为 351。也就是说，该网络的最大流量为 27，此时的最小费用为 351。

5.3 某钢厂正在两个矿井开采铁矿石，开采出的铁矿石将运往两个仓库，需要的时候，再从仓库运往公司的钢铁厂。图 5—9 显示了这一配送网络，其中 M_1 和 M_2 是两个矿井，W_1 和 W_2 是两个仓库，而 P 是钢铁厂。该图同时给出了每条线路上的运输成本和每个月的最大运量。

（1）如果钢铁厂每月的需求量为 100 吨（假设矿井 1 和矿井 2 的月产量分别为 40 吨和 60 吨），那么通过该配送网络将铁矿石从矿井运到钢铁厂的最经济的运输成本是多少？

（2）通过该配送网络，钢铁厂每月最多能炼多少吨铁矿石？此时的运输成本是多少？

（3）该配送网络中，从矿井到钢铁厂，哪条路线最为经济？成本是多少？

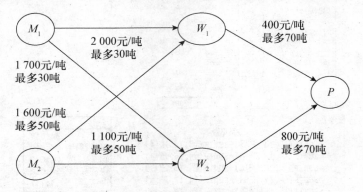

图 5—9　习题 5.3 的配送网络图

解：

1. 问题（1）的求解

问题（1）是一个最小费用流问题。

习题 5.3 问题（1）的电子表格模型如图 5—10 所示，参见"习题 5.3（1）.xlsx"。

	从	到	流量		容量	运输成本		节点	净流量		供应/需求
4	M_1	W_1	30	<=	30	2000		M_1	40	=	40
5	M_1	W_2	10	<=	30	1700		M_2	60	=	60
6	M_2	W_1	10	<=	50	1600		W_1	0	=	0
7	M_2	W_2	50	<=	50	1100		W_2	0	=	0
8	W_1	P	40	<=	70	400		P	-100	=	-100
9	W_2	P	60	<=	70	800					

总成本
212000

	J
3	净流量
4	=SUMIF(从,I4,流量)-SUMIF(到,I4,流量)
5	=SUMIF(从,I5,流量)-SUMIF(到,I5,流量)
6	=SUMIF(从,I6,流量)-SUMIF(到,I6,流量)
7	=SUMIF(从,I7,流量)-SUMIF(到,I7,流量)
8	=SUMIF(从,I8,流量)-SUMIF(到,I8,流量)

图 5—10　习题 5.3（1）的电子表格模型

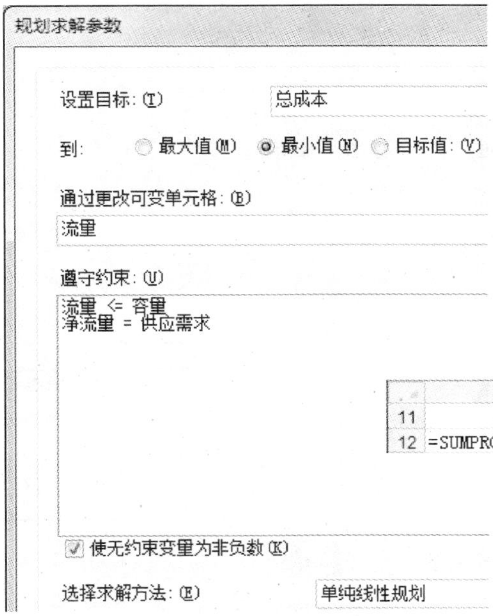

名称	单元格
从	B4:B9
到	C4:C9
供应需求	L4:L8
净流量	J4:J8
流量	D4:D9
容量	F4:F9
运输成本	G4:G9
总成本	G12

	G
11	总成本
12	=SUMPRODUCT(运输成本,流量)

图 5—10　习题 5.3（1）的电子表格模型（续）

Excel 求解结果为：将 100 吨的铁矿石从矿井运送到钢铁厂，最经济的运输成本是 21.2 万元（212 000 元）。

2. 问题（2）的求解

问题（2）是一个最小费用最大流问题。分两步求解，第一步是求出该配送网络的最大流量 F（最大流问题）。第二步是在最大流量 F 的条件下，求所需的最小费用（最小费用流问题）。

第一步：先求最大流量 F。

习题 5.3 问题（2）第一步的电子表格模型如图 5—11 所示，参见“习题 5.3（2）第一步 .xlsx”。

	A	B	C	D	E	F	G	H	I	J	K
1	习题5.3（2）　第一步　最大流问题										
2											
3		从	到	流量		容量		节点	净流量		供应/需求
4		M_1	W_1	30	<=	30		M_1	60	=	供应点
5		M_1	W_2	30	<=	30		M_2	80	=	供应点
6		M_2	W_1	40	<=	50		W_1	0	=	0
7		M_2	W_2	40	<=	50		W_2	0	=	0
8		W_1	P	70	<=	70		P	-140		需求点
9		W_2	P	70	<=	70					
10											
11			最大流	140							

	C	D
11	最大流	=I4+I5

	I
3	净流量
4	=SUMIF(从,H4,流量)-SUMIF(到,H4,流量)
5	=SUMIF(从,H5,流量)-SUMIF(到,H5,流量)
6	=SUMIF(从,H6,流量)-SUMIF(到,H6,流量)
7	=SUMIF(从,H7,流量)-SUMIF(到,H7,流量)
8	=SUMIF(从,H8,流量)-SUMIF(到,H8,流量)

图 5—11　习题 5.3（2）第一步的电子表格模型

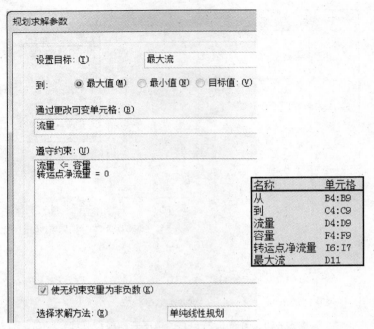

图 5—11　习题 5.3（2）第一步的电子表格模型（续）

第一步的求解结果为：通过该配送网络，钢铁厂每月最多能炼 140 吨铁矿石。

第二步：求在最大流量为 140 吨时的最小费用。

由于有两个矿井（两个供应点），它们的供应量没有具体给出，为了求解问题方便，增加一个虚拟供应点 S，指向两个矿井。虚拟供应点 S 的供应量为最大流量 140，虚拟供应点 S 到两个矿井的每月最大运量（容量）也为最大流量 140，运输成本为 0。

习题 5.3 问题（2）第二步的电子表格模型如图 5—12 所示，参见"习题 5.3（2）第二步 .xlsx"。

	A	B	C	D	E	F	G	H	I	J	K	L
1	习题5.3（2）　第二步　最小费用最大流问题											
2												
3		从	到	流量		容量	运输成本		节点	净流量		供应/需求
4		S	M_1	40	<=	140	0		S	140	=	140
5		S	M_2	100	<=	140	0		M_1	0	=	0
6		M_1	W_1	20	<=	30	2000		M_2	0	=	0
7		M_1	W_2	20	<=	30	1700		W_1	0	=	0
8		M_2	W_1	50	<=	50	1600		W_2	0	=	0
9		M_2	W_2	50	<=	50	1100		P	-140	=	-140
10		W_1	P	70	<=	70	400					
11		W_2	P	70	<=	70	800					
12												
13							总成本					
14							293000					

	J
3	净流量
4	=SUMIF(从,I4,流量)-SUMIF(到,I4,流量)
5	=SUMIF(从,I5,流量)-SUMIF(到,I5,流量)
6	=SUMIF(从,I6,流量)-SUMIF(到,I6,流量)
7	=SUMIF(从,I7,流量)-SUMIF(到,I7,流量)
8	=SUMIF(从,I8,流量)-SUMIF(到,I8,流量)
9	=SUMIF(从,I9,流量)-SUMIF(到,I9,流量)

图 5—12　习题 5.3（2）第二步的电子表格模型

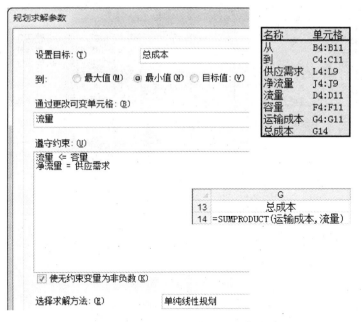

图5—12 习题5.3（2）第二步的电子表格模型（续）

第二步的求解结果为：通过该配送网络，钢铁厂每月最多能炼140吨铁矿石，此时的运输成本最少，为29.3万元（293 000元）。

3. 问题（3）的求解

问题（3）是一个最短路问题。

因为最短路问题在有且仅有一个出发地（供应点）时求解最方便，所以引入一个虚拟出发地 S，指向两个矿井，虚拟出发地 S 到两个矿井的运输成本为0。

习题5.3问题（3）的电子表格模型如图5—13所示，参见"习题5.3（3）.xlsx"。需要说明的是：为了查看方便，在最优解（是否走）D4：D11区域中，使用Excel的"条件格式"功能①，将"0"值单元格的字体颜色设置成"黄色"，与填充颜色（背景色）相同。

	A	B	C	D	E	F	G	H	I	J
1		习题5.3（3）								
2										
3		从	到	是否走	运输成本		节点	净流量		供应/需求
4		S	M_1		0		S	1	=	1
5		S	M_2	1	0		M_1	0	=	0
6		M_1	W_1		2000		M_2	0	=	0
7		M_1	W_2		1700		W_1	0	=	0
8		M_2	W_1		1600		W_2	0	=	0
9		M_2	W_2	1	1100		P	-1	=	-1
10		W_1	P		400					
11		W_2	P	1	800					
12										
13				总成本	1900					

图5—13 习题5.3（3）的电子表格模型

---

① 设置（或清除）条件格式的操作参见教材第4章附录Ⅱ。

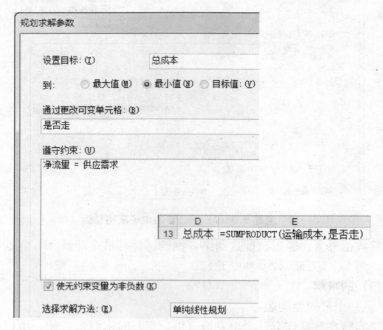

图5—13 习题5.3（3）的电子表格模型（续）

Excel求解结果为：从矿井到钢铁厂，最为经济的路线是：M_2（矿井2）→W_2（仓库2）→P（钢铁厂），总成本为1 900元/吨。

5.4 有一个生产产品和在其零售渠道中销售产品的完全一体化的公司。产品生产后存放在公司的两个仓库中，直到零售渠道需要供应为止。公司用卡车把产品从两个工厂运送到仓库，然后再把产品从仓库运送到零售点。

表5—1给出了每个工厂每月的产量、把产品从工厂运送到仓库的单位运输成本以及每月从工厂运送产品到仓库的运输能力。

表5—1 从工厂运送产品到仓库的有关数据

到 从	单位运输成本（元）		运输能力		产量
	仓库1	仓库2	仓库1	仓库2	
工厂1	425	560	125	150	200
工厂2	510	600	175	200	300

对于每一个零售点，表5—2给出了它的每月需求量、从每个仓库到零售点的单位运输成本以及每月从仓库运送产品到零售点的运输能力。

表 5—2 从仓库运送产品到零售点的有关数据

到 从	单位运输成本（元）			运输能力		
	零售点 1	零售点 2	零售点 3	零售点 1	零售点 2	零售点 3
仓库 1	470	505	490	100	150	100
仓库 2	390	410	440	125	150	75
需求量	150	200	150			

现在管理层需要确定一个配送方案（每月从每个工厂运送到每个仓库以及从每个仓库运送到每个零售点的产品数量），以使得总运输成本最小。

（1）画一个网络图，描述该公司的配送网络。确定网络图中的供应点、转运点和需求点。

（2）通过该配送网络，配送方案中最经济的总运输成本是多少？

（3）该配送网络中，从工厂到零售渠道，哪条路线最为经济？成本是多少？（提示：最短路问题，可以引入一个虚拟出发地和一个虚拟目的地）。

解：

1. 问题（1）的求解

问题（1）的配送网络图如图 5—14 所示，其中：A 表示工厂（2 个供应点），B 表示仓库（2 个转运点），C 表示零售点（3 个需求点）。弧旁的数字为（运输能力，单位运输成本），即（容量，费用）。

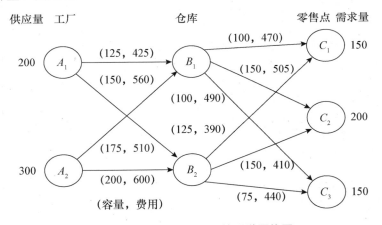

图 5—14 习题 5.4（1）的配送网络图

2. 问题（2）的求解

问题（2）是一个最小费用流问题。

习题 5.4 问题（2）的电子表格模型如图 5—15 所示，参见"习题 5.4（2）.xlsx"。

Excel 求解结果为：通过该配送网络，配送方案中最经济的总运输成本是 488 125 元。

3. 问题（3）的求解

问题（3）是一个最短路问题。

最短路问题在有且仅有一个出发地（供应点）和一个目的地（需求点）时求解最为方便，而该配送网络有 2 个工厂和 3 个零售点，所以引入一个虚拟出发地 S 和一个虚拟目的地 T，虚拟出发地 S 到 2 个工厂、3 个零售点到虚拟目的地 T 的运输成本为 0。

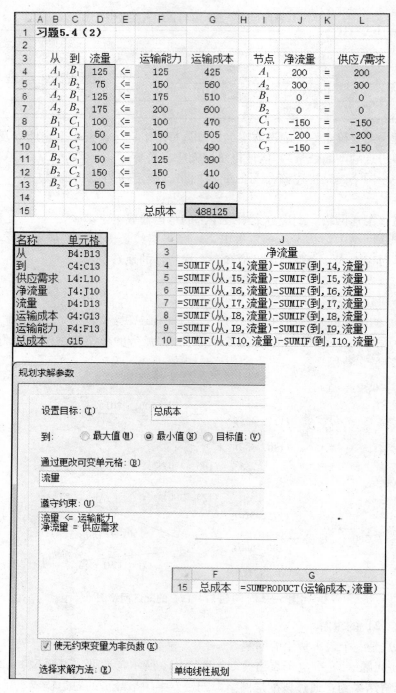

图 5—15　习题 5.4（2）的电子表格模型

习题 5.4 问题（3）的电子表格模型如图 5—16 所示，参见"习题 5.4（3）.xlsx"。为了查看方便，在最优解（是否走）D4：D18 区域中，使用 Excel 的"条件格式"功能[①]，

---

① 设置（或清除）条件格式的操作请参见教材第 4 章附录Ⅱ。

将"0"值单元格的字体颜色设置成"黄色",与填充颜色(背景色)相同。

	从	到	是否走	运输成本		节点	净流量		供应/需求
4	S	A_1	1	0		S	1	=	1
5	S	A_2		0		A_1	0	=	0
6	A_1	B_1	1	425		A_2	0	=	0
7	A_1	B_2		560		B_1	0	=	0
8	A_2	B_1		510		B_2	0	=	0
9	A_2	B_2		600		C_1	0	=	0
10	B_1	C_1	1	470		C_2	0	=	0
11	B_1	C_2		505		C_3	0	=	0
12	B_1	C_3		490		T	-1	=	-1
13	B_2	C_1		390					
14	B_2	C_2		410					
15	B_2	C_3		440					
16	C_1	T	1	0					
17	C_2	T		0					
18	C_3	T		0					
19									
20			总成本	895					

	H
3	净流量
4	=SUMIF(从,G4,是否走)-SUMIF(到,G4,是否走)
5	=SUMIF(从,G5,是否走)-SUMIF(到,G5,是否走)
6	=SUMIF(从,G6,是否走)-SUMIF(到,G6,是否走)
7	=SUMIF(从,G7,是否走)-SUMIF(到,G7,是否走)
8	=SUMIF(从,G8,是否走)-SUMIF(到,G8,是否走)
9	=SUMIF(从,G9,是否走)-SUMIF(到,G9,是否走)
10	=SUMIF(从,G10,是否走)-SUMIF(到,G10,是否走)
11	=SUMIF(从,G11,是否走)-SUMIF(到,G11,是否走)
12	=SUMIF(从,G12,是否走)-SUMIF(到,G12,是否走)

名称	单元格
从	B4:B18
到	C4:C18
供应需求	J4:J12
净流量	H4:H12
是否走	D4:D18
运输成本	E4:E18
总成本	E20

规划求解参数

设置目标:(T)　　　　总成本

到:　　〇 最大值(M)　⦿ 最小值(N)　〇 目标值:(V)

通过更改可变单元格:(B)

是否走

遵守约束:(U)

净流量 = 供应需求

	D	E
20	总成本	=SUMPRODUCT(运输成本,是否走)

☑ 使无约束变量为非负数(K)

选择求解方法:(E)　　　　单纯线性规划

图 5—16　习题 5.4(3)的电子表格模型

Excel 求解结果为：该配送网络中，从工厂到零售渠道，最为经济的路线是：A_1（工厂 1）$\rightarrow$ B_1（仓库 1）$\rightarrow$ C_1（零售点 1），成本是 895 元。

5.5 高速公路的区段通行能力分析。高速公路的 S 点到 T 点之间的网络结构如图 5—17 所示。车流从 S 点分流后在 T 点汇流。分流后的车辆可以由 A_3 到 A_2 或者 A_4 到 A_1 之间的单向立交匝道变更主干道。各个路段的最大通行能力分别标在了图上。现在请求出高速公路 S 到 T 之间的最大通行能力。公路运能饱和时，各路段状态如何（流量是多少，是有剩余、完全空闲，还是饱和）？

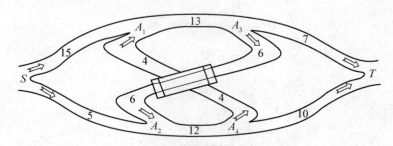

图 5—17　高速公路某区段实勘图

解：

本问题是一个最大流问题。

习题 5.5 的电子表格模型如图 5—18 所示，参见"习题 5.5.xlsx"。

Excel 的求解结果为：该高速公路的区段 S 到 T 的最大通行能力为 17。在实现最大流量的状态下，各路段的状态如表 5—3 所示。也就是说，$S\rightarrow A_1$、$A_1\rightarrow A_3$、$A_2\rightarrow A_4$ 和 $A_3\rightarrow A_2$ 路段分别剩余能力 3、1、2 和 1（4 个路段有剩余能力）；$A_4\rightarrow A_1$ 路段完全空闲（1 个路段完全空闲）；其他路段（$S\rightarrow A_2$、$A_3\rightarrow T$ 和 $A_4\rightarrow T$）能力饱和（3 个路段饱和）。

表 5—3　　　　　　　　　　　　　　各路段状态

路段	流量	容量	剩余量	状态
$S\rightarrow A_1$	12	15	3	有剩余
$S\rightarrow A_2$	5	5	0	饱和
$A_1\rightarrow A_3$	12	13	1	有剩余
$A_2\rightarrow A_4$	10	12	2	有剩余
$A_3\rightarrow A_2$	5	6	1	有剩余
$A_3\rightarrow T$	7	7	0	饱和
$A_4\rightarrow A_1$	0	4	4	完全空闲
$A_4\rightarrow T$	10	10	0	饱和

5.6 预搅拌混凝土公司的物料运送方案。某混凝土公司负责提供一个建筑工地的预搅拌混凝土，运送方式以整车配送。由于运输的混凝土是粉尘污染物质，所以有关部门规定了该公司在路段上每天的最高运输往返辆次。每车每个往返计算流量 1 车。搅拌站 S 与施工地点 T 之间的运输网络以及各个路段的容量（车/天）和单车成本（百元）如图 5—19 所示。请为该公司制订以下运输方案：

	A	B	C	D	E	F	G	H	I	J	K
1	习题5.5										
2											
3		从	到	流量		容量		节点	净流量		供应/需求
4		S	A_1	12	<=	15		S	17		供应点
5		S	A_2	5	<=	5		A_1	0	=	0
6		A_1	A_3	12	<=	13		A_2	0	=	0
7		A_2	A_4	10	<=	12		A_3	0	=	0
8		A_3	A_2	5	<=	6		A_4	0	=	0
9		A_3	T	7	<=	7		T	-17		需求点
10		A_4	A_1	0	<=	4					
11		A_4	T	10	<=	10					
12											
13			最大流	17							

	I
3	净流量
4	=SUMIF(从,H4,流量)-SUMIF(到,H4,流量)
5	=SUMIF(从,H5,流量)-SUMIF(到,H5,流量)
6	=SUMIF(从,H6,流量)-SUMIF(到,H6,流量)
7	=SUMIF(从,H7,流量)-SUMIF(到,H7,流量)
8	=SUMIF(从,H8,流量)-SUMIF(到,H8,流量)
9	=SUMIF(从,H9,流量)-SUMIF(到,H9,流量)

	C	D
13	最大流	=I4

规划求解参数

设置目标:(T)　　　最大流

到:　　⦿ 最大值(M)　　◯ 最小值(N)　　◯ 目标值:(V)

通过更改可变单元格:(B)

流量

遵守约束:(U)

流量 <= 容量
转运点净流量 = 0

名称	单元格
从	B4:B11
到	C4:C11
流量	D4:D11
容量	F4:F11
转运点净流量	I5:I8
最大流	D13

☑ 使无约束变量为非负数(K)

选择求解方法:(E)　　　单纯线性规划

图 5—18　习题 5.5 的电子表格模型

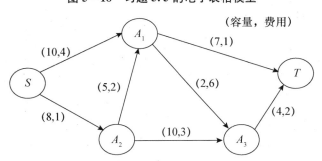

图 5—19　某预搅拌混凝土公司的运输网络图

（1）公司的最小费用最大流是多少？如何安排运输路线？

（2）公司如果必须运送 10 车，则此时最小费用是多少？如何安排运输路线？

解：

1. 问题（1）的求解

问题（1）是最小费用最大流问题。求解分两步进行。第一步是求出该运输网络的最大流量 F（最大流问题）。第二步是在最大流量 F 的条件下，求所需的最小费用（最小费用流问题）。

习题 5.6 问题（1）第一步的电子表格模型如图 5—20 所示，参见"习题 5.6（1）第一步 .xlsx"。

第一步求得的最大流量为 $F=11$。

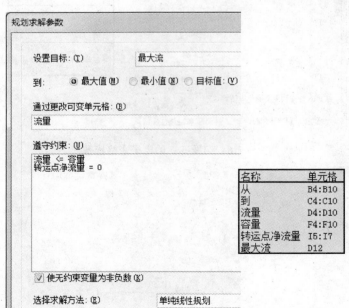

图 5—20 习题 5.6（1）第一步的电子表格模型

第二步：将第一步求得的最大流量 $F=11$，作为约束条件加入到模型中，求出在最大流量 $F=11$ 的条件下所需要的最小费用。

习题 5.6 问题（1）第二步的电子表格模型如图 5—21 所示，参见"习题 5.6（1）第二步.xlsx"。

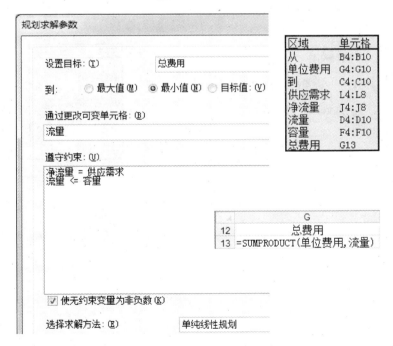

图 5—21 习题 5.6（1）第二步的电子表格模型

第二步求得的最小运输费用为 5 500 元（55 百元）。也就是说，在最大流量 11 车的情况下，该混凝土公司的最小运输费用是 5 500 元，运输路线（运输方案）如图 5—21 中的

B4：D10 区域所示。

2. 问题（2）的求解

问题（2）是最小费用流问题。

习题 5.6 问题（2）的电子表格模型如图 5—22 所示，参见"习题 5.6（2）.xlsx"。

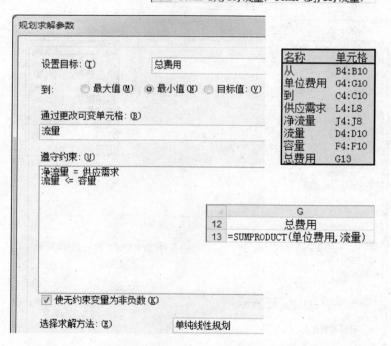

图 5—22　习题 5.6（2）的电子表格模型

Excel 求解结果为：公司如果必须运送 10 车，则此时最小运输费用是 4 800 元（48 百元）。运输路线（运输方案）如图 5—22 中的 B4：D10 区域所示。

5.7　某产品从仓库运往市场销售，已知各仓库的供应量、各市场的需求量及从仓库到市场的运输能力如表 5—4 所示（"—"表示无路）。试求从仓库可运往市场的最大流量各市场需求能否得以满足。

表 5—4　　　　　　　　　　　　　　从仓库到市场的有关数据

	市场 B_1	市场 B_2	市场 B_3	市场 B_4	供应量
仓库 A_1	30	10	—	40	20
仓库 A_2	—	—	10	50	20
仓库 A_3	20	10	40	5	100
需求量	20	20	60	20	

解：

本问题看似运输问题，但没有单位运价，目标也不是总运输成本最小，而是"求从仓库可运往市场的最大流量"，因此本问题可以看作是一个最大流问题。

方法 1：从仓库运送产品到市场可用图 5—23 表示。图中的节点 A_1、A_2、A_3 表示 3 个仓库，节点 B_1、B_2、B_3、B_4 表示 4 个市场。为了求解问题方便，可增加一个虚拟供应点 S 和一个虚拟需求点 T（而方法 2 没有增加这两个虚拟节点）。

用"弧"表示仓库可运送产品到市场，弧的流量为运送量，受到运输能力的限制（弧旁的数字表示弧的容量，从虚拟供应点 S 开始的弧，其容量为仓库的供应量；从节点 A_1、A_2、A_3 开始到节点 B_1、B_2、B_3、B_4 的弧，其容量为从仓库到市场的运输能力；到虚拟需求点 T 的弧，其容量为市场的需求量）。

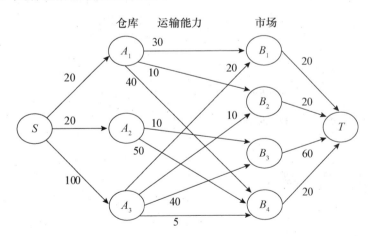

图 5—23　从仓库运送产品到市场的网络图（有虚拟节点 S 和 T）

习题 5.7 方法 1 的电子表格模型如图 5—24 所示，参见"习题 5.7 方法 1.xlsx"。

方法 1 的求解结果如图 5—24 中的 B4：D19 区域所示，整理后的运送方案如表 5—5 所示。从仓库运往市场的最大流量为 110，市场 B_3 只能满足 50，其他市场都能满足。

	A	B	C	D	E	F	G	H	I	J	K
1	习题5.7 方法1 增加虚拟供应点S和虚拟需求点T										
2											
3		从	到	流量		容量		节点	净流量		供应/需求
4		S	仓库A_1	20	<=	20		S	110		虚拟供应点
5		S	仓库A_2	20	<=	20		仓库A_1	0	=	0
6		S	仓库A_3	70	<=	100		仓库A_2	0	=	0
7		仓库A_1	市场B_1	5	<=	30		仓库A_3	0	=	0
8		仓库A_1	市场B_2	10	<=	10		市场B_1	0	=	0
9		仓库A_1	市场B_4	5	<=	40		市场B_2	0	=	0
10		仓库A_2	市场B_3	10	<=	10		市场B_3	0	=	0
11		仓库A_2	市场B_4	10	<=	50		市场B_4	0	=	0
12		仓库A_3	市场B_1	15	<=	20		T	-110		虚拟需求点
13		仓库A_3	市场B_2	10	<=	10					
14		仓库A_3	市场B_3	40	<=	40					
15		仓库A_3	市场B_4	5	<=	5					
16		市场B_1	T	20	<=	20					
17		市场B_2	T	20	<=	20					
18		市场B_3	T	50	<=	60					
19		市场B_4	T	20	<=	20					
20											
21			最大流	110							

	C	D
21	最大流	=I4

	I
3	净流量
4	=SUMIF(从,H4,流量)-SUMIF(到,H4,流量)
5	=SUMIF(从,H5,流量)-SUMIF(到,H5,流量)
6	=SUMIF(从,H6,流量)-SUMIF(到,H6,流量)
7	=SUMIF(从,H7,流量)-SUMIF(到,H7,流量)
8	=SUMIF(从,H8,流量)-SUMIF(到,H8,流量)
9	=SUMIF(从,H9,流量)-SUMIF(到,H9,流量)
10	=SUMIF(从,H10,流量)-SUMIF(到,H10,流量)
11	=SUMIF(从,H11,流量)-SUMIF(到,H11,流量)
12	=SUMIF(从,H12,流量)-SUMIF(到,H12,流量)

名称	单元格
从	B4:B19
到	C4:C19
流量	D4:D19
容量	F4:F19
转运点净流量	I5:I11
最大流	D21

规划求解参数

设置目标: (T)　　　　　　最大流

到: ● 最大值(M)　○ 最小值(N)　○ 目标值: (V)

通过更改可变单元格: (B)

流量

遵守约束: (U)

流量 <= 容量
转运点净流量 = 0

☑ 使无约束变量为非负数 (K)

选择求解方法: (E)　　　　单纯线性规划

图 5—24　习题 5.7 方法 1 的电子表格模型

表 5—5　　　　　　　　　　　从仓库到市场的产品运送量（方法 1）

	市场 B_1	市场 B_2	市场 B_3	市场 B_4	合计	供应量
仓库 A_1	5	10	—	5	20	20
仓库 A_2	—	—	10	10	20	20
仓库 A_3	15	10	40	5	70	100
合计	20	20	50（缺 10）	20	110	
需求量	20	20	60	20		

　　方法 2：把该问题看成是变形的运输问题，由于目标是"求从仓库可运往市场的最大流量"，所以用"最大流问题"的方法来求解。

　　设 f_{ij} 为仓库 A_i 运往市场 B_j 的产品数量，也可用网络图表示，如图 5—25 所示。图中的节点 A_1、A_2、A_3 表示三个仓库，B_1、B_2、B_3、B_4 表示四个市场。用"弧"表示仓库可运送产品到市场，弧的流量为运送的产品数量 f_{ij}，受到运输能力的限制（弧旁的数字表示运输能力）。仓库左边的数字表示仓库的供应量，市场右边的数字表示市场的需求量。

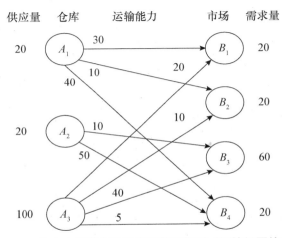

图 5—25　从仓库运送产品到市场的网络图（运输问题的变形）

　　习题 5.7 方法 2 的电子表格模型如图 5—26 所示，参见"习题 5.7 方法 2.xlsx"。这里将最大流问题中常用的节点"净流量"约束分开，成为供应点"总流出"约束和需求点"总流入"约束。供应点"总流出"约束对应运输问题中的"产量"约束，而需求点"总流入"约束对应运输问题中的"销量"约束。

图 5—26　习题 5.7 方法 2 的电子表格模型

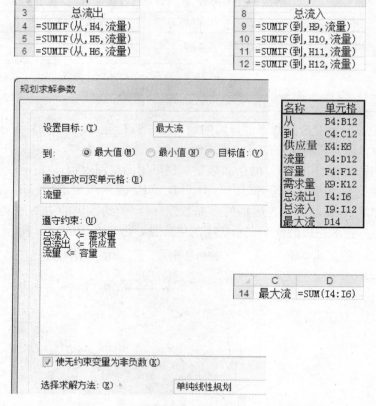

	I
3	总流出
4	=SUMIF(从, H4, 流量)
5	=SUMIF(从, H5, 流量)
6	=SUMIF(从, H6, 流量)

	I
8	总流入
9	=SUMIF(到, H9, 流量)
10	=SUMIF(到, H10, 流量)
11	=SUMIF(到, H11, 流量)
12	=SUMIF(到, H12, 流量)

名称	单元格
从	B4:B12
到	C4:C12
供应量	K4:K6
流量	D4:D12
容量	F4:F12
需求量	K9:K12
总流出	I4:I6
总流入	I9:I12
最大流	D14

	C	D
14	最大流	=SUM(I4:I6)

图 5—26　习题 5.7 方法 2 的电子表格模型（续）

方法 2 的求解结果：

（1）运送方案如图 5—26 中的 B4：D12 区域所示，与方法 1（见表 5—5）的运送方案有所不同。也就是说，得到另外一组最优解。

（2）各仓库的实际供应量如图 5—26 中的 I4：I6 区域所示。也就是说，仓库 A_1 和仓库 A_2 的产品都能运送出去，而仓库 A_3 只运送出去 70，还有 30 没能运送出去。

（3）各市场实际收到的产品数量如图 5—26 中的 I9：I12 区域所示。也就是说，市场 B_3 只能满足 50，其他市场都能得到满足。

（4）从仓库运往市场的最大流量为 110。

整理方法 2 的求解结果，得到的运送方案如表 5—6 所示。

表 5—6　　　　　　　从仓库到市场的产品运送量（方法 2）

	市场 B_1	市场 B_2	市场 B_3	市场 B_4	合计	可供量
仓库 A_1	0	10	—	10	20	20
仓库 A_2	—	—	10	10	20	20
仓库 A_3	20	10	40	0	70	100
合计	20	20	50（缺 10）	20	110	
需求量	20	20	60	20		

5.8　已知有 6 台机床 $A_i(i=1, 2, \cdots, 6)$，6 种零件 $B_j(j=1, 2, \cdots, 6)$。机床 A_1

可加工零件 B_1；A_2 可加工零件 B_1、B_2；A_3 可加工零件 B_1、B_2、B_3；A_4 可加工零件 B_2；A_5 可加工零件 B_2、B_3、B_4；A_6 可加工零件 B_2、B_5、B_6。现在要求制订一个加工方案，使一台机床只加工一种零件，一种零件只在一台机床上加工，要求尽可能多地安排零件的加工。请把这个问题转化为求网络最大流问题，求出能满足上述条件的加工方案。

解：

本问题看似指派问题，但没有指派成本，目标也不是总指派成本最小，而是"要求尽可能多地安排零件的加工"，所以把该问题转化为求网络最大流问题。

方法 1：将机床加工零件问题用图 5—27 表示，图中的节点 $A_1 \sim A_6$ 表示 6 台机床，节点 $B_1 \sim B_6$ 表示 6 种零件。为了求解问题方便，增加了一个虚拟供应点 S 和一个虚拟需求点 T（而方法 2 没有增加这两个虚拟节点）。

（1）从虚拟供应点 S 开始的弧，其容量为供应量 1，表示一台机床最多只能加工一种零件。

（2）从节点 A_i 开始到节点 B_j 的弧，表示机床 A_i 可加工零件 B_j，其容量为 1，表示最多指派一次。

（3）到虚拟需求点 T 的弧，其容量为需求量 1，表示一种零件最多只能在一台机床上加工。

要求尽可能多地安排零件的加工，就是求图 5—27 中从虚拟供应点 S 到虚拟需求点 T 的最大流问题。

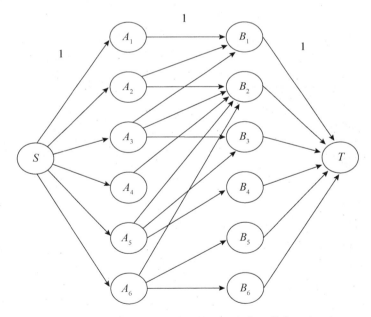

图 5—27 机床加工零件的网络图（有虚拟节点 S 和 T）

习题 5.8 方法 1 的电子表格模型如图 5—28 所示，参见"习题 5.8 方法 1. xlsx"。为了查看方便，在最优解（流量）D4：D28 区域中，使用 Excel 的"条件格式"功能①，将"0"值单元格的字体颜色设置成"黄色"，与填充颜色（背景色）相同。

———————————

① 设置（或清除）条件格式的操作参见教材第 4 章附录Ⅱ。

	A	B	C	D	E	F	G	H	I	J	K
1	习题5.8 方法1 增加虚拟供应点*S*和虚拟需求点*T*										
2											
3		从	到	流量		容量		节点	净流量		供应/需求
4		S	机床A_1	1	<=	1		S	5		虚拟供应点
5		S	机床A_2		<=	1		机床A_1	0	=	0
6		S	机床A_3	1	<=	1		机床A_2	0	=	0
7		S	机床A_4	1	<=	1		机床A_3	0	=	0
8		S	机床A_5	1	<=	1		机床A_4	0	=	0
9		S	机床A_6	1	<=	1		机床A_5	0	=	0
10		机床A_1	零件B_1	1	<=	1		机床A_6	0	=	0
11		机床A_2	零件B_1		<=	1		零件B_1	0	=	0
12		机床A_2	零件B_1		<=	1		零件B_2	0	=	0
13		机床A_3	零件B_1		<=	1		零件B_3	0	=	0
14		机床A_3	零件B_2		<=	1		零件B_4	0	=	0
15		机床A_4	零件B_2	1	<=	1		零件B_5	0	=	0
16		机床A_4	零件B_2	1	<=	1		零件B_6	0	=	0
17		机床A_5	零件B_2		<=	1		T	-5		虚拟需求点
18		机床A_5	零件B_3		<=	1					
19		机床A_5	零件B_4		<=	1					
20		机床A_6	零件B_3		<=	1					
21		机床A_6	零件B_5		<=	1					
22		机床A_6	零件B_6	1	<=	1					
23		零件B_1	T	1	<=	1					
24		零件B_2	T	1	<=	1					
25		零件B_3	T	1	<=	1					
26		零件B_4	T	1	<=	1					
27		零件B_5	T	1	<=	1					
28		零件B_6	T	1	<=	1					
29											
30			最大流	5							

	I
3	净流量
4	=SUMIF(从,H4,流量)-SUMIF(到,H4,流量)
5	=SUMIF(从,H5,流量)-SUMIF(到,H5,流量)
6	=SUMIF(从,H6,流量)-SUMIF(到,H6,流量)
7	=SUMIF(从,H7,流量)-SUMIF(到,H7,流量)
8	=SUMIF(从,H8,流量)-SUMIF(到,H8,流量)
9	=SUMIF(从,H9,流量)-SUMIF(到,H9,流量)
10	=SUMIF(从,H10,流量)-SUMIF(到,H10,流量)
11	=SUMIF(从,H11,流量)-SUMIF(到,H11,流量)
12	=SUMIF(从,H12,流量)-SUMIF(到,H12,流量)
13	=SUMIF(从,H13,流量)-SUMIF(到,H13,流量)
14	=SUMIF(从,H14,流量)-SUMIF(到,H14,流量)
15	=SUMIF(从,H15,流量)-SUMIF(到,H15,流量)
16	=SUMIF(从,H16,流量)-SUMIF(到,H16,流量)
17	=SUMIF(从,H17,流量)-SUMIF(到,H17,流量)

	C	D
30	最大流	=I4

名称	单元格
从	B4:B28
到	C4:C28
流量	D4:D28
容量	F4:F28
转运点净流量	I5:I16
最大流	D30

规划求解参数

设置目标：(T)　　　　　最大流

到：　●最大值(M)　　○最小值(N)　　○目标值：(V)

通过更改可变单元格：(B)

流量

遵守约束：(U)

流量 <= 容量
转运点净流量 = 0

☑ 使无约束变量为非负数(K)

选择求解方法：(E)　　　单纯线性规划

图 5—28　习题 5.8 方法 1 的电子表格模型

方法 1 的求解结果如图 5—28 中的 B4：D28 区域所示。整理后的机床加工零件的指派方案如图 5—29 所示。最多能安排 5 种零件的加工，零件 B_5 没有指派到机床，而机床 A_2 没有被指派去加工零件。

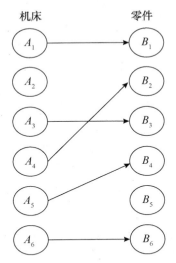

图 5—29　机床加工零件的指派方案（方法 1）

方法 2：把该机床加工零件的问题看成是变形的指派问题，由于目标是"要求尽可能多地安排零件的加工"，所以用"最大流问题"的方法来求解。

变形的指派问题也可用网络图表示，如图 5—30 所示。图中的节点 $A_1 \sim A_6$ 表示 6 台机床，节点 $B_1 \sim B_6$ 表示 6 种零件，用"弧"表示某台机床可加工某种零件。

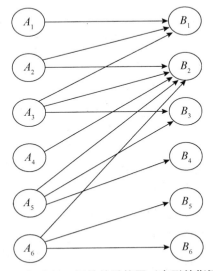

图 5—30　机床加工零件的网络图（变形的指派问题）

习题 5.8 方法 2 的电子表格模型如图 5—31 所示，参见"习题 5.8 方法 2. xlsx"。这里将最大流问题中常用的节点"净流量"约束分开，成为供应点"总流出"约束和需求点"总流入"约束。供应点"总流出"约束对应指派问题中的"每个人最多只能做一项任务"约束，而需求点"总流入"约束对应指派问题中的"每一项任务最多只能由一个人做"约束。

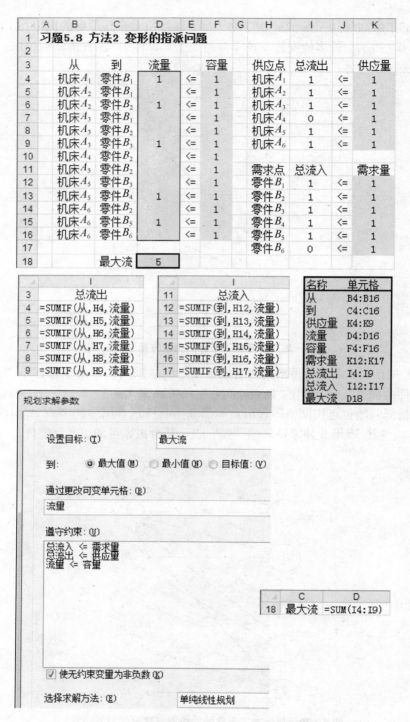

图 5—31　习题 5.8 方法 2 的电子表格模型

方法 2 的求解结果：

（1）机床加工零件的指派方案如图 5—31 中的 B4：D16 区域所示，与方法 1 求得的指派方案（见图 5—29）有所不同。也就是说，得到另外一组最优解。

（2）各机床的指派情况如图 5—31 中的 I4：I9 区域所示。也就是说，有 5 台机床被指派去加工零件（最多能安排 5 种零件的加工），而"机床 A_4"没有被指派去加工零件。

（3）各零件的指派情况如图 5—31 中的 I12：I17 区域所示。从另一方面说明，有 5 种零件指派到机床（最多能安排 5 种零件的加工），而"零件 B_6"没有被指派到机床。

整理方法 2 的求解结果，得到的指派方案如图 5—32 所示。

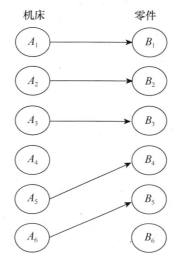

图 5—32 机床加工零件的指派方案（方法 2）

5.9 假设图 5—33 是世界某 6 大城市之间的航线，边上的数字为票价（百元），请确定任意两城市之间票价最便宜的路线表。

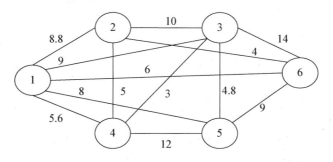

图 5—33 习题 5.9、习题 5.10 和习题 5.13 的网络图

解：

本问题是一个最短路问题。

由于图 5—33 中的连线是边，每一条边都可看作是票价相等、方向相反的两条弧。

城市 1 到城市 6 的最短路问题（票价最便宜的路线）的电子表格模型如图 5—34 所示，参见"习题 5.9. xlsx"。为了查看方便，在最优解（是否走）D4：D29 区域中，使用 Excel 的"条件格式"功能[1]，将"0"值单元格的字体颜色设置成"黄色"，与填充颜色（背景色）相同。

———————————

[1] 设置（或清除）条件格式的操作参见教材第 4 章附录 Ⅱ。

图 5—34 习题 5.9 的电子表格模型（城市 1 到城市 6 的最短路问题）

Excel 求解结果为：城市 1 到城市 6 票价最便宜的路线是直飞，票价为 600 元（6 百元）。

对于其他两个城市之间的最短路问题，只需在图 5—34 中修改"供应/需求"中的数值，其中将一个城市（起点）的供应量改为"1"，另一个城市（目的地）的需求量改为"1"（净流量为"−1"），其他城市的"供应/需求"为"0"，然后重新运行"规划求解"命令即可。

两个城市之间票价最便宜的路线表及其票价如表 5—7 所示。

表 5—7 　　　　　　　　　　　两个城市之间票价最便宜的路线表及其票价

	城市 1	城市 2	城市 3	城市 4	城市 5	城市 6
城市 1		1→2， 直飞， 880 元	1→4→3， 需中转， 860 元	1→4， 直飞， 560 元	1→5， 直飞， 800 元	1→6， 直飞， 600 元
城市 2	2→1， 直飞， 880 元		2→4→3， 需中转， 800 元	2→4， 直飞， 500 元	2→4→3→5， 需中转， 1280 元	2→6， 直飞， 400 元
城市 3	3→4→1， 需中转， 860 元	3→4→2， 需中转， 800 元		3→4， 直飞， 300 元	3→5， 直飞， 480 元	3→4→2→6， 需中转， 1 200 元
城市 4	4→1， 直飞， 560 元	4→2， 直飞， 500 元	4→3， 直飞， 300 元		4→3→5， 需中转， 780 元	4→2→6， 需中转， 900 元
城市 5	5→1， 直飞， 800 元	5→3→4→2， 需中转， 1 280 元	5→3， 直飞， 480 元	5→3→4， 需中转， 780 元		5→6， 直飞， 900 元
城市 6	6→1， 直飞， 600 元	6→2， 直飞， 400 元	6→2→4→3， 需中转， 1 200 元	6→2→4， 需中转， 900 元	6→5， 直飞， 900 元	

5.10　假设图 5—33 是某汽车公司的 6 个零配件加工厂，边上的数字为两点间的距离（公里）。现要在 6 个工厂中，选一个建装配车间。

（1）应选哪个工厂，可使零配件的运输最方便？

（2）装配一辆汽车，6 个零配件加工厂所提供零件的重量分别是 0.5、0.6、0.8、1.3、1.6 和 1.7 吨，运价为 20 元/吨·公里。应选哪个工厂，可使总运费最小？

解：

1. 问题（1）的求解

问题（1）是一个选址问题，实际要求出图的中心，可以化作求一系列的最短路问题。

由于图 5—33 中的连线是边，每一条边都可看作是距离相等、方向相反的两条弧。

工厂 1 到工厂 6 最短路问题的电子表格模型如图 5—35 所示，参见"习题 5.10.xlsx"。为了查看方便，在最优解（是否走）D4:D29 区域中，使用 Excel 的"条件格式"功能①，将"0"值单元格的字体颜色设置成"黄色"，与填充颜色（背景色）相同。

Excel 求解结果为：工厂 1 到工厂 6 的最短距离是 6 公里。

---

① 设置（或清除）条件格式的操作参见教材第 4 章附录 Ⅱ。

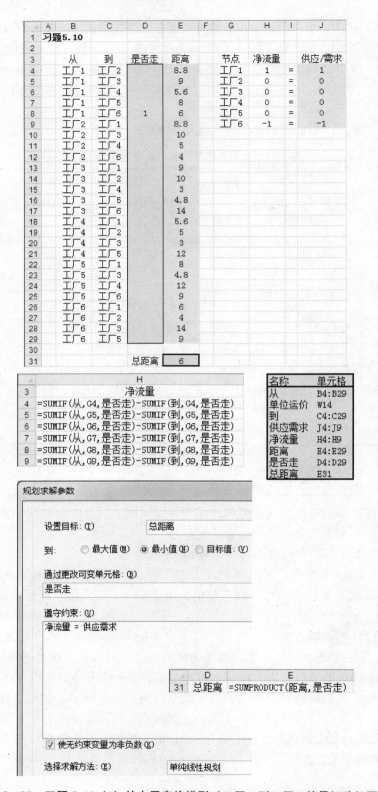

图5—35　习题5.10（1）的电子表格模型（工厂1到工厂6的最短路问题）

先假设选其中的一个工厂建装配车间，然后计算其他工厂到该装配车间的最短距离。其实这个最短距离矩阵在习题 5.9 中已经计算出来，就是其最便宜的票价。

两个工厂之间的最短距离如表 5—8 所示，其中最后一行表示：如果将装配车间建在那个工厂，则其他工厂到那个建装配车间的工厂的总距离（列合计）。从中可以看出，当在工厂 4 建装配车间时，总距离最短，为 30.4 公里。也就是说，应选在工厂 4 建装配车间，此时零配件的运输最为方便。

表 5—8　　　　　　　　　　　　两个工厂之间的最短距离（公里）

建装配车间	在工厂 1	在工厂 2	在工厂 3	在工厂 4	在工厂 5	在工厂 6
工厂 1	0	8.8	8.6	5.6	8	6
工厂 2	8.8	0	8	5	12.8	4
工厂 3	8.6	8	0	3	4.8	12
工厂 4	5.6	5	3	0	7.8	9
工厂 5	8	12.8	4.8	7.8	0	9
工厂 6	6	4	12	9	9	0
合计	37	38.6	36.4	30.4	42.4	40

2. 问题（2）的求解

在问题（1）的基础上，将 6 个工厂所提供的零件重量以及单位运价作为权重，乘以表 5—8，得到表 5—9。

如将表 5—8 中的第一行乘以工厂 1 的零件重量 0.5 吨，再乘以运价 20 元/吨·公里，则乘积数为假定装配车间建于各工厂时，工厂 1 运送零件所需的最小运费。如将表 5—8 中的第二行乘以工厂 2 的零件重量 0.6 吨，再乘以运价 20 元/吨·公里，则乘积数为假定装配车间建于各工厂时，工厂 2 运送零件所需的最小运费。以此类推，可计算得到表 5—9。表 5—9 最后一行为各列合计，表明若装配车间建于那个工厂，6 个工厂运送零件所需的总运费，从中可以看出，还是在工厂 4 建装配车间时，总运费最少，为 719.6 元。

表 5—9　　　　　　　　　　　　两个工厂间的最小运费（元）

建装配车间	在工厂 1	在工厂 2	在工厂 3	在工厂 4	在工厂 5	在工厂 6
工厂 1	0	88	86	56	80	60
工厂 2	105.6	0	96	60	153.6	48
工厂 3	137.6	128	0	48	76.8	192
工厂 4	145.6	130	78	0	202.8	234
工厂 5	256	409.6	153.6	249.6	0	288
工厂 6	204	136	408	306	306	0
合计	848.8	891.6	821.6	719.6	819.2	822

以上的计算过程，可以在 Excel 中实现，如图 5—36 所示，参见"习题 5.10. xlsx"。

	工厂1	工厂2	工厂3	工厂4	工厂5	工厂6	零件重量
两个工厂间的最短距离							
工厂1	0	8.8	8.6	5.6	8	6	0.5
工厂2	8.8	0	8	5	12.8	4	0.6
工厂3	8.6	8	0	3	4.8	12	0.8
工厂4	5.6	5	3	0	7.8	9	1.3
工厂5	8	12.8	4.8	7.8	0	9	1.6
工厂6	6	4	12	9	9	0	1.7
合计	37	38.6	36.4	30.4	42.4	40	

	工厂1	工厂2	工厂3	工厂4	工厂5	工厂6	单位运价
两个工厂间的最小运费							20
工厂1	0	88	86	56	80	60	
工厂2	105.6	0	96	60	153.6	48	
工厂3	137.6	128	0	48	76.8	192	
工厂4	145.6	130	78	0	202.8	234	
工厂5	256	409.6	153.6	249.6	0	288	
工厂6	204	136	408	306	306	0	
合计	848.8	891.6	821.6	719.6	819.2	822	

	工厂1	工厂2	工厂3
工厂1	=P5*\$W5*单位运价	=Q5*\$W5*单位运价	=R5*\$W5*单位运价
工厂2	=P6*\$W6*单位运价	=Q6*\$W6*单位运价	=R6*\$W6*单位运价
工厂3	=P7*\$W7*单位运价	=Q7*\$W7*单位运价	=R7*\$W7*单位运价
工厂4	=P8*\$W8*单位运价	=Q8*\$W8*单位运价	=R8*\$W8*单位运价
工厂5	=P9*\$W9*单位运价	=Q9*\$W9*单位运价	=R9*\$W9*单位运价
工厂6	=P10*\$W10*单位运价	=Q10*\$W10*单位运价	=R10*\$W10*单位运价
合计	=SUM(P15:P20)	=SUM(Q15:Q20)	=SUM(R15:R20)

	工厂4	工厂5	工厂6
工厂1	=S5*\$W5*单位运价	=T5*\$W5*单位运价	=U5*\$W5*单位运价
工厂2	=S6*\$W6*单位运价	=T6*\$W6*单位运价	=U6*\$W6*单位运价
工厂3	=S7*\$W7*单位运价	=T7*\$W7*单位运价	=U7*\$W7*单位运价
工厂4	=S8*\$W8*单位运价	=T8*\$W8*单位运价	=U8*\$W8*单位运价
工厂5	=S9*\$W9*单位运价	=T9*\$W9*单位运价	=U9*\$W9*单位运价
工厂6	=S10*\$W10*单位运价	=T10*\$W10*单位运价	=U10*\$W10*单位运价
合计	=SUM(S15:S20)	=SUM(T15:T20)	=SUM(U15:U20)

图 5—36 从表 5—8 到表 5—9 的计算过程（结果和公式）

5.11 题目见教材第 4 章的例 4.10，请用本章介绍的最小费用流问题重新求解。

解：

为了读者阅读方便，这里将教材第 4 章的例 4.10 复述如下：

某公司有三个加工厂（A_1、A_2 和 A_3）生产某种产品，每日的产量分别为：7 吨、4 吨、9 吨；该公司把这些产品分别运往四个销售点（B_1、B_2、B_3 和 B_4），各销售点每日的销量分别为：3 吨、6 吨、5 吨、6 吨。假定：

（1）每个加工厂（产地）的产品不一定直接发运到销售点（销地），可以从其中几个加工厂集中一起运。

（2）运往各销售点的产品可以先运给其中几个销售点，再转运给其他销售点。

（3）除产地、销地之外，还有几个中转站，在产地之间、销地之间或产地与销地之间转运。

各产地、销地、中转站及相互之间的单位产品运价如表 5—10 所示，问在考虑产销之间非直接运输的情况下，如何将三个加工厂生产的产品运往销售点，才能使总运费最少？

表 5—10　　各产地、销地、中转站及相互之间的单位产品运价（千元/吨）

单位运价		加工厂（产地）			中转站				销售点（销地）			
		A_1	A_2	A_3	T_1	T_2	T_3	T_4	B_1	B_2	B_3	B_4
加工厂（产地）	A_1		1	3	2	1	4	3	3	11	3	10
	A_2	1		—	3	5	—	2	1	9	2	8
	A_3	3	—		1	—	2	3	7	4	10	5
中转站	T_1	2	3	1		1	3	2	2	8	4	6
	T_2	1	5	—	1		1	1	4	5	2	7
	T_3	4	—	2	3	1		2	1	8	2	4
	T_4	3	2	3	2	1	2		1	—	2	6
销售点（销地）	B_1	3	1	7	2	4	1	1		1	4	2
	B_2	11	9	4	8	5	8	—	1		2	1
	B_3	3	2	10	4	2	2	2	4	2		3
	B_4	10	8	5	6	7	4	6	2	1	3	

有转运点（中转站）的运输问题（转运运输问题），采用“最小费用流问题”求解更为方便。

习题 5.11 的电子表格模型如图 5—37 所示，参见“习题 5.11.xlsx”。

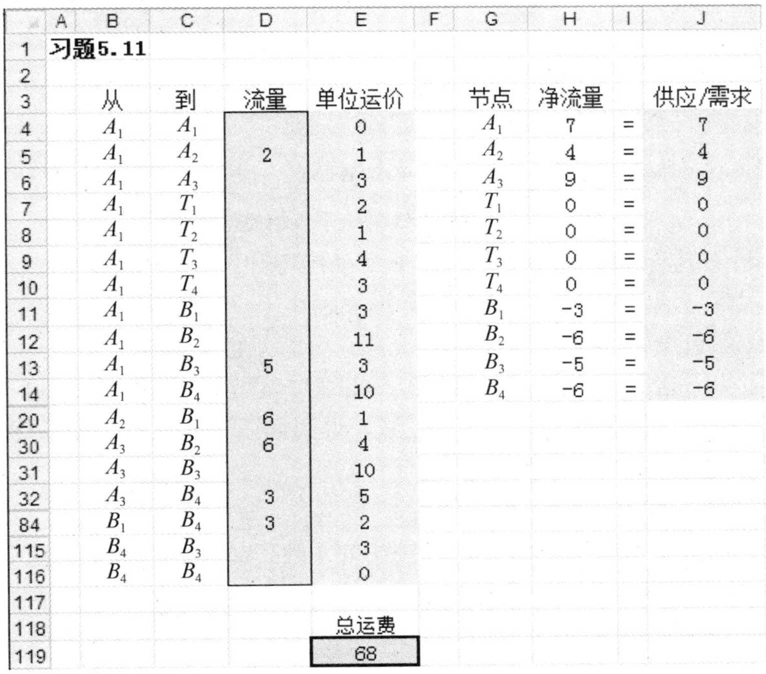

	A	B	C	D	E	F	G	H	I	J
1	习题5.11									
2										
3		从	到	流量	单位运价		节点	净流量		供应/需求
4		A_1	A_1		0		A_1	7	=	7
5		A_1	A_2	2	1		A_2	4	=	4
6		A_1	A_3		3		A_3	9	=	9
7		A_1	T_1		2		T_1	0	=	0
8		A_1	T_2		1		T_2	0	=	0
9		A_1	T_3		4		T_3	0	=	0
10		A_1	T_4		3		T_4	0	=	0
11		A_1	B_1		3		B_1	-3	=	-3
12		A_1	B_2		11		B_2	-6	=	-6
13		A_1	B_3	5	3		B_3	-5	=	-5
14		A_1	B_4		10		B_4	-6	=	-6
20		A_2	B_1	6	1					
30		A_3	B_2	6	4					
31		A_3	B_3		10					
32		A_3	B_4	3	5					
84		B_1	B_4	3	2					
115		B_4	B_3		3					
116		B_4	B_4		0					
117										
118					总运费					
119					68					

图 5—37　习题 5.11 的电子表格模型

	H
3	净流量
4	=SUMIF(从,G4,流量)-SUMIF(到,G4,流量)
5	=SUMIF(从,G5,流量)-SUMIF(到,G5,流量)
6	=SUMIF(从,G6,流量)-SUMIF(到,G6,流量)
7	=SUMIF(从,G7,流量)-SUMIF(到,G7,流量)
8	=SUMIF(从,G8,流量)-SUMIF(到,G8,流量)
9	=SUMIF(从,G9,流量)-SUMIF(到,G9,流量)
10	=SUMIF(从,G10,流量)-SUMIF(到,G10,流量)
11	=SUMIF(从,G11,流量)-SUMIF(到,G11,流量)
12	=SUMIF(从,G12,流量)-SUMIF(到,G12,流量)
13	=SUMIF(从,G13,流量)-SUMIF(到,G13,流量)
14	=SUMIF(从,G14,流量)-SUMIF(到,G14,流量)

名称	单元格
从	B4:B116
单位运价	E4:E116
到	C4:C116
供应需求	J4:J14
净流量	H4:H14
流量	D4:D116
总运费	E119

规划求解参数

设置目标:(T)   总运费

到: ○ 最大值(M)   ● 最小值(N)   ○ 目标值:(V)

通过更改可变单元格:(B)

流量

遵守约束:(U)

净流量 = 供应需求

	E
118	总运费
119	=SUMPRODUCT(流量,单位运价)

☑ 使无约束变量为非负数(K)

选择求解方法:(E)   单纯线性规划

图 5—37 习题 5.11 的电子表格模型（续）

在习题 5.11 的电子表格模型中，使用了 2 个技巧[①]：

（1）在最优解（流量）D4：D116 区域中，使用 Excel 的"条件格式"功能，将"0"值单元格的字体颜色设置成"黄色"，与填充颜色（背景色）相同。

（2）隐藏了以下这些行：15~19 行、21~29 行、33~83 行和 85~114 行。

整理图 5—37 中的最优解 D4：D116 区域，得到如图 5—38 所示的最优调运方案网络图。从中可以看出：

（1）A_1 把 7 吨产品中的 5 吨运给了 B_3；

（2）A_1 把 2 吨产品先运到 A_2，然后与 A_2 的 4 吨产品一起（共 6 吨），运给了 B_1，这样 B_1 收到了 6 吨，其多余的 3 吨产品转运给了 B_4；

（3）A_3 把 9 吨产品中的 6 吨运给了 B_2，把 3 吨产品运给了 B_4，这样 B_4 一共收到了 6 吨。

---

① 设置"条件格式"的操作参见教材第 4 章附录 Ⅱ。而"隐藏行"的操作可参见稍后的介绍。

这是一组最佳运输方案，总运费只有 6.8 万元（68 千元）。在该运输方案中，加工厂 A_2 和销售点 B_1 起到了"中转站"的作用，而真正的中转站 $T_1 \sim T_4$ 并没有用到。

而教材例 4.10 的运输方案中，需要中转站 T_1（见教材中的图 4—32）。也就是说，有多组最优解。

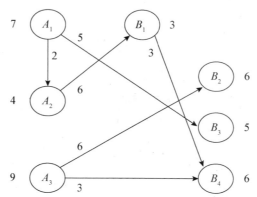

图 5—38　习题 5.11 的最优调运方案网络图（有转运，但无需中转站 $T_1 \sim T_4$）

隐藏行的操作步骤如下：

（1）选择要隐藏的行（在左边行号中拖动鼠标。也可以先选中第一行的行号，然后按住 Shift 键，再选中最后一行的行号）。如：沿着 15～19 行的行号拖动鼠标，选中 15～19 行，结果如图 5—39 所示。

	A	B	C	D	E	F
13		A_1	B_3	5	3	
14		A_1	B_4		10	
15		A_2	A_1		1	
16		A_2	A_2		0	
17		A_2	T_1		3	
18		A_2	T_2		5	
19		A_2	T_4		2	
20		A_2	B_1	6	1	

图 5—39　沿着行号拖动鼠标，选中 15～19 行的结果

（2）单击鼠标右键，在打开的快捷菜单（如图 5—40 所示）中，单击"隐藏"，即可隐藏选中的 15～19 行。

（3）对于隐藏 21～29 行、33～83 行和 85～114 行，操作方法（步骤）类似。

温馨提示：

对于隐藏的行，如何让它们显示出来（取消隐藏）呢？这里以图 5—37 为例，让隐藏的 15～19 行、21～29 行、33～83 行和 85～114 行都显示出来。

取消隐藏行的操作步骤如下：

（1）首先，选择要取消隐藏的行的上方和下方的行。这里，从被隐藏行的上一行（14 行）开始，沿着行号拖动鼠标，一直到被隐藏行的下一行（115 行）为止。选择结果如图 5—41 所示。

（2）单击鼠标右键，在打开的快捷菜单（如图 5—40 所示）中，单击"取消隐藏"，即可取消对行的隐藏。

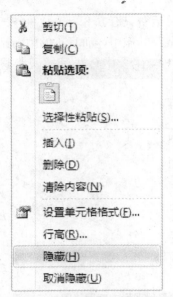

图 5—40　选中行后，右击鼠标打开的快捷菜单

	A	B	C	D	E	F
13		A_1	B_3	5	3	
14		A_1	B_4		10	
20		A_2	B_1	6	1	
30		A_3	B_2	6	4	
31		A_3	B_3		10	
32		A_3	B_4	3	5	
84		A_1	B_4	3	2	
115		A_4	B_3		3	
116		A_4	B_4		0	

图 5—41　沿着行号拖动鼠标，选中 14～115 行的结果

　　5.12　某电力公司要沿道路为 8 个居民点架设输电网络，连接 8 个居民点的道路图如图 5—42 所示，其中 V_1，V_2，$\cdots$，V_8 表示 8 个居民点，图中的边表示可架设输电网络的道路，边上的权数为这条道路的长度（公里），请设计一个输电网络，连通这 8 个居民点，并使得总的输电线路长度最短。

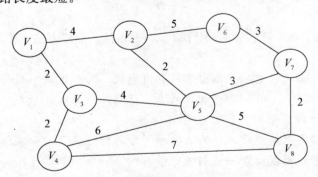

图 5—42　习题 5.12 的网络图

解：

本问题是一个最小支撑树问题，可采用"贪婪算法"求解。

设计的一个输电网络如图 5—43 所示，边长从小到大为：V_1-V_3、V_3-V_4、V_2-V_5、V_7-V_8、V_5-V_7、V_6-V_7、V_1-V_2，共 7 条边，连通 8 个居民点，并使总的输电线路长度最短，为 $2+2+2+2+3+3+4=18$（公里）。

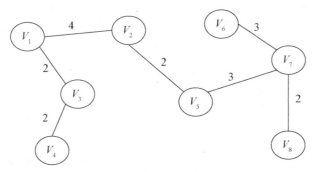

图 5—43　设计的一个输电网络

5.13　如图 5—33 所示，求解旅行售货员问题。

解：

本问题是一个货郎担问题（旅行售货员问题），可采用教材中例 5.10 的求解方法，分步骤求解。

第一步：将每个节点的"总流入"和"总流出"分开，电子表格模型如图 5—44 所示，参见"习题 5.13 第一步 .xlsx"。其中的弧（B4：E29 区域）与习题 5.9 相同，但约束条件不同。为了查看方便，在最优解（是否走）D4：D29 区域中，使用 Excel 的"条件格式"功能①，将"0"值单元格的字体颜色设置成"黄色"，与填充颜色（背景色）相同。

	A	B	C	D	E	F	G	H	I	J
1	习题5.13 第一步 将每个节点的"总流入"和"总流出"分开									
2										
3		从	到	是否走	距离		节点	总流入		需求量
4		城市1	城市2		8.8		城市1	1	=	1
5		城市1	城市3		9		城市2	1	=	1
6		城市1	城市4	1	5.6		城市3	1	=	1
7		城市1	城市5		8		城市4	1	=	1
8		城市1	城市6		6		城市5	1	=	1
9		城市2	城市1		8.8		城市6	1	=	1
10		城市2	城市3		10					
11		城市2	城市4		5		节点	总流出		供应量
12		城市2	城市6	1	4		城市1	1	=	1
13		城市3	城市1		9		城市2	1	=	1
14		城市3	城市2		10		城市3	1	=	1
15		城市3	城市4		3		城市4	1	=	1
16		城市3	城市5	1	4.8		城市5	1	=	1
17		城市3	城市6		14		城市6	1	=	1
18		城市4	城市1	1	5.6					
19		城市4	城市2		5					
20		城市4	城市3		3					
21		城市4	城市5		12					
22		城市5	城市1		8					
23		城市5	城市3	1	4.8					
24		城市5	城市4		12					
25		城市5	城市6		9					
26		城市6	城市1		6					
27		城市6	城市2	1	4					
28		城市6	城市3		14					
29		城市6	城市5		9					
30										
31			总距离	28.8						

图 5—44　习题 5.13 的电子表格模型

---

①　设置（或清除）条件格式的操作参见教材第 4 章附录Ⅱ。

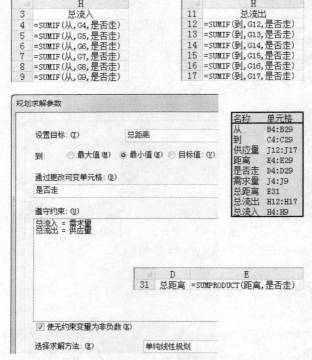

	H
3	总流入
4	=SUMIF(从,G4,是否走)
5	=SUMIF(从,G5,是否走)
6	=SUMIF(从,G6,是否走)
7	=SUMIF(从,G7,是否走)
8	=SUMIF(从,G8,是否走)
9	=SUMIF(从,G9,是否走)

	H
11	总流出
12	=SUMIF(到,G12,是否走)
13	=SUMIF(到,G13,是否走)
14	=SUMIF(到,G14,是否走)
15	=SUMIF(到,G15,是否走)
16	=SUMIF(到,G16,是否走)
17	=SUMIF(到,G17,是否走)

名称	单元格
从	B4:B29
到	C4:C29
供应量	J12:J17
距离	E4:E29
是否走	D4:D29
需求量	J4:J9
总距离	E31
总流出	H12:H17
总流入	H4:H9

	D	E
31	总距离	=SUMPRODUCT(距离,是否走)

图 5—44　习题 5.13 的电子表格模型（第一步）（续）

第一步的求解结果为：城市 1↔城市 4，城市 2↔城市 6，城市 3↔城市 5，也就是说，分成 3 个小回路。此时的总距离为 28.8。

第二步：去掉第一步产生的 3 个小回路。在图 5—44 的基础上，增加这 3 对节点（城市）不能有小回路的约束，电子表格模型如图 5—45 所示，参见"习题 5.13 第二步.xlsx"。

	A B C	D	E F	G	H	I	J
1	习题5.13 第二步　增加"去掉第一步产生的3个小回路"约束						
2							
3	从　到	是否走	距离	节点	总流入		需求量
4	城市1　城市2		8.8	城市1	1	=	1
5	城市1　城市3		9	城市2	1	=	1
6	城市1　城市4		5.6	城市3	1	=	1
7	城市1　城市5		8	城市4	1	=	1
8	城市1　城市6	1	6	城市5	1	=	1
9	城市2　城市1		8.8	城市6	1	=	1
10	城市2　城市3		10				
11	城市2　城市6	1	5	节点	总流出		供应量
12	城市3　城市1		9	城市1	1	=	1
13	城市3　城市2		9	城市2	1	=	1
14	城市3　城市4		10	城市3	1	=	1
15	城市3　城市5		3	城市4	1	=	1
16	城市3　城市5	1	4.8	城市5	1	=	1
17	城市3　城市6		14	城市6	1	=	1
18	城市4　城市1		5.6				
19	城市4　城市2		5	小回路	走的次数		只走1次
20	城市4　城市3	1	3	城市1↔4	0	<=	1
21	城市4　城市5		12	城市2↔6	1	<=	1
22	城市5　城市1	1	8	城市3↔5	1	<=	1
23	城市5　城市3		4.8				
24	城市5　城市4		12				
25	城市5　城市6		9				
26	城市5　城市6		9				
27	城市6　城市2	1	4				
28	城市6　城市3		14				
29	城市6　城市5		9				
30							
31		总距离	30.8				

图 5—45　习题 5.13 的电子表格模型（第二步）

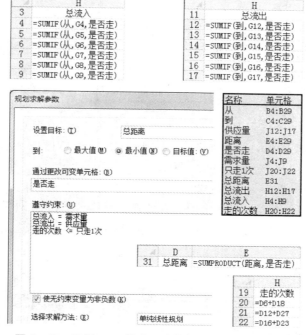

图 5—45 习题 5.13 的电子表格模型 (第二步) (续)

第二步的求解结果为：城市 1→城市 6→城市 2→城市 4→城市 3→城市5→城市 1，如图 5—46 所示。也就是说，求得一个大回路 (整体巡回路线)，总距离为 30.8。此时求解结束。如果还存在 3 个节点或 3 个节点以上的小回路，还需增加新的约束，去掉新出现的小回路。

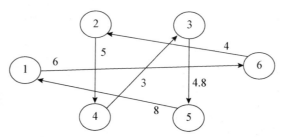

图 5—46 习题 5.13 的求解结果

5.14 如图 5—47 所示，求解中国邮路问题。

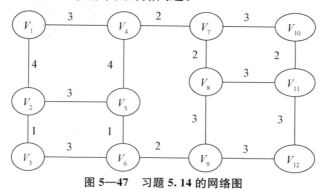

图 5—47 习题 5.14 的网络图

解：

该中国邮路问题可采用教材中的例 5.11 的求解方法。

习题 5.14 的电子表格模型如图 5—48 所示，参见"习题 5.14.xlsx"。

在建立习题 5.14 的电子表格模型时，使用了如下一些技巧：

（1）对于图 5—47 的每条边，先只输入一次，包括弧的编号、从（节点 i）、到（节点 j）、走的次数（最好先不输入数字）、距离等数据，如图 5—48 中的 B4：F19 区域所示。

（2）复制 B4：F19 区域到 B20：F35 区域，并交换"从"（节点 i）和"到"（节点 j）的内容，作为方向相反的弧，结果如图 5—48 中的 B20：F35 区域所示。

（3）复制 B4：D19 区域到 H4：J19 区域。

（4）基于 B4：F19 区域（弧）、B20：F35 区域（另一个方向的弧）和 H4：J19 区域（边）的一一对应关系，在 M4 单元格中输入公式"＝E4＋E20"，计算边（$V_1 - V_2$）走的总次数。并将 M4 单元格的公式复制到 M5：M19 区域，计算其他边走的总次数。

	弧	从	到	走的次数	距离		M 走的总次数
4	1	V_1	V_2	1	4		=E4+E20
5	2	V_1	V_4		3		=E5+E21
6	3	V_2	V_3	1	1		=E6+E22
7	4	V_2	V_5	1	3		=E7+E23
8	5	V_3	V_6	1	3		=E8+E24
9	6	V_4	V_5		4		=E9+E25
10	7	V_4	V_7	1	2		=E10+E26
11	8	V_5	V_6		1		=E11+E27
12	9	V_6	V_9	1	2		=E12+E28
13	10	V_7	V_8	1	2		=E13+E29
14	11	V_7	V_{10}		3		=E14+E30
15	12	V_8	V_9		3		=E15+E31
16	13	V_8	V_{11}	2	3		=E16+E32
17	14	V_9	V_{12}		3		=E17+E33
18	15	V_{10}	V_{11}		2		=E18+E34
19	16	V_{11}	V_{12}	1	3		=E19+E35
20	1	V_2	V_1		4		
21	2	V_4	V_1	1	3		
22	3	V_3	V_2		1		
23	4	V_5	V_2	1	3		
24	5	V_6	V_3		3		
25	6	V_5	V_4	1	4		
26	7	V_7	V_4	1	2		
27	8	V_6	V_5	1	1		
28	9	V_9	V_6	1	2		
29	10	V_8	V_7		2		
30	11	V_{10}	V_7	1	3		
31	12	V_9	V_8	1	3		
32	13	V_{11}	V_8		3		
33	14	V_{12}	V_9	1	3		
34	15	V_{11}	V_{10}	1	2		
35	16	V_{12}	V_{11}		3		
37			总距离	52			

名称	单元格
从	C4:C35
到	D4:D35
净流量	K22:K33
距离	F4:F35
至少走1次	K4:K19
总距离	F37
走的次数	E4:E35
走的总次数	M4:M19
最多走2次	O4:O19

	E	F
37	总距离	=SUMPRODUCT(走的次数,距离)

图 5—48　习题 5.14 的电子表格模型

边	节点 i	节点 j	至少走1次		走的总次数		最多走2次
1	V_1	V_2	1	<=	1	<=	2
2	V_1	V_4	1	<=	1	<=	2
3	V_2	V_3	1	<=	1	<=	2
4	V_2	V_5	1	<=	2	<=	2
5	V_3	V_6	1	<=	1	<=	2
6	V_4	V_5	1	<=	1	<=	2
7	V_4	V_7	1	<=	2	<=	2
8	V_5	V_6	1	<=	1	<=	2
9	V_6	V_9	1	<=	2	<=	2
10	V_7	V_8	1	<=	1	<=	2
11	V_7	V_{10}	1	<=	1	<=	2
12	V_8	V_9	1	<=	1	<=	2
13	V_8	V_{11}	1	<=	2	<=	2
14	V_9	V_{12}	1	<=	1	<=	2
15	V_{10}	V_{11}	1	<=	1	<=	2
16	V_{11}	V_{12}	1	<=	1	<=	2

节点	净流量		供应/需求
V_1	0	=	0
V_2	0	=	0
V_3	0	=	0
V_4	0	=	0
V_5	0	=	0
V_6	0	=	0
V_7	0	=	0
V_8	0	=	0
V_9	0	=	0
V_{10}	0	=	0
V_{11}	0	=	0
V_{12}	0	=	0

	K
21	净流量
22	=SUMIF(从,J22,走的次数)-SUMIF(到,J22,走的次数)
23	=SUMIF(从,J23,走的次数)-SUMIF(到,J23,走的次数)
24	=SUMIF(从,J24,走的次数)-SUMIF(到,J24,走的次数)
25	=SUMIF(从,J25,走的次数)-SUMIF(到,J25,走的次数)
26	=SUMIF(从,J26,走的次数)-SUMIF(到,J26,走的次数)
27	=SUMIF(从,J27,走的次数)-SUMIF(到,J27,走的次数)
28	=SUMIF(从,J28,走的次数)-SUMIF(到,J28,走的次数)
29	=SUMIF(从,J29,走的次数)-SUMIF(到,J29,走的次数)
30	=SUMIF(从,J30,走的次数)-SUMIF(到,J30,走的次数)
31	=SUMIF(从,J31,走的次数)-SUMIF(到,J31,走的次数)
32	=SUMIF(从,J32,走的次数)-SUMIF(到,J32,走的次数)
33	=SUMIF(从,J33,走的次数)-SUMIF(到,J33,走的次数)

规划求解参数

设置目标: (T)   总距离

到: ○ 最大值(M) ● 最小值(N) ○ 目标值: (V)

通过更改可变单元格: (B)
走的次数

遵守约束: (U)
净流量 = 0
走的总次数 <= 最多走2次
走的总次数 >= 至少走1次
走的次数 = 整数

☑ 使无约束变量为非负数(K)

选择求解方法: (E)   单纯线性规划

图 5—48 习题 5.14 的电子表格模型（续）

（5）在最优解（走的次数）E4：E35 区域中，使用 Excel 的"条件格式"功能①，将"0"值（小于 0.1）单元格的字体颜色设置成"黄色"。在（走的总次数）M4：M19 区域中，使用 Excel 的"条件格式"功能，将"2"值（大于 1.9）单元格的字体设置成"加粗"字形、标准色中的"红色"。

Excel 求解结果如图 5—48 中的 M4：M19 区域所示。从中可以看出，有 4 条边要走 2 次（重复 1 次）：V_2-V_5、V_4-V_7、V_6-V_9 和 V_8-V_{11}，如图 5—49 中的 4 条虚线所示。

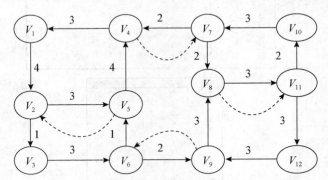

图 5—49 习题 5.14（中国邮路问题）的求解结果

Excel 同时求解出一条最优投递路线（见图 5—48 中的 E4：E35 区域，或见图 5—49 中弧的箭头方向）：$V_1 \rightarrow V_2 \rightarrow V_5 \rightarrow V_2 \rightarrow V_3 \rightarrow V_6 \rightarrow V_9 \rightarrow V_8 \rightarrow V_{11} \rightarrow V_{12} \rightarrow V_9 \rightarrow V_6 \rightarrow V_5 \rightarrow V_4 \rightarrow V_7 \rightarrow V_8 \rightarrow V_{11} \rightarrow V_{10} \rightarrow V_7 \rightarrow V_4 \rightarrow V_1$，此时的总距离最短，为 52。也就是说，所有边（16 条街道）的距离＋4 条重复边的距离＝42＋10＝52。

5.5 本章案例全解

案例 5.1 人员配备模型研究

某计量所现有 15 个投资项目需要配备人员，但职工必须具备相应项目的检定证书才能从事相应项目的检定工作，而且，他们检定工作的效率也各不相同，这就产生了人员配备模型。根据某专业技术委员会评定和打分，具有相应项目检定证书的职工（21 人）从事相应项目（15 个）检定工作的效率如表 5—11 所示。

表 5—11 职工从事项目检定工作的效率

职工	1	2	3	4	5	6	7	8	9	10	11	12	13	14	15
1	0.8	0.7													
2	0.2	0.9	0.2												
3	0.2		0.9												
4	0.5	0.2													
5	0.7														
6				0.9											
7					0.9	0.9									

---

① 设置（或查看）条件格式的操作参见教材第 4 章附录Ⅱ。

续前表

职工	1	2	3	4	5	6	7	8	9	10	11	12	13	14	15
8						0.5	0.8								
9				0.5	0.8	0.7	0.9								
10						0.5									
11								0.9							
12										0.9					
13								0.5							
14								0.8		0.4					
15									0.9						
16				0.4	0.5	0.5			0.9					0.7	
17								0.8	0.9			0.7			0.2
18											0.9		0.5		
19									0.8					0.8	0.9
20									0.6		0.7	0.7	0.6		
21											0.7	0.8	0.7		

（1）根据法律法规，每个项目至少应该有两名具有相应项目检定证书的职工进行检定，同时，该计量所又规定，每个职工最多从事两个项目的检定工作。这样，就可以建立一个线性规划的人员配备模型。请写出相应的线性规划人员配备模型，并用 Excel 求解结果，看每位职工都检定哪些项目、每个项目都由哪些职工来检定。

（2）由于只要职工持有检定证书，就能参与某项目的检定工作，于是这造成工作的惰性，竞争性不强。为了提高工作效率，可以通过提高职工间的竞争性来达到目的。这样，每个项目只允许两名检定人员检定。请问，哪些职工由于其持有检定证书的项目工作效率较低，没有竞争力，而无项目参与，只能下岗？

解：

本问题是一个变形的指派问题（稀疏矩阵的指派问题）。由于 Excel 软件中"规划求解"的决策变量最多为 200 个。而表 5—11 中的数据有 21 行×15 列，如果采用第 4 章介绍的方法，需要 21×15＝315 个决策变量。

如表 5—11 所示，每个职工能从事的检定项目不多，最少的只有 1 项（如职工 5、职工 6 等），最多的 5 项（如职工 16）。

矩阵是指纵横排列的二维数据表格，因此可称表 5—11 为矩阵。如果在矩阵中，多数元素（单元格）为 0（或空），则称该矩阵为稀疏矩阵。

在 Excel 中采用 $m \times 3$（m 行 3 列）的矩阵存储 m 个非零项，其中第 1 列为行下标（这里是"职工"），第 2 列为列下标（这里是"项目"），第 3 列为非零元素值（这里是"效率"），不必保存零元素。如图 5—50 中的 B4：B50 区域、C4：C50 区域和 G4：G50 区域所示。

也就是说，对于稀疏矩阵的指派问题，可以用"最小费用流问题"的方法来求解（用最小费用流问题的方法求解指派问题）。

1．问题（1）的求解

案例 5.1 问题（1）的线性规划人员配备模型为：

（1）决策变量。

假设 x_{i-j} 表示职工 i 是否从事项目 j 的检定工作（1 表示是，0 表示否）。需要说明的是：只在表 5—11 中有"效率"值的才有相应的决策变量。

（2）目标函数。

所有项目检定工作的总效率最高，即：$\max z = \sum c_{i-j} x_{i-j}$，其中 c_{i-j} 为表 5—11 中职工 i 从事项目 j 检定工作的效率。

（3）约束条件。

①每个项目至少应该有两名具有相应项目检定证书的职工进行检定：

项目 1：$x_{1-1} + x_{2-1} + x_{3-1} + x_{4-1} + x_{5-1} \geq 2$

项目 2：$x_{1-2} + x_{2-2} + x_{4-2} \geq 2$

项目 3：$x_{2-3} + x_{3-3} \geq 2$

项目 4：$x_{6-4} + x_{9-4} + x_{16-4} \geq 2$

项目 5：$x_{7-5} + x_{9-5} + x_{16-5} \geq 2$

项目 6：$x_{7-6} + x_{8-6} + x_{9-6} + x_{10-6} + x_{16-6} \geq 2$

项目 7：$x_{8-7} + x_{9-7} \geq 2$

项目 8：$x_{11-8} + x_{13-8} + x_{14-8} + x_{17-8} \geq 2$

项目 9：$x_{15-9} + x_{16-9} + x_{17-9} + x_{19-9} + x_{20-9} \geq 2$

项目 10：$x_{12-10} + x_{14-10} \geq 2$

项目 11：$x_{18-11} + x_{20-11} + x_{21-11} \geq 2$

项目 12：$x_{17-12} + x_{20-12} + x_{21-12} \geq 2$

项目 13：$x_{18-13} + x_{20-13} + x_{21-13} \geq 2$

项目 14：$x_{16-14} + x_{19-14} \geq 2$

项目 15：$x_{17-15} + x_{19-15} \geq 2$

②每个职工最多从事两个项目的检定工作：

职工 1：$x_{1-1} + x_{1-2} \leq 2$

职工 2：$x_{2-1} + x_{2-2} + x_{2-3} \leq 2$

职工 3：$x_{3-1} + x_{3-3} \leq 2$

职工 4：$x_{4-1} + x_{4-2} \leq 2$

职工 5：$x_{5-1} \leq 2$

职工 6：$x_{6-4} \leq 2$

职工 7：$x_{7-5} + x_{7-6} \leq 2$

职工 8：$x_{8-6} + x_{8-7} \leq 2$

职工 9：$x_{9-4} + x_{9-5} + x_{9-6} + x_{9-7} \leq 2$

职工 10：$x_{10-6} \leq 2$

职工 11：$x_{11-8} \leq 2$

职工 12：$x_{12-10} \leq 2$

职工 13：$x_{13-8} \leq 2$

职工 14：$x_{14-8} + x_{14-10} \leq 2$

职工 15：$x_{15-9} \leqslant 2$

职工 16：$x_{16-4} + x_{16-5} + x_{16-6} + x_{16-9} + x_{16-14} \leqslant 2$

职工 17：$x_{17-8} + x_{17-9} + x_{17-12} + x_{17-15} \leqslant 2$

职工 18：$x_{18-11} + x_{18-13} \leqslant 2$

职工 19：$x_{19-9} + x_{19-14} + x_{19-15} \leqslant 2$

职工 20：$x_{20-9} + x_{20-11} + x_{20-12} + x_{20-13} \leqslant 2$

职工 21：$x_{21-11} + x_{21-12} + x_{21-13} \leqslant 2$

③弧的容量限制（职工 i 从事项目 j 的检定工作最多只能 1 次）：$x_{i-j} \leqslant 1$。

④非负：$x_{i-j} \geqslant 0$。

案例 5.1 问题（1）的电子表格模型如图 5—50 所示，参见"案例 5.1（1）.xlsx"。这里将最小费用流问题中常用的节点"净流量"约束分开，成为供应点"职工项目数"约束和需求点"项目职工数"约束。

供应点"职工项目数"约束对应问题中的"每个项目至少应该有两名具有相应项目检定证书的职工进行检定"约束，而需求点"项目职工数"约束对应问题中的"每个职工最多从事两个项目的检定工作"约束。

为了查看方便，在最优解（是否从事）D4：D50 区域中，使用 Excel 的"条件格式"功能[1]，将"0"值单元格的字体颜色设置成"黄色"，与填充颜色（背景色）相同。

图 5—50 案例 5.1（1）的电子表格模型

	A	B	C	D	E	F	G	H	I	J	K	L
30		职工16	项目4	1	<=	1	0.4		项目	职工数		需求量
31		职工16	项目5		<=	1	0.5		项目1	4	>=	2
32		职工16	项目6		<=	1	0.5		项目2	3	>=	2
33		职工16	项目9		<=	1	0.9		项目3	2	>=	2
34		职工16	项目14	1	<=	1	0.7		项目4	2	>=	2
35		职工17	项目8		<=	1	0.8		项目5	2	>=	2
36		职工17	项目9	1	<=	1	0.9		项目6	3	>=	2
37		职工17	项目12		<=	1	0.7		项目7	2	>=	2
38		职工17	项目15	1	<=	1	0.2		项目8	3	>=	2
39		职工18	项目11	1	<=	1	0.9		项目9	2	>=	2
40		职工18	项目13	1	<=	1	0.5		项目10	2	>=	2
41		职工19	项目9		<=	1	0.8		项目11	2	>=	2
42		职工19	项目14	1	<=	1	0.8		项目12	2	>=	2
43		职工19	项目15	1	<=	1	0.9		项目13	2	>=	2
44		职工20	项目9		<=	1	0.6		项目14	2	>=	2
45		职工20	项目11	1	<=	1	0.7		项目15	2	>=	2
46		职工20	项目12	1	<=	1	0.7					
47		职工20	项目13		<=	1	0.6					
48		职工21	项目11		<=	1	0.7					
49		职工21	项目12	1	<=	1	0.8					
50		职工21	项目13	1	<=	1	0.7					
51												
52			总效率	23.9								

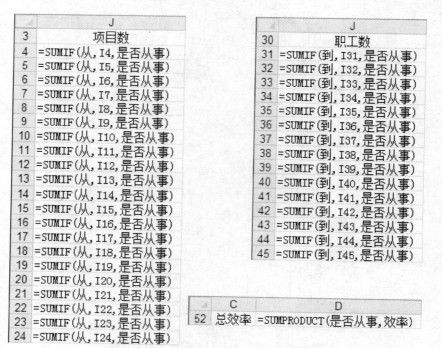

	J
3	项目数
4	=SUMIF(从,I4,是否从事)
5	=SUMIF(从,I5,是否从事)
6	=SUMIF(从,I6,是否从事)
7	=SUMIF(从,I7,是否从事)
8	=SUMIF(从,I8,是否从事)
9	=SUMIF(从,I9,是否从事)
10	=SUMIF(从,I10,是否从事)
11	=SUMIF(从,I11,是否从事)
12	=SUMIF(从,I12,是否从事)
13	=SUMIF(从,I13,是否从事)
14	=SUMIF(从,I14,是否从事)
15	=SUMIF(从,I15,是否从事)
16	=SUMIF(从,I16,是否从事)
17	=SUMIF(从,I17,是否从事)
18	=SUMIF(从,I18,是否从事)
19	=SUMIF(从,I19,是否从事)
20	=SUMIF(从,I20,是否从事)
21	=SUMIF(从,I21,是否从事)
22	=SUMIF(从,I22,是否从事)
23	=SUMIF(从,I23,是否从事)
24	=SUMIF(从,I24,是否从事)

	J
30	职工数
31	=SUMIF(到,I31,是否从事)
32	=SUMIF(到,I32,是否从事)
33	=SUMIF(到,I33,是否从事)
34	=SUMIF(到,I34,是否从事)
35	=SUMIF(到,I35,是否从事)
36	=SUMIF(到,I36,是否从事)
37	=SUMIF(到,I37,是否从事)
38	=SUMIF(到,I38,是否从事)
39	=SUMIF(到,I39,是否从事)
40	=SUMIF(到,I40,是否从事)
41	=SUMIF(到,I41,是否从事)
42	=SUMIF(到,I42,是否从事)
43	=SUMIF(到,I43,是否从事)
44	=SUMIF(到,I44,是否从事)
45	=SUMIF(到,I45,是否从事)

	C	D
52	总效率	=SUMPRODUCT(是否从事,效率)

图 5—50　案例 5.1（1）的电子表格模型（续）

名称	单元格
从	B4:B50
到	C4:C50
供应量	L4:L24
容量	F4:F50
是否从事	D4:D50
项目数	J4:J24
效率	G4:G50
需求量	L31:L45
职工数	J31:J45
总效率	D52

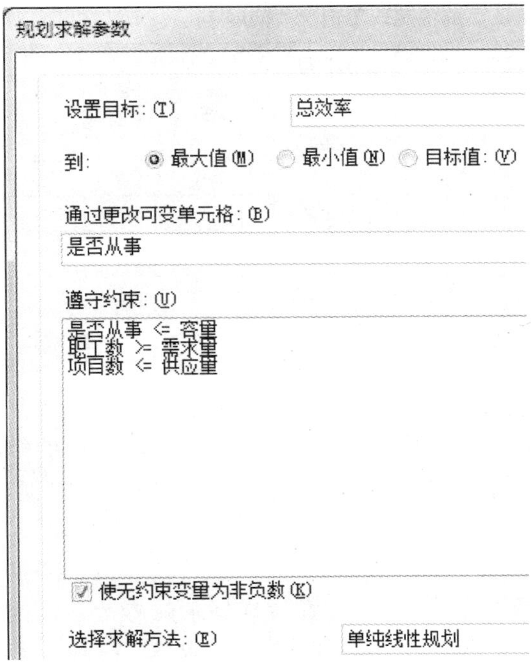

图 5—50　案例 5.1（1）的电子表格模型（续）

案例 5.1 问题（1）的 Excel 求解结果为：

（1）B4：D50 区域显示的是每位职工检定哪些项目（每个项目由哪些职工来检定）；

（2）I4：J24 区域显示的是每位职工从事几个项目的检定工作；

（3）I31：J45 区域显示的是每个项目由几位职工来检定。

整理这些求解结果，可得表 5—12 和表 5—13。也就是说，每个职工都能参与 1～2 个项目的检定工作，而每个项目都能有 2～4 名职工进行检定，这样 15 个项目就用了职工 35 人次。此时所有项目检定工作的总效率最高，为 23.9。

表 5—12　　每位职工的检定项目情况（问题 1）

职工	项目数	项目	职工	项目数	项目
职工 1	2	项目 1、2	职工 12	1	项目 10
职工 2	2	项目 2、3	职工 13	1	项目 8
职工 3	2	项目 1、3	职工 14	2	项目 8、10
职工 4	2	项目 1、2	职工 15	1	项目 9
职工 5	1	项目 1	职工 16	2	项目 4、14
职工 6	1	项目 4	职工 17	2	项目 9、15
职工 7	2	项目 5、6	职工 18	2	项目 11、13
职工 8	2	项目 6、7	职工 19	2	项目 14、15
职工 9	2	项目 5、7	职工 20	2	项目 11、12
职工 10	1	项目 6	职工 21	2	项目 12、13
职工 11	1	项目 8	合计	35	

表 5—13　　每个项目的检定职工情况（问题 1）

项目	职工数	职工	项目	职工数	职工
项目 1	4	职工 1、3、4、5	项目 9	2	职工 15、17
项目 2	3	职工 1、2、4	项目 10	2	职工 12、14
项目 3	2	职工 2、3	项目 11	2	职工 18、20
项目 4	2	职工 6、16	项目 12	2	职工 20、21
项目 5	2	职工 7、9	项目 13	2	职工 18、21
项目 6	3	职工 7、8、10	项目 14	2	职工 16、19
项目 7	2	职工 8、9	项目 15	2	职工 17、19
项目 8	3	职工 11、13、14	合计	35	

2. 问题（2）的求解

对于案例 5.1 的问题（2），只需在问题（1）的基础上，将约束条件中的“每个项目至少应该有两名具有相应项目检定证书的职工进行检定”改为“每个项目只允许两名检定人员检定”即可。

也就是说，步骤为：（1）将如图 5—50 所示的案例 5.1 问题（1）的电子表格模型中的 K31：K45 区域中的“＞＝”改为“＝”；（2）在“规划求解参数”对话框中，将约束“职工数＞＝需求量”改为“职工数＝需求量”；（3）单击“求解”按钮，即可求得结果。

案例 5.1 问题（2）的电子表格模型如图 5—51 所示，参见“案例 5.1（2）. xlsx”。

案例 5.1 问题（2）的 Excel 求解结果为：

（1）B4：D50 区域显示的是每位职工检定哪些项目（每个项目由哪些职工来检定）；

（2）I4：J24 区域显示的是每位职工从事几个项目的检定工作；

（3）K31：L45 区域区域显示的是“每个项目只允许两名检定人员检定”，这样 15 个项目就用了职工 15×2＝30 人次，此时所有项目检定工作的总工作效率最高，为 22（D52 单元格）。

	A	B	C	D	E	F	G	H	I	J	K	L
1	**案例5.1 人员配备模型研究（2）**											
2												
3		从	到	是否从事		容量	效率		职工	项目数		供应量
4		职工1	项目1	1	<=	1	0.8		职工1	2	<=	2
5		职工1	项目2	1	<=	1	0.7		职工2	2	<=	2
6		职工2	项目1		<=	1	0.2		职工3	1	<=	2
7		职工2	项目2	1	<=	1	0.9		职工4	0	<=	2
8		职工2	项目3	1	<=	1	0.2		职工5	1	<=	2
9		职工3	项目1		<=	1	0.2		职工6	1	<=	2
10		职工3	项目3	1	<=	1	0.9		职工7	2	<=	2
11		职工4	项目1		<=	1	0.5		职工8	2	<=	2
12		职工4	项目2		<=	1	0.2		职工9	2	<=	2
13		职工5	项目1	1	<=	1	0.7		职工10	0	<=	2
14		职工6	项目4	1	<=	1	0.9		职工11	1	<=	2
15		职工7	项目5	1	<=	1	0.9		职工12	1	<=	2
16		职工7	项目6	1	<=	1	0.9		职工13	0	<=	2
17		职工8	项目6	1	<=	1	0.5		职工14	2	<=	2
18		职工8	项目7	1	<=	1	0.8		职工15	1	<=	2
19		职工9	项目4		<=	1	0.5		职工16	2	<=	2
20		职工9	项目5	1	<=	1	0.8		职工17	2	<=	2
21		职工9	项目6		<=	1	0.7		职工18	2	<=	2
22		职工9	项目7	1	<=	1	0.9		职工19	2	<=	2
23		职工10	项目6		<=	1	0.5		职工20	2	<=	2
24		职工11	项目8	1	<=	1	0.9		职工21	2	<=	2
25		职工12	项目10	1	<=	1	0.9					
26		职工13	项目8		<=	1	0.5					
27		职工14	项目8	1	<=	1	0.8					
28		职工14	项目10	1	<=	1	0.4					
29		职工15	项目9	1	<=	1	0.9					

图 5—51　案例 5.1（2）的电子表格模型

	A	B	C	D	E	F	G	H	I	J	K	L
30		职工16	项目4	1		<=	1	0.4		项目	职工数		需求量
31		职工16	项目5			<=	1	0.5		项目1	2	=	2
32		职工16	项目6			<=	1	0.5		项目2	2	=	2
33		职工16	项目9			<=	1	0.9		项目3	2	=	2
34		职工16	项目14	1		<=	1	0.7		项目4	2	=	2
35		职工17	项目8			<=	1	0.8		项目5	2	=	2
36		职工17	项目9	1		<=	1	0.9		项目6	2	=	2
37		职工17	项目12			<=	1	0.7		项目7	2	=	2
38		职工17	项目15	1		<=	1	0.2		项目8	2	=	2
39		职工18	项目11	1		<=	1	0.9		项目9	2	=	2
40		职工18	项目13	1		<=	1	0.5		项目10	2	=	2
41		职工19	项目9			<=	1	0.8		项目11	2	=	2
42		职工19	项目14	1		<=	1	0.8		项目12	2	=	2
43		职工19	项目15	1		<=	1	0.9		项目13	2	=	2
44		职工20	项目9			<=	1	0.6		项目14	2	=	2
45		职工20	项目11	1		<=	1	0.7		项目15	2	=	2
46		职工20	项目12	1		<=	1	0.7					
47		职工20	项目13			<=	1	0.6					
48		职工21	项目11			<=	1	0.7					
49		职工21	项目12	1		<=	1	0.8					
50		职工21	项目13	1		<=	1	0.7					
51													
52			总效率	22									

	J
3	项目数
4	=SUMIF(从, I4, 是否从事)
5	=SUMIF(从, I5, 是否从事)
6	=SUMIF(从, I6, 是否从事)
7	=SUMIF(从, I7, 是否从事)
8	=SUMIF(从, I8, 是否从事)
9	=SUMIF(从, I9, 是否从事)
10	=SUMIF(从, I10, 是否从事)
11	=SUMIF(从, I11, 是否从事)
12	=SUMIF(从, I12, 是否从事)
13	=SUMIF(从, I13, 是否从事)
14	=SUMIF(从, I14, 是否从事)
15	=SUMIF(从, I15, 是否从事)
16	=SUMIF(从, I16, 是否从事)
17	=SUMIF(从, I17, 是否从事)
18	=SUMIF(从, I18, 是否从事)
19	=SUMIF(从, I19, 是否从事)
20	=SUMIF(从, I20, 是否从事)
21	=SUMIF(从, I21, 是否从事)
22	=SUMIF(从, I22, 是否从事)
23	=SUMIF(从, I23, 是否从事)
24	=SUMIF(从, I24, 是否从事)

	J
30	职工数
31	=SUMIF(到, I31, 是否从事)
32	=SUMIF(到, I32, 是否从事)
33	=SUMIF(到, I33, 是否从事)
34	=SUMIF(到, I34, 是否从事)
35	=SUMIF(到, I35, 是否从事)
36	=SUMIF(到, I36, 是否从事)
37	=SUMIF(到, I37, 是否从事)
38	=SUMIF(到, I38, 是否从事)
39	=SUMIF(到, I39, 是否从事)
40	=SUMIF(到, I40, 是否从事)
41	=SUMIF(到, I41, 是否从事)
42	=SUMIF(到, I42, 是否从事)
43	=SUMIF(到, I43, 是否从事)
44	=SUMIF(到, I44, 是否从事)
45	=SUMIF(到, I45, 是否从事)

	C	D
52	总效率	=SUMPRODUCT(是否从事, 效率)

图 5—51　案例 5.1（2）的电子表格模型（续）

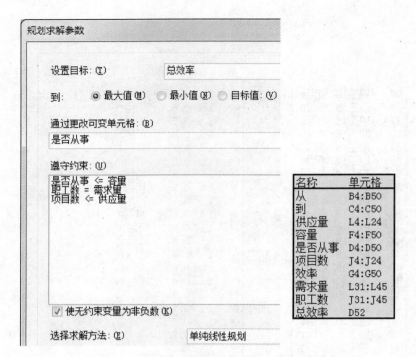

图 5—51　案例 5.1（2）的电子表格模型（续）

整理这些求解结果，可得表 5—14 和表 5—15。从中可以看出：有三位职工（职工 4、10、13），由于其持有检定证书的项目工作效率较低，没有竞争力，而无项目可参与，只能下岗。上岗的办法是提高所在项目的工作效率，或取得其他项目的检定证书并有较高的工作效率。

表 5—14　　　　　　　　　每位职工的检定项目情况（问题 2）

职工	项目数	项目	职工	项目数	项目
职工 1	2	项目 1、2	职工 12	1	项目 10
职工 2	2	项目 2、3	职工 13	0	
职工 3	1	项目 3	职工 14	2	项目 8、10
职工 4	0		职工 15	1	项目 9
职工 5	1	项目 1	职工 16	2	项目 4、14
职工 6	1	项目 4	职工 17	2	项目 9、15
职工 7	2	项目 5、6	职工 18	2	项目 11、13
职工 8	2	项目 6、7	职工 19	2	项目 14、15
职工 9	2	项目 5、7	职工 20	2	项目 11、12
职工 10	0		职工 21	2	项目 12、13
职工 11	1	项目 8	合计	30	

表 5—15　　　　　　　　　每个项目的检定职工情况（问题 2）

项目	职工数	职工	项目	职工数	职工
项目 1	2	职工 1、5	项目 9	2	职工 15、17
项目 2	2	职工 1、2	项目 10	2	职工 12、14
项目 3	2	职工 2、3	项目 11	2	职工 18、20
项目 4	2	职工 6、16	项目 12	2	职工 20、21

续前表

项目	职工数	职工	项目	职工数	职工
项目 5	2	职工 7、9	项目 13	2	职工 18、21
项目 6	2	职工 7、8	项目 14	2	职工 16、19
项目 7	2	职工 8、9	项目 15	2	职工 17、19
项目 8	2	职工 11、14	合计	30	

案例 5.2　银行设置

现准备在 V_1，V_2，V_3，V_4，V_5，V_6 和 V_7 的 7 个居民点中设置工商银行，各点之间的距离由图 5—52 给出。

（1）若要设置一个银行，那么该行设在哪个居民点，可使最大的服务距离最小？

（2）若要设置两个银行，那么应设在哪两个居民点？

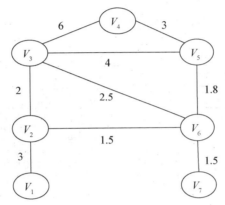

图 5—52　案例 5.2 的网络图

解：

本问题是一个选址问题，实际要求出图的中心，可化作求一系列的最短路问题。

由于图 5—52 中的连线是边，每一条边都可看作是距离相等、方向相反的两条弧组成。

1.　问题（1）的求解

问题（1）是要选取一处居民点设置工商银行。

先假设在某个居民点设置工商银行（目的地），然后计算其他 6 个居民点（起点）到该工商银行（目的地）的最短距离。

图 5—53 是假设在居民点 V_1 设置工商银行（目的地，需求量为"1"，即净流量为"－1"，J4 单元格），居民点 V_4（起点，供应量为"1"，J7 单元格）到工商银行 V_1（目的地）的最短路问题的电子表格模型，参见"案例 5.2. xlsx"。

为了查看方便，在最优解（是否走）D4：D21 区域中，使用 Excel 的"条件格式"功能①，将"0"值单元格的字体颜色设置成"黄色"，与填充颜色（背景色）相同。

Excel 求解结果为：居民点 V_4 到工商银行 V_1 的最短距离是 9.3，行走路线为：$V_4 \rightarrow V_5 \rightarrow V_6 \rightarrow V_2 \rightarrow V_1$。对于其他 5 个居民点（$V_2$、$V_3$、$V_5$、$V_6$ 和 V_7）到工商银行 V_1 的最短距离，只需在图 5—53 中重复以下两个步骤 5 次即可：

---

① 设置（或清除）条件格式的操作参见教材第 4 章附录 Ⅱ。

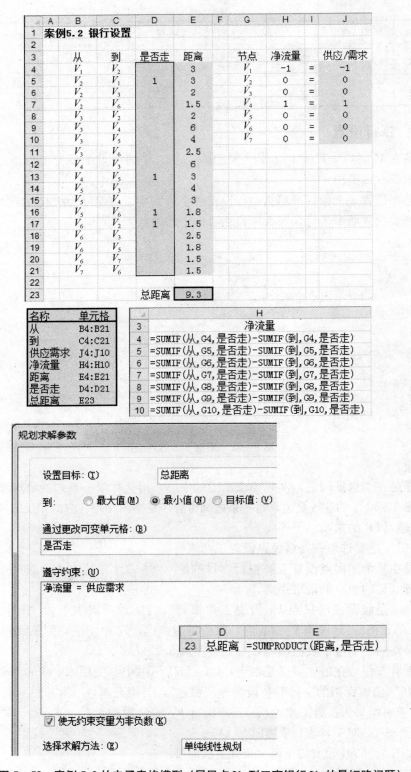

图5—53　案例 5.2 的电子表格模型（居民点 V_4 到工商银行 V_1 的最短路问题）

（1）修改“供应/需求”中相应的数值，将其中一个居民点（V_2 或 V_3 或 V_5 或 V_6 或 V_7）的供应量改为“1”（表示起点），而其他 5 个居民点的“供应/需求”改为“0”（表示有可能经过而已）；

（2）重新运行“规划求解”命令。

这样便得到表 5—16 中的第 2 行数据（假设工商银行设在居民点 V_1）。其中最右列数值（9.3）是假设将工商银行设在居民点 V_1，其他居民点（$V_2 \sim V_7$）到工商银行 V_1 的最大服务距离，即 max(0，3，5，9.3，6.3，4.5，6)＝9.3。

表 5—16　　各居民点到工商银行的最短距离

工商银行的位置	居民点 V_1	居民点 V_2	居民点 V_3	居民点 V_4	居民点 V_5	居民点 V_6	居民点 V_7	最大服务距离
在居民点 V_1	0	3	5	9.3	6.3	4.5	6	9.3
在居民点 V_2	3	0	2	6.3	3.3	1.5	3	6.3
在居民点 V_3	5	2	0	6	4	2.5	4	6
在居民点 V_4	9.3	6.3	6	0	3	4.8	6.3	9.3
在居民点 V_5	6.3	3.3	4	3	0	1.8	3.3	6.3
在居民点 V_6	4.5	1.5	2.5	4.8	1.8	0	1.5	4.8
在居民点 V_7	6	3	4	6.3	3.3	1.5	0	6.3

仿照以上假设在居民点 V_1 设置工商银行的求解方法，只需在图 5—53 中修改“供应/需求”中相应的数值，然后重新运行“规划求解”命令，即可得到表 5—16 中的第 3～8 行数据（假设工商银行设在居民点 $V_2 \sim V_7$）。其中最右列表示：如果将工商银行设在该居民点，则其他居民点到工商银行的最大服务距离。从中可以看出，当工商银行设在居民点 6 时，最大服务距离最短，为 4.8。

可以将以上求得的各居民点到工商银行的最短距离手工记录在 Excel 中（如图 5—54 中的 O3：V11 区域所示），然后利用 Excel 的 MAX 函数求各行的最大服务距离（W5：W11 区域），再利用 Excel 的 MIN 函数求最大服务距离的最小值（W12 单元格），参见“案例 5.2.xlsx”。

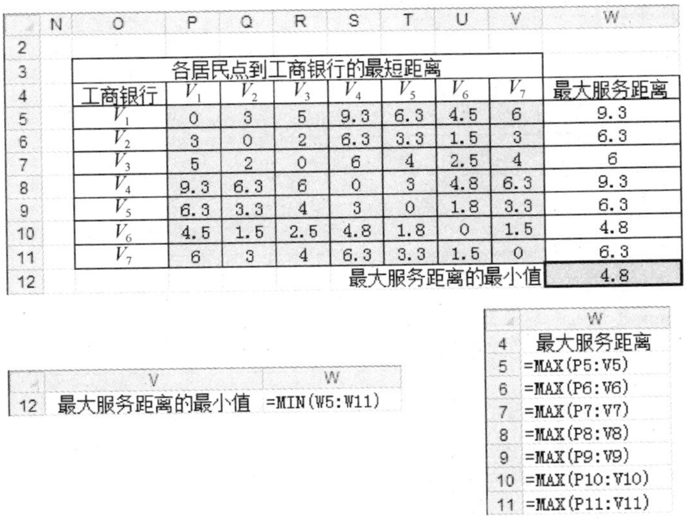

	N	O	P	Q	R	S	T	U	V	W
2										
3		各居民点到工商银行的最短距离								
4		工商银行	V_1	V_2	V_3	V_4	V_5	V_6	V_7	最大服务距离
5		V_1	0	3	5	9.3	6.3	4.5	6	9.3
6		V_2	3	0	2	6.3	3.3	1.5	3	6.3
7		V_3	5	2	0	6	4	2.5	4	6
8		V_4	9.3	6.3	6	0	3	4.8	6.3	9.3
9		V_5	6.3	3.3	4	3	0	1.8	3.3	6.3
10		V_6	4.5	1.5	2.5	4.8	1.8	0	1.5	4.8
11		V_7	6	3	4	6.3	3.3	1.5	0	6.3
12								最大服务距离的最小值		4.8

	V	W
12	最大服务距离的最小值	=MIN(W5:W11)

	W
4	最大服务距离
5	=MAX(P5:V5)
6	=MAX(P6:V6)
7	=MAX(P7:V7)
8	=MAX(P8:V8)
9	=MAX(P9:V9)
10	=MAX(P10:V10)
11	=MAX(P11:V11)

图 5—54　利用 MAX 求最大服务距离、MIN 求最大服务距离的最小值（公式和结果）

2. 问题（2）的求解

问题（2）是要设置两个工商银行。

由于有 7 个居民点，如果从中选取 2 处设置工商银行，$C_7^2 = 21$，故应比较 21 种方案。假设两个工商银行设在居民点 V_i 和 $V_j (i < j)$，则其他居民点到这两个工商银行的最短距离应该取到居民点 V_i 和 V_j 两个最短距离中的最小者。

两个居民点之间的最短距离，在问题（1）中已经求出，就是各居民点到工商银行的最短距离，如表 5—16 所示。

根据表 5—16 中的数据，可计算各居民点到两个工商银行的最短距离（取两个最短距离中的最小者），结果如表 5—17 所示。其中最右列表示：如果将两个工商银行设在那两个居民点，则其他居民点到两个工商银行的最大服务距离。从中可以看出，当两个工商银行设在居民点 V_2 和 V_4 或者设在居民点 V_2 和 V_5 时，最大服务距离最短，为 3。

表 5—17　　　　　　　　　　　各居民点到两个工商银行的最短距离

序号	两个工商银行的位置	居民点 V_1	居民点 V_2	居民点 V_3	居民点 V_4	居民点 V_5	居民点 V_6	居民点 V_7	最大服务距离
1	在 V_1，V_2	0	0	2	6.3	3.3	1.5	3	6.3
2	在 V_1，V_3	0	2	0	6	4	2.5	4	6
3	在 V_1，V_4	0	3	5	0	3	4.5	6	6
4	在 V_1，V_5	0	3	4	3	0	1.8	3.3	4
5	在 V_1，V_6	0	1.5	2.5	4.8	1.8	0	1.5	4.8
6	在 V_1，V_7	0	3	4	6.3	3.3	1.5	0	6.3
7	在 V_2，V_3	3	0	0	6	3.3	1.5	3	6
8	在 V_2，V_4	3	0	2	0	3	1.5	3	3
9	在 V_2，V_5	3	0	2	3	0	1.5	3	3
10	在 V_2，V_6	3	0	2	4.8	1.8	0	1.5	4.8
11	在 V_2，V_7	3	0	2	6.3	3.3	1.5	0	6.3
12	在 V_3，V_4	5	2	0	0	3	2.5	4	5
13	在 V_3，V_5	5	2	0	3	0	1.8	3.3	5
14	在 V_3，V_6	4.5	1.5	0	4.8	1.8	0	1.5	4.8
15	在 V_3，V_7	5	2	0	6	3.3	1.5	0	6
16	在 V_4，V_5	6.3	3.3	4	0	0	1.8	3.3	6.3
17	在 V_4，V_6	4.5	1.5	2.5	0	1.8	0	1.5	4.5
18	在 V_4，V_7	6	3	4	0	3	1.5	0	6
19	在 V_5，V_6	4.5	1.5	2.5	3	0	0	1.5	4.5
20	在 V_5，V_7	6	3	4	3	0	1.5	0	6
21	在 V_6，V_7	4.5	1.5	2.5	4.8	1.8	0	0	4.8

由于表 5—16 中的数据（各居民点到工商银行的最短距离）已经记录在 Excel 中（如图 5—54 中的 O3：V11 区域所示），因此：

（1）可以利用 Excel 的 MIN 函数求各居民点到两个工商银行的最短距离（取两个最短距离中的最小者），如图 5—55 中的 O15：V37 区域所示；

工商银行	V_1	V_2	V_3	V_4	V_5	V_6	V_7	最大服务距离
\multicolumn{9}{c}{各居民点到两个工商银行的最短距离}								

工商银行	V_1	V_2	V_3	V_4	V_5	V_6	V_7	最大服务距离
V_1, V_2	0	0	2	6.3	3.3	1.5	3	6.3
V_1, V_3	0	2	0	6	4	2.5	4	6
V_1, V_4	0	3	5	0	3	4.5	6	6
V_1, V_5	0	3	4	3	0	1.8	3.3	4
V_1, V_6	0	1.5	2.5	4.8	1.8	0	1.5	4.8
V_1, V_7	0	3	4	6.3	3.3	1.5	0	6.3
V_2, V_3	3	0	0	6	3.3	1.5	3	6
V_2, V_4	3	0	2	0	3	1.5	3	3
V_2, V_5	3	0	2	3	0	1.5	3	3
V_2, V_6	3	0	2	4.8	1.8	0	1.5	4.8
V_2, V_7	3	0	2	6.3	3.3	1.5	0	6.3
V_3, V_4	5	2	0	0	3	2.5	4	5
V_3, V_5	5	2	0	3	0	1.8	3.3	5
V_3, V_6	4.5	1.5	0	4.8	1.8	0	1.5	4.8
V_3, V_7	5	2	0	6	3.3	1.5	0	6
V_4, V_5	6.3	3.3	4	0	0	1.8	3.3	6.3
V_4, V_6	4.5	1.5	2.5	0	1.8	0	1.5	4.5
V_4, V_7	6	3	4	0	3	1.5	0	6
V_5, V_6	4.5	1.5	2.5	0	1.8	0	1.5	4.5
V_5, V_7	6	3	4	0	3	1.5	0	6
V_6, V_7	4.5	1.5	2.5	4.8	1.8	0		4.8
\multicolumn{8}{r}{最大服务距离的最小值}								3

图 5—55　根据表 5—16 中的数据，计算得到表 5—17（结果）

（2）利用 Excel 的 MAX 函数求各行的最大服务距离（W17：W37 区域）；

（3）利用 Excel 的 MIN 函数求最大服务距离的最小值（W38 单元格）。

具体参见"案例 5.2.xlsx"。

工商银行	V_1	V_2	V_3	V_4
V_1, V_2	=MIN(P$5,P6)	=MIN(Q$5,Q6)	=MIN(R$5,R6)	=MIN(S$5,S6)
V_1, V_3	=MIN(P$5,P7)	=MIN(Q$5,Q7)	=MIN(R$5,R7)	=MIN(S$5,S7)
V_1, V_4	=MIN(P$5,P8)	=MIN(Q$5,Q8)	=MIN(R$5,R8)	=MIN(S$5,S8)
V_1, V_5	=MIN(P$5,P9)	=MIN(Q$5,Q9)	=MIN(R$5,R9)	=MIN(S$5,S9)
V_1, V_6	=MIN(P$5,P10)	=MIN(Q$5,Q10)	=MIN(R$5,R10)	=MIN(S$5,S10)
V_1, V_7	=MIN(P$5,P11)	=MIN(Q$5,Q11)	=MIN(R$5,R11)	=MIN(S$5,S11)
V_2, V_3	=MIN(P$6,P7)	=MIN(Q$6,Q7)	=MIN(R$6,R7)	=MIN(S$6,S7)
V_2, V_4	=MIN(P$6,P8)	=MIN(Q$6,Q8)	=MIN(R$6,R8)	=MIN(S$6,S8)
V_2, V_5	=MIN(P$6,P9)	=MIN(Q$6,Q9)	=MIN(R$6,R9)	=MIN(S$6,S9)
V_2, V_6	=MIN(P$6,P10)	=MIN(Q$6,Q10)	=MIN(R$6,R10)	=MIN(S$6,S10)
V_2, V_7	=MIN(P$6,P11)	=MIN(Q$6,Q11)	=MIN(R$6,R11)	=MIN(S$6,S11)
V_3, V_4	=MIN(P$7,P8)	=MIN(Q$7,Q8)	=MIN(R$7,R8)	=MIN(S$7,S8)
V_3, V_5	=MIN(P$7,P9)	=MIN(Q$7,Q9)	=MIN(R$7,R9)	=MIN(S$7,S9)
V_3, V_6	=MIN(P$7,P10)	=MIN(Q$7,Q10)	=MIN(R$7,R10)	=MIN(S$7,S10)
V_3, V_7	=MIN(P$7,P11)	=MIN(Q$7,Q11)	=MIN(R$7,R11)	=MIN(S$7,S11)
V_4, V_5	=MIN(P$8,P9)	=MIN(Q$8,Q9)	=MIN(R$8,R9)	=MIN(S$8,S9)
V_4, V_6	=MIN(P$8,P10)	=MIN(Q$8,Q10)	=MIN(R$8,R10)	=MIN(S$8,S10)
V_4, V_7	=MIN(P$8,P11)	=MIN(Q$8,Q11)	=MIN(R$8,R11)	=MIN(S$8,S11)
V_5, V_6	=MIN(P$9,P10)	=MIN(Q$9,Q10)	=MIN(R$9,R10)	=MIN(S$9,S10)
V_5, V_7	=MIN(P$9,P11)	=MIN(Q$9,Q11)	=MIN(R$9,R11)	=MIN(S$9,S11)
V_6, V_7	=MIN(P$10,P11)	=MIN(Q$10,Q11)	=MIN(R$10,R11)	=MIN(S$10,S11)

图 5—55　根据表 5—16 中的数据，计算得到表 5—17（公式）

	T	U	V	W
16	V_5	V_6	V_7	最大服务距离
17	=MIN(T$5,T6)	=MIN(U$5,U6)	=MIN(V$5,V6)	=MAX(P17:V17)
18	=MIN(T$5,T7)	=MIN(U$5,U7)	=MIN(V$5,V7)	=MAX(P18:V18)
19	=MIN(T$5,T8)	=MIN(U$5,U8)	=MIN(V$5,V8)	=MAX(P19:V19)
20	=MIN(T$5,T9)	=MIN(U$5,U9)	=MIN(V$5,V9)	=MAX(P20:V20)
21	=MIN(T$5,T10)	=MIN(U$5,U10)	=MIN(V$5,V10)	=MAX(P21:V21)
22	=MIN(T$5,T11)	=MIN(U$5,U11)	=MIN(V$5,V11)	=MAX(P22:V22)
23	=MIN(T$6,T7)	=MIN(U$6,U7)	=MIN(V$6,V7)	=MAX(P23:V23)
24	=MIN(T$6,T8)	=MIN(U$6,U8)	=MIN(V$6,V8)	=MAX(P24:V24)
25	=MIN(T$6,T9)	=MIN(U$6,U9)	=MIN(V$6,V9)	=MAX(P25:V25)
26	=MIN(T$6,T10)	=MIN(U$6,U10)	=MIN(V$6,V10)	=MAX(P26:V26)
27	=MIN(T$6,T11)	=MIN(U$6,U11)	=MIN(V$6,V11)	=MAX(P27:V27)
28	=MIN(T$7,T8)	=MIN(U$7,U8)	=MIN(V$7,V8)	=MAX(P28:V28)
29	=MIN(T$7,T9)	=MIN(U$7,U9)	=MIN(V$7,V9)	=MAX(P29:V29)
30	=MIN(T$7,T10)	=MIN(U$7,U10)	=MIN(V$7,V10)	=MAX(P30:V30)
31	=MIN(T$7,T11)	=MIN(U$7,U11)	=MIN(V$7,V11)	=MAX(P31:V31)
32	=MIN(T$8,T9)	=MIN(U$8,U9)	=MIN(V$8,V9)	=MAX(P32:V32)
33	=MIN(T$8,T10)	=MIN(U$8,U10)	=MIN(V$8,V10)	=MAX(P33:V33)
34	=MIN(T$8,T11)	=MIN(U$8,U11)	=MIN(V$8,V11)	=MAX(P34:V34)
35	=MIN(T$9,T10)	=MIN(U$9,U10)	=MIN(V$9,V10)	=MAX(P35:V35)
36	=MIN(T$9,T11)	=MIN(U$9,U11)	=MIN(V$9,V11)	=MAX(P36:V36)
37	=MIN(T$10,T11)	=MIN(U$10,U11)	=MIN(V$10,V11)	=MAX(P37:V37)

	V	W
38	最大服务距离的最小值	=MIN(W17:W37)

图 5—55　根据表 5—16 中的数据，计算得到表 5—17（公式）（续）

第6章

整数规划

6.1 本章学习要求

（1）理解整数规划的基本概念；

（2）掌握一般整数规划的建模与应用；

（3）掌握 0—1 规划的建模与应用。

6.2 本章主要内容

本章主要内容框架如图 6—1 所示。

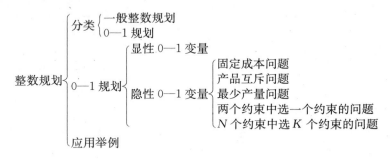

图 6—1 第 6 章主要内容框架图

1. 整数规划

（1）分类：一般整数规划、0—1 规划；

（2）电子表格模型：利用 Excel 软件中的"规划求解"命令求解整数规划（int 表示整数，bin 表示 0 和 1 两者取一）。

2. 0—1 规划

（1）显性 0—1 变量的整数规划：决策变量只取 0 和 1 两个值的整数规划，1 和 0 表示方案的取舍（是非决策）；

（2）隐性 0—1 变量的整数规划：固定成本问题、产品互斥问题、最少产量问题、两个约束中选一个约束的问题、N 个约束中选 K 个约束的问题。

3. 应用举例

新产品选择问题、不符合比例性要求问题、速递公司的路线选择问题。

6.3 本章上机实验

1. 实验目的

掌握使用 Excel 软件求解一般整数规划问题、0—1 规划问题的操作方法。

2. 内容和要求

使用 Excel 软件求解习题 6.2、习题 6.5（或其他例子、习题、案例等）。

3. 操作步骤

（1）在 Excel 中建立一般整数规划问题（或 0—1 规划问题）的电子表格模型；

（2）使用 Excel 软件中的"规划求解"命令求解一般整数规划问题、0—1 规划问题；

（3）结果分析；

（4）在 Excel 文件或 Word 文档中撰写实验报告，包括一般整数规划（或 0—1 规划）模型、电子表格模型和结果分析等。

6.4 本章习题全解

6.1 篮球队需要选择 5 名队员组成出场阵容参加比赛。8 名队员的身高及擅长位置如表 6—1 所示。

表 6—1 篮球队员的身高及擅长位置

队员	1	2	3	4	5	6	7	8
身高（米）	1.92	1.90	1.88	1.86	1.85	1.83	1.80	1.78
擅长位置	中锋	中锋	前锋	前锋	前锋	后卫	后卫	后卫

出场阵容应满足以下条件：

（1）只能有一名中锋上场；

（2）至少有一名后卫上场；

（3）如 1 号和 4 号均上场，则 6 号不出场；

（4）2 号和 8 号至少有一个不出场。

问：应当选择哪 5 名队员上场，才能使出场队员平均身高最高？

解：

本问题是一个纯 0—1 规划问题。

（1）决策变量。

设 x_i 为队员 i($i=1$，2，…，8）是否上场（1 表示上场，0 表示不上场）。

（2）目标函数。

本问题的目标是出场队员平均身高最高（由于要选择 5 名队员，所以除以 5，而不是除以 8）。即：

$$\max z=(1.92x_1+1.90x_2+1.88x_3+1.86x_4+1.85x_5+1.83x_6 +1.80x_7+1.78x_8)/5$$

（3）约束条件。

①选择 5 名队员：$\sum_{i=1}^{8} x_i = 5$

②只能有一名中锋上场：$x_1+x_2=1$

③至少有一名后卫上场：$x_6+x_7+x_8\geqslant 1$

④如 1 号和 4 号均上场，则 6 号不出场：$x_1+x_4+x_6\leqslant 2$

⑤2 号和 8 号至少有一个不出场：$x_2+x_8\leqslant 1$

⑥0—1 变量：$x_i=0，1\quad(i=1，2，\cdots，8)$

于是，得到习题 6.1 的 0—1 规划模型：

$$\max z=(1.92x_1+1.90x_2+1.88x_3+1.86x_4+1.85x_5+1.83x_6 +1.80x_7+1.78x_8)/5$$

$$\text{s.t.}\begin{cases}\sum_{i=1}^{8} x_i = 5\\ x_1+x_2=1\\ x_6+x_7+x_8\geqslant 1\\ x_1+x_4+x_6\leqslant 2\\ x_2+x_8\leqslant 1\\ x_i=0,1\quad(i=1,2,\cdots,8)\end{cases}$$

习题 6.1 的电子表格模型如图 6—2 所示，参见“习题 6.1.xlsx”。

	A	B	C	D	E	F	G	H	I	J	K	L	M
1	**习题6.1**												
2													
3		队员	1	2	3	4	5	6	7	8			
4		身高	1.92	1.9	1.88	1.86	1.85	1.83	1.8	1.78			
5		擅长位置	中锋	中锋	前锋	前锋	前锋	后卫	后卫	后卫			
6													
7											上场		选择
8		队员	1	2	3	4	5	6	7	8	人数		5名
9		是否上场	0	1	1	1	1	1	0	0	5	=	5
10													
11			出场阵容应满足以下条件：										
12								条件		限制			
13							只能有一名中锋上场	1	=	1			
14							至少有一名后卫上场	1	>=	1			平均
15							如1号和4号均上场，则6号不出场	2	<=	2			身高
16							2号和8号至少有一个不出场	1	<=	1			1.864

	K
7	上场
8	人数
9	=SUM(是否上场)

	M
14	平均
15	身高
16	=SUMPRODUCT(身高,是否上场)/选择5名

图 6—2　习题 6.1 的电子表格模型

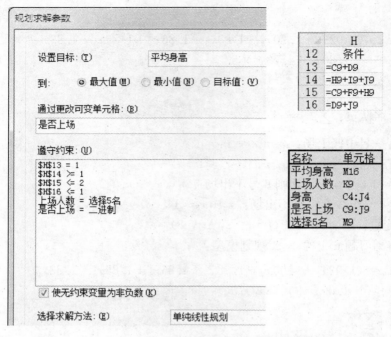

图 6—2　习题 6.1 的电子表格模型（续）

Excel 的求解结果为：出场阵容为队员 2、3、4、5、6 这 5 名队员，此时的平均身高最高，为 1.864 米。

6.2 为开发新的开胃小吃，休闲食品公司正在考虑 6 个备选研究项目。表 6—2 列出了这 6 个项目对于资金和研究人员的要求，以及将会产生的利润。

表 6—2　　　　　　　　　　　　备选研究项目的有关数据

项目	资金（万元）	研究人员（人）	利润（万元）
1	50	11	65
2	65	16	90
3	45	9	80
4	55	7	90
5	40	5	60
6	90	24	110

该公司希望在这些项目上的投资获得最大利润。但可以动用的资金只有 170 万元，可以调用的研究人员只有 35 人。做一个项目的部分研究是不值得的，所以，要么就开始某项目并完成，要么干脆不做。项目 5 和项目 4 是相关联的，如果要开始项目 5，就必须做项目 4。如果要做项目 2 和 3，项目 4 也必须做。考虑到项目风险，项目 1、4 和 6 中，最多只能做其中的 2 个。而考虑到项目的长期重要性，项目 3、4 和 5 至少应做 1 个。

解：

本问题是一个纯 0—1 规划问题。

（1）决策变量。

设 x_i 为项目 $i(i=1, 2, \cdots, 6)$ 是否做（1 表示做，0 表示不做）。

（2）目标函数。

本问题的目标是公司获得的利润最大，即：

$$\max z=65x_1+90x_2+80x_3+90x_4+60x_5+110x_6$$

（3）约束条件。

①资金只有 170 万元：$50x_1+65x_2+45x_3+55x_4+40x_5+90x_6\leqslant 170$

②研究人员只有 35 人：$11x_1+16x_2+9x_3+7x_4+5x_5+24x_6\leqslant 35$

③项目 4 和项目 5 的相依关系：$x_5\leqslant x_4$

④项目 2、3 和项目 4 的相依关系：$x_2\leqslant x_4$，$x_3\leqslant x_4$

⑤项目 1、4 和 6 的互斥关系：$x_1+x_4+x_6\leqslant 2$

⑥项目 3、4 和 5 的关系：$x_3+x_4+x_5\geqslant 1$

⑦0—1 变量：$x_i=0, 1 \quad (i=1, 2, \cdots, 6)$

于是，得到习题 6.2 的纯 0—1 规划模型：

$$\max z=65x_1+90x_2+80x_3+90x_4+60x_5+110x_6$$

$$\text{s.t.}\begin{cases}50x_1+65x_2+45x_3+55x_4+40x_5+90x_6\leqslant 170\\ 11x_1+16x_2+9x_3+7x_4+5x_5+24x_6\leqslant 35\\ x_5\leqslant x_4,\ x_2\leqslant x_4,\ x_3\leqslant x_4\\ x_1+x_4+x_6\leqslant 2\\ x_3+x_4+x_5\geqslant 1\\ x_i=0,1\quad (i=1,2,\cdots,6)\end{cases}$$

习题 6.2 的电子表格模型如图 6—3 所示，参见“习题 6.2.xlsx”。

	A	B	C	D	E	F	G	H	I	J	K
1	习题6.2										
2											
3			项目1	项目2	项目3	项目4	项目5	项目6			
4		利润	65	90	80	90	60	110			
5											
6									实际		可用
7					每个项目所需资源				使用		资源
8		资金	50	65	45	55	40	90	165	<=	170
9		研究人员	11	16	9	7	5	24	32	<=	35
10											
11			项目1	项目2	项目3	项目4	项目5	项目6			
12		是否做	0	1	1	1	0	0			
13											
14						项目之间的关系（应满足的条件）					
15		总利润	260						条件		限制
16								项目4和5的相依关系	0	<=	1
17								项目2和4的相依关系	1	<=	1
18								项目3和4的相依关系	1	<=	1
19								项目1、4和6的互斥关系	1	<=	2
20								项目3、4和5的关系	2	>=	1

图 6—3　习题 6.2 的电子表格模型

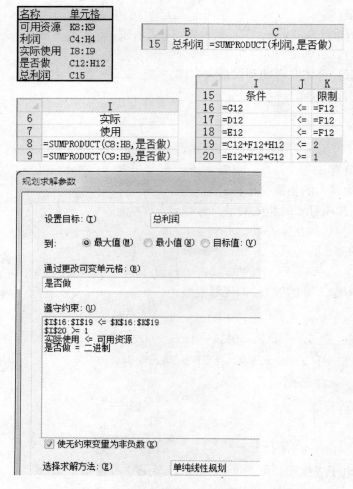

图 6—3　习题 6.2 的电子表格模型（续）

Excel 的求解结果为：公司应该做项目 2、3 和 4，放弃项目 1、5 和 6，这样的决策将产生利润 260 万元。

6.3　某公司需要制造 2 000 件某种产品，这种产品可利用设备 A、B、C 中的任意一种来加工。已知每种设备的生产准备费用、生产该产品的单位耗电量和成本，以及每种设备的最大加工能力如表 6—3 所示。

表 6—3　　　　　　　　　　三种设备生产产品的有关数据

设备	生产准备费用	耗电量（度/件）	生产成本（元/件）	生产能力（件）
A	100	0.5	7	800
B	300	1.8	2	1 200
C	200	1.0	5	1 400

（1）当总用电量限制在 2 000 度时，请制订一个成本最低的生产方案。
（2）当总用电量限制在 2 500 度时，请制订一个成本最低的生产方案。
（3）当总用电量限制在 2 800 度时，请制订一个成本最低的生产方案。
（4）如果总用电量没有限制，请制订一个成本最低的生产方案。

解：

本问题是一个需要准备费用（启动资金）的生产问题。

1. 问题（1）的求解

（1）决策变量。

设产品在设备 A、B、C 加工（生产）的数量分别为 x_A、x_B、x_C（件），由于设备有生产准备费用，所以设 y_A、y_B、y_C 分别为设备 A、B、C 是否生产（加工）产品（1 表示生产，0 表示不生产）。

（2）目标函数。

本问题的目标是总成本最低，而总成本＝总生产成本＋总准备费用。

$$\min z = 7x_A + 2x_B + 5x_C + 100y_A + 300y_B + 200y_C$$

（3）约束条件。

①需要制造 2 000 件：$x_A + x_B + x_C = 2\,000$

②设备生产（加工）产品的数量与设备是否生产的关系，还有生产能力的限制：$x_A \leq 800y_A$，$x_B \leq 1\,200y_B$，$x_C \leq 1\,400y_C$

③用电量限制：$0.5x_A + 1.8x_B + 1.0x_C \leq 2\,000$

④产量非负整数：x_A，x_B，$x_C \geq 0$ 且为整数

⑤0—1 变量：y_A，y_B，$y_C = 0$，1

于是，得到习题 6.3 问题（1）的混合 0—1 规划模型：

$$\min z = 7x_A + 2x_B + 5x_C + 100y_A + 300y_B + 200y_C$$

$$\text{s. t.} \begin{cases} x_A + x_B + x_C = 2\,000 \\ x_A \leq 800y_A, \ x_B \leq 1\,200y_B, \ x_C \leq 1\,400y_C \\ 0.5x_A + 1.8x_B + 1.0x_C \leq 2\,000 \\ x_A, x_B, x_C \geq 0 \text{ 且为整数} \\ y_A, y_B, y_C = 0, 1 \end{cases}$$

习题 6.3 问题（1）的电子表格模型如图 6—4 所示，参见"习题 6.3(1).xlsx"。

图 6—4 习题 6.3(1) 的电子表格模型

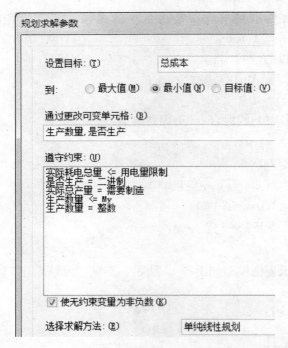

图6—4 习题6.3(1) 的电子表格模型（续）

习题6.3问题（1）的求解结果为：在总用电量2 000度的限制下，产品在设备 A、B、C 加工（生产）的数量分别为376、235、1 389件，此时的总成本最低，为10 647元。

2. 问题（2）和（3）的求解

问题（2）和（3）都只是在问题（1）的基础上改变总用电量，所以只需将图6—4中的"用电量限制"（H9单元格）修改为2 500（或2 800），然后重新运行"规划求解"命令，即可得到问题（2）和问题（3）的生产方案。

问题（2）的生产方案为：设备 B、C 加工（生产）的产品数量分别为625、1 375件（设备 A 不加工），此时的总成本最低，为8 625元。

问题（3）的生产方案为：设备 B、C 各加工（生产）产品1 000件（设备 A 不生产），此时的总成本最低，为 7 500 元。

3. 问题（4）的求解

问题（4）是总用电量没有限制，因此只需在问题（1）的基础上，去掉总用电量限制（约束）即可。

在图 6—4 的"规划求解参数"对话框中，去掉约束"实际耗电总量＜＝用电量限制"，然后重新运行"规划求解"命令，求得的生产方案为：设备 B、C 加工（生产）产品 1 200、800 件（设备 A 不生产），此时的总成本最低，为 6 900 元。

整理问题（1）～（4）的求解结果，如表 6—4 所示。

表 6—4　　　　　　　习题 6.3 的求解结果汇总

问题	总用电量	设备 A 生产	设备 B 生产	设备 C 生产	总成本
（1）	2 000 度	376 件	235 件	1 389 件	10 647 元
（2）	2 500 度	0	625 件	1 375 件	8 625 元
（3）	2 800 度	0	1 000 件	1 000 件	7 500 元
（4）	没有限制	0	1 200 件	800 件	6 900 元

也就是说，随着总用电量的增加，产品在生产成本低但耗电量高的设备 B 上的加工数量越来越多，总成本也越来越低，从 10 647 元下降为 6 900 元。

6.4　某公司考虑在北京、上海、广州和武汉四个城市设立库房，这些库房负责向华北、华中、华南三个地区供货，每个库房每月可处理货物 1 000 件。在北京设库房每月成本为 4.5 万元、上海为 5 万元、广州为 7 万元、武汉为 4 万元。每个地区的月平均需求量为：华北每月 500 件、华中每月 800 件、华南每月 700 件。发运货物的单位费用如表 6—5 所示。

表 6—5　　　　　从四个城市发运货物到三个地区的单位费用（元/件）

	华北	华中	华南
北京	200	400	500
上海	300	250	400
广州	600	350	300
武汉	350	150	350

公司希望在满足地区需求的条件下使月平均成本最小，且还要满足以下条件：

（1）如果在上海设立库房，则必须也在武汉设立库房；

（2）最多设立两个库房；

（3）武汉和广州不能同时设立库房。

请写一个满足上述要求的整数规划模型，并求出最优解。

解：

本问题是一个运输问题，但增加了四个城市是否设库房的问题。

（1）决策变量。

设 x_{ij} 为城市 i（$i=1$，2，3，4 分别表示北京、上海、广州、武汉）发运到地区 j（$j=1$，2，3 分别表示华北、华中、华南）的货物数量（简称货运量）。

y_i 为城市 i（$i=1$，2，3，4 分别表示北京、上海、广州、武汉）是否设库房（1 表示设，0 表示不设）。

（2）目标函数。

本问题的目标是月成本最小，而月成本＝发运货物费用＋库房每月成本。

$$\min z = 200x_{11} + 400x_{12} + 500x_{13} + 300x_{21} + 250x_{22} + 400x_{23}$$
$$+ 600x_{31} + 350x_{32} + 300x_{33} + 350x_{41} + 150x_{42} + 350x_{43}$$
$$+ 45\,000y_1 + 50\,000y_2 + 70\,000y_3 + 40\,000y_4$$

（3）约束条件。

由于货物的总供应量最多只能是 $2 \times 1\,000 = 2\,000$ 件（因为最多设两个库房），总需求量是 $500 + 800 + 700 = 2\,000$ 件，是产销平衡的运输问题。

①对于四个城市，其发运的货物量不能超过每个库房每月可处理的货物量 $1\,000$ 件，但由于有是否设库房问题，也就是说，如果"设"就有 $1\,000$ 件，"不设"就没有 $1\,000$ 件（0 件），所以每个库房每月可处理货物 $1\,000y_i$ 件。

北京：$x_{11} + x_{12} + x_{13} = 1\,000y_1$
上海：$x_{21} + x_{22} + x_{23} = 1\,000y_2$
广州：$x_{31} + x_{32} + x_{33} = 1\,000y_3$
武汉：$x_{41} + x_{42} + x_{43} = 1\,000y_4$

②对于三个地区，其收到的货物量应等于需求量。

华北：$x_{11} + x_{21} + x_{31} + x_{41} = 500$
华中：$x_{12} + x_{22} + x_{32} + x_{42} = 800$
华南：$x_{13} + x_{23} + x_{33} + x_{43} = 700$

③库房设立条件。

如果在上海设库房，则必须也在武汉设库房（相依关系）：$y_2 \leqslant y_4$
最多设两个库房（互斥关系）：$y_1 + y_2 + y_3 + y_4 \leqslant 2$
武汉和广州不能同时设库房（互斥关系）：$y_3 + y_4 \leqslant 1$
④货运量非负：$x_{ij} \geqslant 0$　（$i = 1, 2, 3, 4; j = 1, 2, 3$）
⑤0—1 变量：$y_i = 0, 1$　（$i = 1, 2, 3, 4$）
于是，得到习题 6.4 的混合 0—1 规划模型：

$$\min z = 200x_{11} + 400x_{12} + 500x_{13} + 300x_{21} + 250x_{22} + 400x_{23}$$
$$+ 600x_{31} + 350x_{32} + 300x_{33} + 350x_{41} + 150x_{42} + 350x_{43}$$
$$+ 45\,000y_1 + 50\,000y_2 + 70\,000y_3 + 40\,000y_4$$

$$\text{s. t.} \begin{cases} x_{i1} + x_{i2} + x_{i3} = 1\,000y_i \quad (i=1,2,3,4) \\ x_{11} + x_{21} + x_{31} + x_{41} = 500 \\ x_{12} + x_{22} + x_{32} + x_{42} = 800 \\ x_{13} + x_{23} + x_{33} + x_{43} = 700 \\ y_2 \leqslant y_4 \\ y_1 + y_2 + y_3 + y_4 \leqslant 2 \\ y_3 + y_4 \leqslant 1 \\ x_{ij} \geqslant 0 \quad (i=1,2,3,4; j=1,2,3) \\ y_i = 0,1 \quad (i=1,2,3,4) \end{cases}$$

习题 6.4 的电子表格模型如图 6—5 所示，参见"习题 6.4.xlsx"。为了查看方便，在最优解（货运量）C11：E14 区域中，使用 Excel 的"条件格式"功能①，将"0"值单元格的字体颜色设置成"黄色"，与填充颜色（背景色）相同。

	A B	C	D	E	F	G	H	I
1	**习题6.4**							
2								
3	单位运价	华北	华中	华南			库房成本	处理能力
4	北京	200	400	500			45000	1000
5	上海	300	250	400			50000	
6	广州	600	350	300			70000	
7	武汉	350	150	350			40000	
8								
9					实际		库房	是否
10	货运量	华北	华中	华南	运出		货物量	设库房
11	北京	500		500	1000	=	1000	1
12	上海				0	=	0	0
13	广州				0	=	0	0
14	武汉		800	200	1000	=	1000	1
15	实际收到	500	800	700				
16		=	=	=			运货总费用	540000
17	需求量	500	800	700			库房总成本	85000
18							月总成本	625000
19		库房设立条件			限制			
20	上海, 武汉		0		<=		1	
21	最多设两个库房		2		<=		2	
22	武汉, 广州		1		<=		1	

名称	单元格
处理能力	I4
单位运价	C4:E7
库房成本	H4:H7
库房货物量	H11:H14
库房设立条件	D20:D22
库房总成本	I17
实际收到	C15:E15
实际运出	F11:F14
是否设库房	I11:I14
限制	F20:F22
需求量	C17:E17
月总成本	I18
货运量	C11:E14
运货总费用	I16

	F	G	H
9	实际		库房
10	运出		货物量
11	=SUM(C11:E11)		=处理能力*I11
12	=SUM(C12:E12)		=处理能力*I12
13	=SUM(C13:E13)		=处理能力*I13
14	=SUM(C14:E14)		=处理能力*I14

	D	E	F
19	库房设立条件		限制
20	=I12	<=	=I14
21	=SUM(是否设库房)	<=	2
22	=I13+I14	<=	1

	B	C	D	E
15	实际收到	=SUM(C11:C14)	=SUM(D11:D14)	=SUM(E11:E14)

	H	I
16	运货总费用	=SUMPRODUCT(单位运价, 货运量)
17	库房总成本	=SUMPRODUCT(库房成本,是否设库房)
18	月总成本	=运货总费用+库房总成本

图 6—5 习题 6.4 的电子表格模型

① 设置（或清除）条件格式的操作参见教材第 4 章附录 Ⅱ。

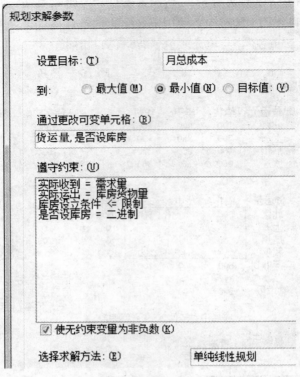

图 6—5　习题 6.4 的电子表格模型（续）

Excel 的求解结果（如图 6—6 所示）为：在北京和武汉设库房，从北京向华北和华南各供货 500 件，从武汉向华中和华南各供货 800 件和 200 件，此时的月平均成本最小，为 62.5 万元（625 000 元）。

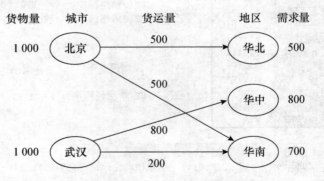

图 6—6　习题 6.4 的求解结果网络图

6.5　考虑有固定成本的废物处理方案问题。某地区有两个城镇，它们每周分别产生 700 吨和 1 200 吨固体废物。现拟用三种方式（焚烧、填海和掩埋）分别在三个场地对这些废物进行处理。每个场地的处理成本分为固定成本和可变成本两部分，其数据见表 6—6。两城镇至各处理场地的运输成本（元/吨）、应处理量以及各场地的处理能力如表 6—7 所示。试求使两城镇处理固体废物总费用最小的方案。

表 6—6　　　　　　　　　　**三个处理场地的固定成本和可变成本**

处理场地	固定成本（元/周）	可变成本（元/吨）
焚烧	3 850	12
填海	1 150	16
掩埋	1 920	6

表 6—7　　　　　　　　　　**两城镇处理废物的相关数据**

	焚烧	填海	掩埋	应处理量（吨/周）
城镇 1	7.5	5	15	700
城镇 2	5	7.5	12.5	1 200
处理能力（吨/周）	1 000	500	1 300	

解：

本问题可以看作是一个运输问题，但要考虑处理场地的固定成本。

（1）决策变量。

设 x_{ij} 为城镇 $i(i=1，2)$ 运送到处理场地 $j(j=1，2，3$ 分别表示焚烧、填海、掩埋）的固体废物数量。

y_j 为处理场地 $j(j=1，2，3$ 分别表示焚烧、填海、掩埋）是否处理废物（1 表示处理，0 表示不处理）。

（2）目标函数。

本问题的目标是总费用最小，而总费用＝运输废物的费用＋处理场地的固定成本＋处理废物的可变成本。

$$\min z = 7.5x_{11} + 5x_{12} + 15x_{13} + 5x_{21} + 7.5x_{22} + 12.5x_{23} + 3\,850y_1 + 1\,150y_2$$
$$+ 1\,920y_3 + 12(x_{11} + x_{21}) + 16(x_{12} + x_{22}) + 6(x_{13} + x_{23})$$

（3）约束条件。

由于两个城镇所产生的废物都要处理掉（应处理量为 700＋1 200＝1 900 吨），而三个处理场地每周的处理能力可以有 1 000＋500＋1 300＝2 800 吨，是一个供过于求的运输问题。

①对于每个城镇，产生的废物都要处理掉。

城镇 1：$x_{11} + x_{12} + x_{13} = 700$

城镇 2：$x_{21} + x_{22} + x_{23} = 1\,200$

②对于每个处理场地，其处理废物数量不能超过其处理能力，但由于有固定成本，所以有：

焚烧：$x_{11} + x_{21} \leqslant 1\,000y_1$

填海：$x_{12} + x_{22} \leqslant 500y_2$

掩埋：$x_{13} + x_{23} \leqslant 1\,300y_3$

③非负：$x_{ij} \geqslant 0$　（$i=1$，2；$j=1$，2，3）

④0—1变量：$y_j=0$，1　　（$j=1$，2，3）

于是，得到习题 6.5 的混合 0—1 规划模型：

$$\min z = 7.5x_{11} + 5x_{12} + 15x_{13} + 5x_{21} + 7.5x_{22} + 12.5x_{23} + 3\,850y_1 + 1\,150y_2$$
$$+ 1\,920y_3 + 12(x_{11}+x_{21}) + 16(x_{12}+x_{22}) + 6(x_{13}+x_{23})$$

$$\text{s. t.} \begin{cases} x_{11}+x_{12}+x_{13}=700 \\ x_{21}+x_{22}+x_{23}=1\,200 \\ x_{11}+x_{21} \leqslant 1\,000y_1 \\ x_{12}+x_{22} \leqslant 500y_2 \\ x_{13}+x_{23} \leqslant 1\,300y_3 \\ x_{ij} \geqslant 0 \quad (i=1,\ 2;\ j=1,\ 2,\ 3) \\ y_j=0,\ 1 \quad (j=1,\ 2,\ 3) \end{cases}$$

习题 6.5 的电子表格模型如图 6—7 所示，参见"习题 6.5. xlsx"。

	A	B	C	D	E	F	G	H
1		习题6.5						
2								
3			焚烧	填海	掩埋			
4		固定成本	3850	1150	1920			
5		可变成本	12	16	6			
6								
7		单位运价	焚烧	填海	掩埋			
8		城镇1	7.5	5	15			
9		城镇2	5	7.5	12.5			
10								
11		运输量	焚烧	填海	掩埋	实际运出		应处理量
12		城镇1	0	0	700	700	=	700
13		城镇2	1000	0	200	1200	=	1200
14		实际处理量	1000	0	900			
15			<=	<=	<=			
16		实际处理能力	1000	0	1300			
17		是否处理	1	0	1			
18		处理能力	1000	500	1300			
19								
20		总运输费用	18000					
21		总固定成本	5770					
22		总可变成本	17400					
23		总费用	41170					

	B	C	D	E
14	实际处理量	=SUM(C12:C13)	=SUM(D12:D13)	=SUM(E12:E13)
15		<=	<=	<=
16	实际处理能力	=C18*C17	=D18*D17	=E18*E17

	B	C
20	总运输费用	=SUMPRODUCT(单位运价,运输量)
21	总固定成本	=SUMPRODUCT(固定成本,是否处理)
22	总可变成本	=SUMPRODUCT(可变成本,实际处理量)
23	总费用	=总运输费用+总固定成本+总可变成本

图 6—7　习题 6.5 的电子表格模型

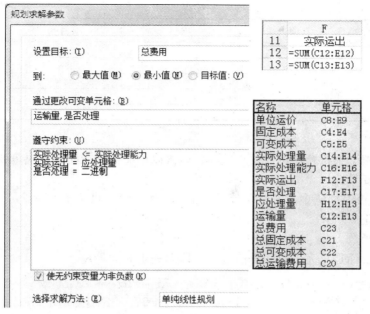

图 6—7 习题 6.5 的电子表格模型 (续)

Excel 的求解结果（如图 6—8 所示）为：城镇 1 产生的 700 吨固体废物量全部运送到掩埋场所处理，城镇 2 产生的 1 200 吨固体废物量中，1 000 吨运送到焚烧场所处理，剩下的 200 吨运送到掩埋场所处理。此时的总费用最小，为每周 41 170 元。

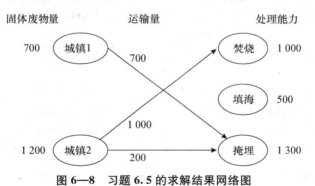

图 6—8 习题 6.5 的求解结果网络图

6.6 某建设公司有四个正在建设的项目，按目前所配给的人力、设备和材料，这四个项目分别可以在 15、20、18 和 25 周内完成。管理部门希望提前完成，并决定追加 35 万元资金分配给这四个项目。这样，新的完工时间以分配给各个项目的追加资金的函数形式给出，如表 6—8 所示。试问这 35 万元如何分配给这四个项目，可使得总完工时间提前最多（假定追加资金只能以 5 万元一组进行分配）？

表 6—8 追加资金与完工时间的关系

追加资金（万元）	项目 1	项目 2	项目 3	项目 4
0	15	20	18	25
5	12	16	15	21
10	10	13	12	18

续前表

追加资金（万元）	项目 1	项目 2	项目 3	项目 4
15	8	11	10	16
20	7	9	9	14
25	6	8	8	12
30	5	7	7	11
35	4	7	6	10

解：

本问题是一个不符合比例性要求的问题，可以用类似指派问题的决策变量。

（1）决策变量。

设 x_{ij} 为是否追加资金 $5i$（$i=0$，1，$\cdots$，7）万元给项目 j（$j=1$，2，3，4）（1 表示追加，0 表示不追加）。

（2）目标函数。

本问题的目标是总完工时间提前最多，即总完工时间最短。

$$\min z = (15x_{01}+12x_{11}+10x_{21}+8x_{31}+7x_{41}+6x_{51}+5x_{61}+4x_{71})$$
$$+(20x_{02}+16x_{12}+13x_{22}+11x_{32}+9x_{42}+8x_{52}+7x_{62}+7x_{72})$$
$$+(18x_{03}+15x_{13}+12x_{23}+10x_{33}+9x_{43}+8x_{53}+7x_{63}+6x_{73})$$
$$+(25x_{04}+21x_{14}+18x_{24}+16x_{34}+14x_{44}+12x_{54}+11x_{64}+10x_{74})$$

（3）约束条件。

①每个项目要追加资金一次（包括 0），需要注意的是，这里的约束必须等于 1（不能是小于等于 1），原因在于不追加资金时也有相应的完工时间。

$$x_{0j}+x_{1j}+x_{2j}+x_{3j}+x_{4j}+x_{5j}+x_{6j}+x_{7j}=1(j=1，2，3，4)$$

②追加资金限制：

$$(0x_{01}+5x_{11}+10x_{21}+15x_{31}+20x_{41}+25x_{51}+30x_{61}+35x_{71})+$$
$$(0x_{02}+5x_{12}+10x_{22}+15x_{32}+20x_{42}+25x_{52}+30x_{62}+35x_{72})+$$
$$(0x_{03}+5x_{13}+10x_{23}+15x_{33}+20x_{43}+25x_{53}+30x_{63}+35x_{73})+$$
$$(0x_{04}+5x_{14}+10x_{24}+15x_{34}+20x_{44}+25x_{54}+30x_{64}+35x_{74})\leqslant 35$$

③0—1 变量：$x_{ij}=0$，1（$i=0$，1，$\cdots$，7；$j=1$，2，3，4）

于是，得到习题 6.6 的 0—1 规划模型：

$$\min z = (15x_{01}+12x_{11}+10x_{21}+8x_{31}+7x_{41}+6x_{51}+5x_{61}+4x_{71})$$
$$+(20x_{02}+16x_{12}+13x_{22}+11x_{32}+9x_{42}+8x_{52}+7x_{62}+7x_{72})$$
$$+(18x_{03}+15x_{13}+12x_{23}+10x_{33}+9x_{43}+8x_{53}+7x_{63}+6x_{73})$$
$$+(25x_{04}+21x_{14}+18x_{24}+16x_{34}+14x_{44}+12x_{54}+11x_{64}+10x_{74})$$

$$\text{s. t.}\begin{cases} x_{0j}+x_{1j}+x_{2j}+x_{3j}+x_{4j}+x_{5j}+x_{6j}+x_{7j}=1(j=1,2,3,4) \\ (0x_{01}+5x_{11}+10x_{21}+15x_{31}+20x_{41}+25x_{51}+30x_{61}+35x_{71}) \\ \quad +(0x_{02}+5x_{12}+10x_{22}+15x_{32}+20x_{42}+25x_{52}+30x_{62}+35x_{72}) \\ \quad +(0x_{03}+5x_{13}+10x_{23}+15x_{33}+20x_{43}+25x_{53}+30x_{63}+35x_{73}) \\ \quad +(0x_{04}+5x_{14}+10x_{24}+15x_{34}+20x_{44}+25x_{54}+30x_{64}+35x_{74})\leqslant 35 \\ x_{ij}=0，1\ (i=0，1，\cdots，7；j=1，2，3，4) \end{cases}$$

习题 6.6 的电子表格模型如图 6—9 所示,参见"习题 6.6. xlsx"。为了查看方便,在最优解(是否追加)C14:F21 区域中,使用 Excel 的"条件格式"功能①,将"0"值单元格的字体颜色设置成"黄色",与填充颜色(背景色)相同。

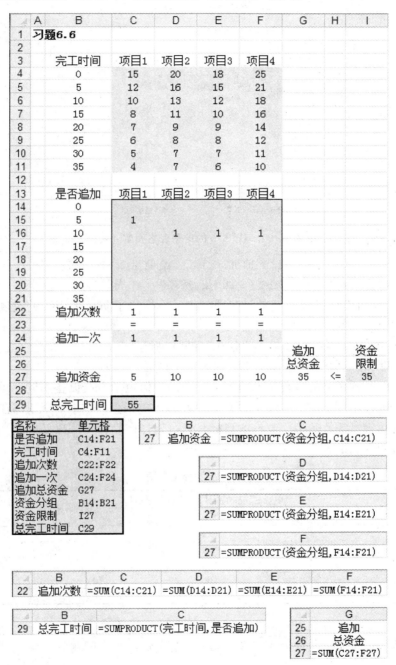

图 6—9　习题 6.6 的电子表格模型

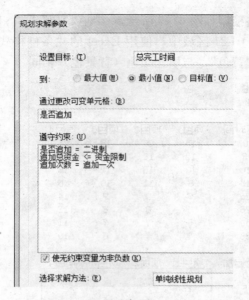

图6—9 习题6.6的电子表格模型（续）

Excel的求解结果为：给项目1追加5万元，给项目2、3、4各追加10万元，此时总完工时间提前最多，可提前（15＋20＋18＋25）－55＝23周。

6.7 某公司研发部最近开发出了三种新产品，但为了防止生产线的过度多元化，公司管理层增加了如下约束：

约束1：在三种新产品中，最多只能选择两种进行生产；

约束2：两个工厂中必须选出一个专门生产新产品。

两个工厂中各种产品的单位生产成本是相同的，但由于生产设备不同，单位产品所需要的生产时间也就不同。表6—9给出了相关数据，包括生产各种产品所需的启动资金、每周估计的可销售量等。管理层制订的目标是通过选择产品、工厂以及确定各种产品的每周产量，使得总利润最大化。

表6—9 **三种产品的相关数据**

工厂	单位产品所需生产时间（小时）			每周可用生产时间（小时）
	产品1	产品2	产品3	
1	3	4	2	60
2	4	6	2	80
单位利润（万元）	5	6	7	
启动资金（万元）	50	60	70	
每周可销售量	14	10	18	

解：

本问题是一个需要启动资金、选择产品和选择工厂的生产问题。

（1）决策变量。

所需的决策变量有三类，第一类是选择产品；第二类是选择工厂；第三类是确定各种产品的每周产量。

设y_1，y_2，y_3为是否生产新产品1、2、3（1表示生产，0表示不生产），y_4为选择工厂1

或工厂 2（0 表示选择工厂 1，1 表示选择工厂 2），x_1，x_2，x_3 为新产品 1、2、3 的每周产量。

（2）目标函数。

本问题的目标是总利润最大，而总利润＝产品利润－启动资金。

$$\max z=5x_1+6x_2+7x_3-(50y_1+60y_2+70y_3)$$

（3）约束条件。

①管理层增加的约束：

约束 1：在三种新产品中，最多只能选择两种进行生产（互斥关系）：

$$y_1+y_2+y_3\leqslant 2$$

约束 2：两个工厂中必须选出一个专门生产新产品：

$$3x_1+4x_2+2x_3\leqslant 60+My_4$$
$$4x_1+6x_2+2x_3\leqslant 80+M(1-y_4)$$

其中 M 为相对极大值，在 Excel 中取 999。

②产品的每周产量、是否生产、每周可销售量的关系：

$$x_1\leqslant 14y_1,x_2\leqslant 10y_2,x_3\leqslant 18y_3$$

③产量非负：x_1，x_2，$x_3\geqslant 0$

④0—1 变量：y_1，y_2，y_3，$y_4=0$，1

于是，得到习题 6.7 的混合 0—1 规划模型：

$$\max z=5x_1+6x_2+7x_3-(50y_1+60y_2+70y_3)$$

$$\text{s. t.}\begin{cases} y_1+y_2+y_3\leqslant 2 \\ 3x_1+4x_2+2x_3\leqslant 60+My_4 \\ 4x_1+6x_2+2x_3\leqslant 80+M(1-y_4) \\ x_1\leqslant 14y_1,\ x_2\leqslant 10y_2,\ x_3\leqslant 18y_3 \\ x_1,x_2,x_3\geqslant 0 \\ y_1,y_2,y_3,y_4=0,\ 1 \end{cases}$$

习题 6.7 的电子表格模型如图 6—10 所示，参见"习题 6.7. xlsx"。

图 6—10 习题 6.7 的电子表格模型

名称	单元格
My	C14:E14
单位利润	C4:E4
每周产量	C12:E12
启动资金	C5:E5
实际生产	F18
实际使用	F8:F9
是否生产y	C18:E18
相对极大值M	I11
修正的可用时间	H8:H9
在哪家工厂生产y_4	E20
总利润	H21
最多生产两种	H18

	F
6	实际
7	使用
8	=SUMPRODUCT(C8:E8,每周产量)
9	=SUMPRODUCT(C9:E9,每周产量)

	F
16	实际
17	生产
18	=SUM(是否生产y)

	H
6	修正的
7	可用时间
8	=I8+相对极大值M*在哪家工厂生产y_4
9	=I9+相对极大值M*(1-在哪家工厂生产y_4)

	H
20	总利润
21	=SUMPRODUCT(单位利润,每周产量)-SUMPRODUCT(启动资金,是否生产y)

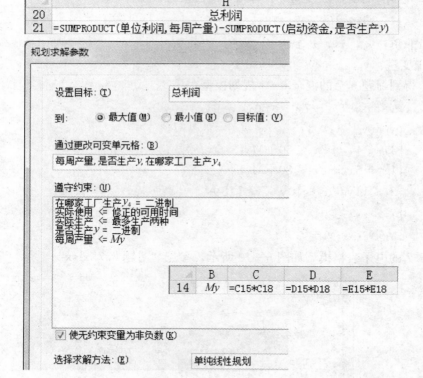

图6—10 习题6.7的电子表格模型（续）

Excel的求解结果为：选择在工厂2生产新产品1和新产品3，每周分别生产11单位和18单位（不生产新产品2），此时的总利润最大，为61万元。

6.8 工厂F_1和F_2生产某种物资，由于该种物资供不应求，故需要再建一个工厂。相应的建厂方案有F_3和F_4两个。这种物资的需求地有四个：B_1、B_2、B_3和B_4。各工厂的年生产能力、各地的年需求量、各工厂至各需求地的单位物资运价（单位：万元/千吨）见表6—10。

表 6—10   **工厂和需求地的有关数据**

	B_1	B_2	B_3	B_4	年生产能力（千吨）
F_1	2	9	3	4	400
F_2	8	3	5	7	600
F_3	7	6	1	2	200
F_4	4	5	2	5	200
年需求量（千吨）	350	400	300	150	

工厂 F_3 或 F_4 开工后，每年的生产费用估计分别为 1 200 万元或 1 500 万元。现要决定应该建设工厂 F_3 还是 F_4，才能使今后每年的总费用（即全部物资运费和新工厂生产费用之和）最少。

解：

本问题是一个运输问题，只是多了一个选择建厂方案的需要（F_3 或 F_4）。

（1）决策变量。

设 x_{ij} 为工厂 F_i 生产的物资运送到需求地 B_j 的数量（$i, j = 1, 2, 3, 4$），y_3，y_4 为工厂 F_3、F_4 是否建（1 表示建，0 表示不建）。

（2）目标函数。

本问题的目标是每年的总费用最少，而总费用＝物资运费＋新工厂生产费用。

$$\min z = 2x_{11} + 9x_{12} + 3x_{13} + 4x_{14} + 8x_{21} + 3x_{22} + 5x_{23} + 7x_{24} + 7x_{31} + 6x_{32}$$
$$+ 1x_{33} + 2x_{34} + 4x_{41} + 5x_{42} + 2x_{43} + 5x_{44} + 1\,200y_3 + 1\,500y_4$$

（3）约束条件。

由于物资的总供应量可以有 400＋600＋200＝1 200 件，总需求量为 350＋400＋300＋150＝1 200 件，所以该运输问题是一个产销平衡的运输问题。

①对于各工厂，其运出的物资数量应等于其生产能力，对于工厂 F_3 或 F_4，如果建了，其生产能力为 200，如果不建，其生产能力为 0，所以工厂 F_3 或 F_4 的生产能力为 $200y_i$。

工厂 F_1：$x_{11} + x_{12} + x_{13} + x_{14} = 400$

工厂 F_2：$x_{21} + x_{22} + x_{23} + x_{24} = 600$

工厂 F_3：$x_{31} + x_{32} + x_{33} + x_{34} = 200y_3$

工厂 F_4：$x_{41} + x_{42} + x_{43} + x_{44} = 200y_4$

②对于四个需求地，其收到的物资数量应等于其需求量。

需求地 B_1：$x_{11} + x_{21} + x_{31} + x_{41} = 350$

需求地 B_2：$x_{12} + x_{22} + x_{32} + x_{42} = 400$

需求地 B_3：$x_{13} + x_{23} + x_{33} + x_{43} = 300$

需求地 B_4：$x_{14} + x_{24} + x_{34} + x_{44} = 150$

③新建一个工厂：$y_3 + y_4 = 1$

④非负：$x_{ij} \geqslant 0$ （$i, j = 1, 2, 3, 4$）

⑤0—1 变量：y_3，$y_4 = 0, 1$

于是，得到习题 6.8 的混合 0—1 规划模型：

$$\min z = 2x_{11} + 9x_{12} + 3x_{13} + 4x_{14} + 8x_{21} + 3x_{22} + 5x_{23} + 7x_{24} + 7x_{31} + 6x_{32}$$

$$+1x_{33}+2x_{34}+4x_{41}+5x_{42}+2x_{43}+5x_{44}+1\,200y_3+1\,500y_4$$

$$\text{s. t.}\begin{cases} x_{11}+x_{12}+x_{13}+x_{14}=400, & x_{21}+x_{22}+x_{23}+x_{24}=600 \\ x_{31}+x_{32}+x_{33}+x_{34}=200y_3, & x_{41}+x_{42}+x_{43}+x_{44}=200y_4 \\ x_{11}+x_{21}+x_{31}+x_{41}=350, & x_{12}+x_{22}+x_{32}+x_{42}=400 \\ x_{13}+x_{23}+x_{33}+x_{43}=300, & x_{14}+x_{24}+x_{34}+x_{44}=150 \\ y_3+y_4=1 \\ x_{ij}\geqslant 0 \quad (i,j=1,2,3,4) \\ y_3,y_4=0,1 \end{cases}$$

习题 6.8 的电子表格模型如图 6—11 所示，参见"习题 6.8. xlsx"。为了查看方便，在最优解（运输量）C10：F13 区域中，使用 Excel 的"条件格式"功能①，将"0"值单元格的字体颜色设置成"黄色"，与填充颜色（背景色）相同。

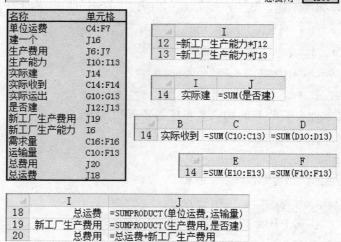

图 6—11   习题 6.8 的电子表格模型

图 6—11　习题 6.8 的电子表格模型（续）

整理图 6—11 中的运输方案（C10：F13 区域），得到如图 6—12 所示的最优运输方案网络图。还有，应新建工厂 F_3，才能使今后每年的总费用最少。此时每年的总费用为 4 600 万元，其中全部物资运费为 3 400 万元，新工厂生产费用为 1 200 万元。

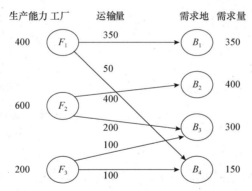

图 6—12　习题 6.8 的最优运输方案网络图

6.9　汽车厂生产计划。一汽车厂生产大、中、小三种类型的汽车，已知各类型每辆车对钢材、劳动时间的需求、利润以及每月工厂钢材、劳动时间的现有量如表 6—11 所示。

表 6—11　　　　　　　　　　　　　汽车生产的有关数据

	小型	中型	大型	现有量
钢材（吨）	1.5	3	5	600
劳动时间（小时）	280	250	400	60 000
利润（万元）	2	3	4	

由于各种条件限制，如果生产某一类型的汽车，则至少要生产 80 辆。试制订月生产计划，使汽车厂的利润最大。

解：

本问题是一个有最少产量的生产问题。

（1）决策变量。

本问题的决策变量有两类，第一类是每月生产大、中、小型汽车的数量；第二类为是否生产大、中、小型汽车。

①决策变量：设每月生产大、中、小型汽车的数量分别为 x_1、x_2、x_3 辆。

②辅助 0—1 变量：设 y_1、y_2、y_3 分别表示是否生产大、中、小型汽车（1 表示生产，0 表示不生产）。

（2）目标函数。

本问题的目标是汽车厂的利润最大，即：$\max z = 2x_1 + 3x_2 + 4x_3$。

（3）约束条件。

①钢材限制：$1.5x_1 + 3x_2 + 5x_3 \leqslant 600$

②劳动时间限制：$280x_1 + 250x_2 + 400x_3 \leqslant 60\,000$

③如果生产某一类型汽车，则至少要生产 80 辆：

$$80y_i \leqslant x_i \leqslant My_i \quad (i=1,2,3)$$

其中 M 为相对极大值，这里可取 999（因为 x_i 不可能超过 999）。

④生产汽车的数量 x_i 为非负整数，是否生产 y_i 为 0—1 变量：

$$x_1, x_2, x_3 \geqslant 0 \text{ 且为整数}$$
$$y_1, y_2, y_3 = 0, 1$$

于是，得到习题 6.9 的混合 0—1 规划模型：

$$\max z = 2x_1 + 3x_2 + 4x_3$$

$$\text{s. t.} \begin{cases} 1.5x_1 + 3x_2 + 5x_3 \leqslant 600 \\ 280x_1 + 250x_2 + 400x_3 \leqslant 60\,000 \\ 80y_i \leqslant x_i \leqslant My_i \quad (i=1,2,3) \\ x_1, x_2, x_3 \geqslant 0 \text{ 且为整数} \\ y_1, y_2, y_3 = 0, 1 \end{cases}$$

习题 6.9 的电子表格模型如图 6—13 所示，参见"习题 6.9. xlsx"。

图 6—13　习题 6.9 的电子表格模型

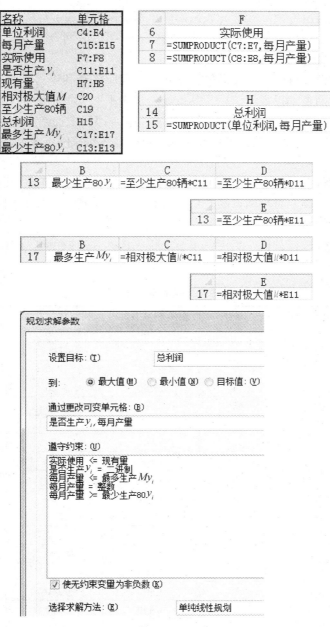

图 6—13　习题 6.9 的电子表格模型（续）

Excel 的求解结果为：汽车厂的月生产计划为：生产小型车 80 辆、中型车 150 辆、不生产大型车。此时汽车厂的总利润最大，为 610 万元。

6.5　本章案例全解

案例 6.1　证券营业网点设置

某证券公司提出下一年发展目标是在全国范围内建立不超过 12 家营业网点。

（1）公司为此拨出专款 2.2 亿元人民币用于营业网点建设。

（2）为使网点布局更为科学合理，公司决定：一类地区网点不少于 3 家，二类地区网点不少于 4 家，三类地区网点不多于 5 家。

（3）网点的建设不仅要考虑布局的合理性，而且应该有利于提升公司的市场份额。为此，公司提出，新网点都投入运营后，其市场份额应不低于 10%。

（4）为保证网点筹建的顺利进行，公司要从现有各部门中抽调出业务骨干 40 人用于筹建工作。分配方案为：一类地区每家网点 4 人，二类地区每家网点 3 人，三类地区每家网点 2 人。

（5）依据证券行业管理部门提供的有关数据，结合公司的市场调研，在全国选取 20 个主要城市并进行分类，每个网点的平均投资额、年平均利润额及交易量占全国市场平均份额如表 6—12 所示。

试根据以上条件进行分析，确定公司下一年应选择哪些城市进行网点建设，可使年度利润总额最大。

表 6—12   **每个网点的有关数据**

类别	拟入选城市	编号	投资额（万元）	利润额（万元）	市场平均份额（%）
一类地区	上海	1	2 500	800	1.25
	深圳	2	2 400	700	1.22
	北京	3	2 300	700	1.20
	广州	4	2 200	650	1.00
二类地区	大连	5	2 000	450	0.96
	天津	6	2 000	500	0.98
	重庆	7	1 800	380	0.92
	武汉	8	1 800	400	0.92
	杭州	9	1 750	330	0.90
	成都	10	1 700	300	0.92
	南京	11	1 700	320	0.88
	沈阳	12	1 600	220	0.82
	西安	13	1 600	200	0.84
三类地区	福州	14	1 500	220	0.86
	济南	15	1 400	200	0.82
	哈尔滨	16	1 400	170	0.75
	长沙	17	1 350	180	0.78
	海口	18	1 300	150	0.75
	石家庄	19	1 300	130	0.72
	郑州	20	1 200	120	0.70

解：

设 $x_i(i=1,2,\cdots,20)$ 为编号 i 对应的城市是否筹建（1 表示筹建，0 表示不筹建）证券营业网点，则使年度利润总额最大的目标函数为：$\max z = \sum\limits_{i=1}^{20} c_i x_i$，其中 c_i 为网点 i 的年平均利润额。

约束条件：

（1）建立不超过 12 家营业网点：$\sum_{i=1}^{20} x_i \leqslant 12$；

（2）投资额（拨出专款 2.2 亿元）：$\sum_{i=1}^{20} a_i x_i \leqslant 22\,000$，其中 a_i 为网点 i 的投资额；

（3）网点布局更为科学合理：$\sum_{i=1}^{4} x_i \geqslant 3$，$\sum_{i=5}^{13} x_i \geqslant 4$，$\sum_{i=14}^{20} x_i \leqslant 5$；

（4）市场份额：$\sum_{i=1}^{20} b_i x_i \geqslant 10$，其中 b_i 为网点 i 的市场平均份额；

（5）业务骨干 40 人：$4\sum_{i=1}^{4} x_i + 3\sum_{i=5}^{13} x_i + 2\sum_{i=14}^{20} x_i \leqslant 40$；

（6）0—1 变量：$x_i=0$，1（$i=1$，2，…，20）。

案例 6.1 的电子表格模型如图 6—14 所示，参见“案例 6.1.xlsx”。为了查看方便，在最优解（是否筹建）I4∶I23 区域中，使用 Excel 的“条件格式”功能①，将“0”值单元格的字体颜色设置成“黄色”，与填充颜色（背景色）相同。

	A	B	C	D	E	F	G	H	I
1	**案例6.1 证券营业网点设置**								
2									
3		类别	城市	编号	投资额	利润额	市场份额	业务骨干	是否筹建
4		一类地区	上海	1	25	8	1.25	4	1
5			深圳	2	24	7	1.22	4	1
6			北京	3	23	7	1.20	4	1
7			广州	4	22	6.5	1.00	4	1
8		二类地区	大连	5	20	4.5	0.96	3	1
9			天津	6	20	5	0.98	3	1
10			重庆	7	18	3.8	0.92	3	1
11			武汉	8	18	4	0.92	3	1
12			杭州	9	17.5	3.3	0.90	3	1
13			成都	10	17	3	0.92	3	
14			南京	11	17	3.2	0.88	3	1
15			沈阳	12	16	2.2	0.82	3	
16			西安	13	16	2	0.84	3	
17		三类地区	福州	14	15	2.2	0.86	2	1
18			济南	15	14	2	0.82	2	
19			哈尔滨	16	14	1.7	0.75	2	
20			长沙	17	13.5	1.8	0.78	2	
21			海口	18	13	1.5	0.75	2	
22			石家庄	19	13	1.3	0.72	2	
23			郑州	20	12	1.2	0.70	2	
24									
25		约束条件			实际		限制		利润
26		（1）不超过12家营业网点			11	<=	12		总额
27		（2）投资额（2.2亿元）			219.5	<=	220		54.5
28		（3）网点布局更为科学合理							
29			一类地区		4	>=	3		
30			二类地区		6	>=	4		
31			三类地区		1	<=	5		
32		（4）市场份额			11.09	>=	10		
33		（5）业务骨干40人			36	<=	40		

图 6—14　案例 6.1 的电子表格模型

---

①　设置（或清除）条件格式的操作参见教材第 4 章附录Ⅱ。

	E
25	实际
26	=SUM(是否筹建)
27	=SUMPRODUCT(投资额,是否筹建)
28	
29	=SUM(I4:I7)
30	=SUM(I8:I16)
31	=SUM(I17:I23)
32	=SUMPRODUCT(市场份额,是否筹建)
33	=SUMPRODUCT(业务骨干,是否筹建)

名称	单元格
利润额	F4:F23
利润总额	I27
市场份额	G4:G23
是否筹建	I4:I23
投资额	E4:E23
业务骨干	H4:H23

	I
25	利润
26	总额
27	=SUMPRODUCT(利润额,是否筹建)

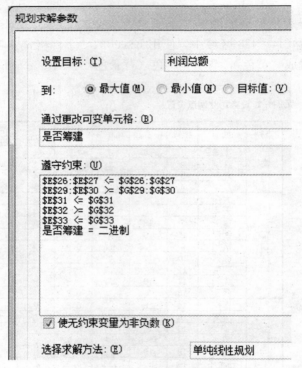

图 6—14　案例 6.1 的电子表格模型（续）

　　Excel 的求解结果为：筹建 11 家证券营业网点，具体如表 6—13 所示。此时的年度利润总额最大，为 5 450 万元（54.5 百万元）。

表 6—13　　　　　　　　　　　　　案例 6.1 的求解结果

类别	城市	编号
一类地区 （4 家）	上海	1
	深圳	2
	北京	3
	广州	4

续前表

类别	城市	编号
二类地区 （6家）	大连	5
	天津	6
	重庆	7
	武汉	8
	杭州	9
	南京	11
三类地区（1家）	福州	14

第 7 章

动态规划

7.1 本章学习要求

（1）理解动态规划的基本概念；

（2）掌握背包问题的建模和求解；

（3）掌握生产经营问题的建模和求解；

（4）掌握资金管理问题的建模和求解；

（5）掌握资源分配问题的建模和求解。

7.2 本章主要内容

本章主要内容框架如图 7—1 所示。

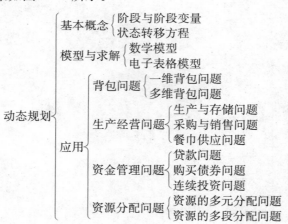

图 7—1　第 7 章主要内容框架图

1. 动态规划

（1）动态规划是解决多阶段决策过程最优化问题的一种方法，所以必须先将问题的过程分成几个相互联系的阶段，恰当地选取各阶段变量；

（2）状态转移方程：表示从阶段 k 到阶段 $k+1$ 的状态转移规律的表达式。

2. 背包问题

（1）一维背包问题和多维背包问题；

（2）使用 Excel 求解背包问题时，采用第 6 章介绍过的整数规划求解方法。

3. 生产经营问题

（1）生产与存储问题；

（2）采购与销售问题；

（3）餐巾供应问题。

4. 资金管理问题

（1）贷款问题；

（2）购买债券问题；

（3）连续投资问题。

5. 资源分配问题

（1）资源的多元分配问题：采用类似于指派问题的求解方法；

（2）资源的多段分配问题。

7.3 本章上机实验

1. 实验目的

掌握使用 Excel 软件求解动态规划中的背包问题、生产经营问题、资金管理问题和资源分配问题的操作方法。

2. 内容和要求

使用 Excel 软件求解习题 7.2、习题 7.5、案例 7.1（或其他例子、习题、案例等）。

3. 操作步骤

（1）在 Excel 中建立动态规划问题的电子表格模型；

（2）使用 Excel 软件中的"规划求解"命令求解动态规划问题；

（3）结果分析；

（4）在 Excel 文件或 Word 文档中撰写实验报告，包括动态规划数学模型、电子表格模型和结果分析等。

7.4 本章习题全解

7.1 有 10 吨集装箱最多只能装 9 吨货物，现有三种货物供装载，每种货物的单位重量及相应的单位价值如表 7—1 所示。问：应该如何装载货物，才能使总价值最大？

表 7—1　　　　　　　　　货物的单位重量与单位价值

货物编号	1	2	3
单位重量（吨）	2	3	4
单位价值（万元）	3	4	5

解：

本问题是一个典型的一维背包问题。

（1）决策变量。

设集装箱装载编号为 i 的货物数量为 x_i 件（$i=1$，2，3）。

（2）目标函数。

本问题的目标是使集装箱装载货物的总价值最大，即：

$$\max z=3x_1+4x_2+5x_3$$

（3）约束条件。

①集装箱的装载能力：$2x_1+3x_2+4x_3\leqslant 9$

② 非负且为整数：$x_i\geqslant 0$ 且为整数（$i=1$，2，3）

于是，得到习题 7.1 的整数规划模型：

$$\max z=3x_1+4x_2+5x_3$$

$$\text{s.t.}\begin{cases}2x_1+3x_2+4x_3\leqslant 9\\ x_i\geqslant 0\text{ 且为整数}(i=1,2,3)\end{cases}$$

习题 7.1 的电子表格模型如图 7—2 所示，参见“习题 7.1.xlsx”。

	A	B	C	D	E	F	G	H
1	习题7.1							
2								
3			货物1	货物2	货物3			
4		单位价值	3	4	5			
5						实际		最大
6						装载重量		装载能力
7		单位重量	2	3	4	9	<=	9
8								
9			货物1	货物2	货物3			总价值
10		装载数量	3	1	0			13

名称	单元格
单位价值	C4:E4
单位重量	C7:E7
实际装载重量	F7
装载数量	C10:E10
总价值	H10
最大装载能力	H7

	F
5	实际
6	装载重量
7	=SUMPRODUCT(单位重量,装载数量)

	H
9	总价值
10	=SUMPRODUCT(单位价值,装载数量)

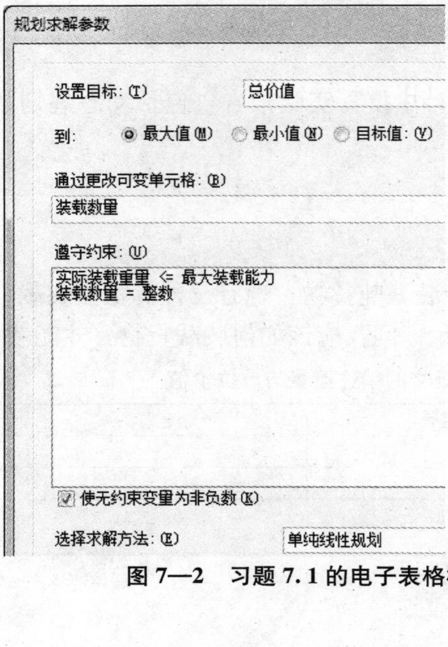

图 7—2　习题 7.1 的电子表格模型

Excel 求得的结果是：当集装箱装载 1 号货物 3 件，2 号货物 1 件时，所装载货物的总价值最大，为 13 万元。

7.2 某咨询公司有 10 个工作日可以去处理四种类型的咨询项目，每种类型的咨询项目中待处理的客户数、处理每个客户所需工作日数以及所获得的利润如表 7—2 所示。显然，该公司在 10 天内不能处理完所有客户咨询项目，它可以自己挑选一些客户，其余的请其他咨询公司去做。该咨询公司应如何选择客户，可使得在这 10 个工作日中获利最大？

表 7—2　　咨询公司的有关数据

咨询项目类型	待处理的客户数	处理每个客户所需工作日数	处理每个客户所获的利润
1	4	1	2
2	3	3	8
3	2	4	11
4	2	7	20

解：

本问题是一个典型的一维背包问题。

（1）决策变量。

设该咨询公司选择咨询项目类型 i 的客户数为 $x_i(i=1，2，3，4)$。

（2）目标函数。

本问题的目标是使该咨询公司在这 10 个工作日中获利最大，即：

$$\max z=2x_1+8x_2+11x_3+20x_4$$

（3）约束条件。

①只有 10 个工作日：$x_1+3x_2+4x_3+7x_4\leqslant 10$

②待处理客户数：$x_1\leqslant 4$，$x_2\leqslant 3$，$x_3\leqslant 2$，$x_4\leqslant 2$

③非负且为整数：$x_i\geqslant 0$ 且为整数（$i=1，2，3，4$）

于是，得到习题 7.2 的整数规划模型：

$$\max z=2x_1+8x_2+11x_3+20x_4$$

$$\text{s.t.}\begin{cases}x_1+3x_2+4x_3+7x_4\leqslant 10\\ x_1\leqslant 4,\quad x_2\leqslant 3,\quad x_3\leqslant 2,\quad x_4\leqslant 2\\ x_i\geqslant 0\text{ 且为整数}(i=1,2,3,4)\end{cases}$$

习题 7.2 的电子表格模型如图 7—3 所示，参见“习题 7.2. xlsx”。

	A	B	C	D	E	F	G	H	I
1	习题7.2								
2									
3			类型1	类型2	类型3	类型4			
4		单位利润	2	8	11	20			
5							实际		最多
6							工作日		工作日
7		所需工作日	1	3	4	7	10	<=	10
8									
9			类型1	类型2	类型3	类型4			
10		处理客户数	0	1	0	1			
11			<=	<=	<=	<=			总利润
12		待处理客户数	4	3	2	2			28

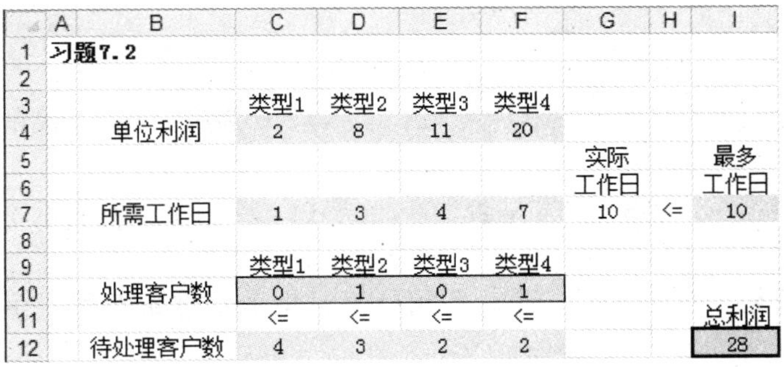

图 7—3　习题 7.2 的电子表格模型

名称	单元格
处理客户数	C10:F10
待处理客户数	C12:F12
单位利润	C4:F4
实际工作日	G7
所需工作日	C7:F7
总利润	I12
最多工作日	I7

	G
5	实际
6	工作日
7	=SUMPRODUCT(所需工作日,处理客户数)

	I
11	总利润
12	=SUMPRODUCT(单位利润,处理客户数)

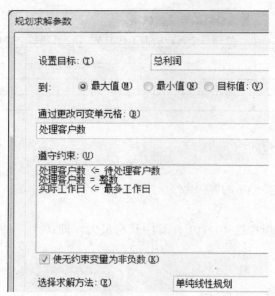

图 7—3 习题 7.2 的电子表格模型（续）

Excel 求得的结果是：该咨询公司选择咨询项目类型 2 和 4 各 1 个客户时，可使得在这 10 个工作日中获利最大，为 28。

7.3 某厂生产一种产品，估计该产品在未来四个月的销售量分别为 400 件、500 件、300 件和 200 件。如果该月生产，则准备费用为 5 万元，每件产品的生产费用为 100 元，存储费用每件每月为 100 元。假定 1 月初的存货为 100 件，4 月底的存货为零。试求该厂在这四个月内的最优生产计划。

解：

在进行生产的月份，工厂需要生产准备费用 5 万元，本问题是一个有准备费用的生产与存储问题。

（1）决策变量。

设 x_i 为第 i 个月产品的生产量（$i=1, 2, 3, 4$），s_i 为第 i 个月产品的期末库存量（$i=1, 2, 3, 4$）；

辅助 0—1 变量：y_i 为第 i 个月是否生产产品（1 表示生产，0 表示不生产）。

（2）目标函数。

本问题的目标是总费用最低。而总费用＝每月生产的准备费用＋生产费用＋存储费用，即：

$$\min z=50\,000(y_1+y_2+y_3+y_4)+100(x_1+x_2+x_3+x_4)+100(s_1+s_2+s_3+s_4)$$

（3）约束条件。

① 对于每个月来说，库存、生产量和销售量（需求量）三者之间满足：

本月月末库存＝上月月末库存＋本月生产－本月销售

（即类似于动态规划的状态转移方程：$s_k=s_{k-1}+x_k-d_k$）

第 1 个月：初始时有存货 100 件，销售量（需求量）为 400，则有：

$$s_1=100+x_1-400$$

第 2 个月：第 1 月有库存 s_1，则有：$s_2=s_1+x_2-500$

同理，第 3 个月：$s_3=s_2+x_3-300$

第 4 个月：$s_4=s_3+x_4-200$

②每月生产量与是否生产之间的关系

$$x_i\leqslant My_i \quad (i=1,2,3,4)$$

其中 M 为相对极大值，在 Excel 中可取比未来四个月的销售量总和还大的 9 999 件。

③根据要求，4 月底的存货为零：$s_4=0$

④非负：x_i，$s_i\geqslant 0$　（$i=1$，2，3，4）

⑤辅助 0—1 变量：$y_i=0$，1　（$i=1$，2，3，4）

于是，得到习题 7.3 的整数规划模型：

$$\min z=50\,000(y_1+y_2+y_3+y_4)+100(x_1+x_2+x_3+x_4)+100(s_1+s_2+s_3+s_4)$$

$$\text{s. t.}\begin{cases} s_1=100+x_1-400 \\ s_2=s_1+x_2-500 \\ s_3=s_2+x_3-300 \\ s_4=s_3+x_4-200 \\ s_4=0 \\ 0\leqslant x_i\leqslant My_i \quad (i=1,2,3,4) \\ s_i\geqslant 0 \quad (i=1,2,3,4) \\ y_i=0,1 \quad (i=1,2,3,4) \end{cases}$$

习题 7.3 的电子表格模型如图 7—4 所示，参见“习题 7.3.xlsx”。由于生产和存储都

	A	B	C	D	E	F	G	H	I	J	K
1	习题7.3										
2											
3		准备费用	50000			初始存货	100				
4		生产费用	100			相对极大值M	9999				
5		存储费用	100								
6											
7			销售	生产			是否		实际		期末
8			量	量		My	生产		库存		库存
9		第1个月	400	300	<=	9999	1		0	=	0
10		第2个月	500	1000	<=	9999	1		500	=	500
11		第3个月	300	0	<=	0	0		200	=	200
12		第4个月	200	0	<=	0	0		0	=	0
13											
14		准备总费用	100000								
15		生产总费用	130000								
16		存储总费用	70000								
17		总费用	300000								

图 7—4　习题 7.3 的电子表格模型

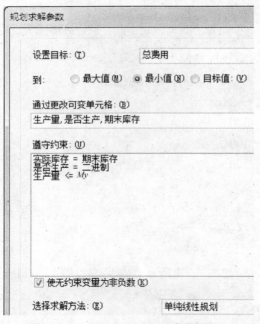

图 7—4　习题 7.3 的电子表格模型（续）

需要费用，最后一个月的期末库存应该为 0 才能使总费用最少，因此在用 Excel 求解时，没有再单独列出"最后一个月的存货为 0"的约束。

Excel 的求解结果是：当第 1 个月生产 300 件产品、第 2 个月生产 1 000 件产品时，总费用最低，为 30 万元（300 000 元）。

7.4　某制造厂收到装有电子控制部件的机械产品的订货，制订了未来五个月的一个生产计划。除了其中的电子部件需要外购外，其他部件均由本厂制造。负责购买电子部件的采购人员必须满足生产部门提出的需求计划。经过与若干电子部件生产厂家的谈判，采购人员确定了计划阶段五个月中该电子部件可能的最理想的价格。表 7—3 给出了需求量和采购价格的有关数据。

表 7—3　　　　　　　　　　　未来五个月需求量与采购价格的有关数据

月份	需求量（千个）	采购价格（千元/千个）
1	5	10
2	10	11
3	6	13
4	9	10
5	4	12

该厂贮备这种电子部件的仓库容量最多是 12 000 个。无初始库存，五个月后，这种部件也不再需要。假设这种电子部件的订货每月初安排一次，而提供货物所需的时间很短（可以认为实际上是即时提货），不允许退回订货。假设每 1 000 个电子部件到月底的库存费是 2 500 元，试问如何安排采购计划，才能够既满足生产需要，又能使采购费用和库存费用最少？

解：

本问题是一个采购与存储问题，有仓库容量的限制，每个月的采购价格不同。

（1）决策变量。

设 x_i 为第 i 个月的采购量（$i=1$，2，3，4，5），s_i 为第 i 个月的期末库存量（$i=1$，2，3，4，5），单位为千个。

（2）目标函数。

本问题的目标是总费用最少（单位为千元）。而总费用＝采购费用＋库存费用，即：

$$\min z=(10x_1+11x_2+13x_3+10x_4+12x_5)+2.5(s_1+s_2+s_3+s_4+s_5)$$

（3）约束条件。

① 对于每个月来说，库存、采购量和需求量三者之间满足：

上月库存＋本月采购－本月库存＝本月需求

第 1 个月：无初始库存，需求量为 5，则有：$x_1-s_1=5$

第 2 个月：第 1 个月有库存 s_1，则有：$s_1+x_2-s_2=10$

同理，第 3 个月：$s_2+x_3-s_3=6$

第 4 个月：$s_3+x_4-s_4=9$

第 5 个月：$s_4+x_5-s_5=4$

②仓库容量限制：$s_i\leqslant 12$　　（$i=1$，2，3，4，5）

③5 个月后，这种部件也不再需要：$s_5=0$

④非负：x_i，$s_i\geqslant 0$　　（$i=1$，2，3，4，5）

于是，得到习题 7.4 的线性规划模型：

$$\min z=(10x_1+11x_2+13x_3+10x_4+12x_5)+2.5(s_1+s_2+s_3+s_4+s_5)$$

$$\text{s. t.}\begin{cases} x_1-s_1=5 \\ s_1+x_2-s_2=10 \\ s_2+x_3-s_3=6 \\ s_3+x_4-s_4=9 \\ s_4+x_5-s_5=4 \\ s_5=0 \\ x_i\geqslant 0 \quad (i=1,2,3,4,5) \\ 0\leqslant s_i\leqslant 12 \quad (i=1,2,3,4,5) \end{cases}$$

习题 7.4 的电子表格模型如图 7—5 所示，参见"习题 7.4. xlsx"。由于采购和存储都需要费用，最后一个月的期末库存应该为 0 才能使总费用最少，因此在用 Excel 求解时，没有再单独列出"最后一个月的期末库存为 0"的约束。

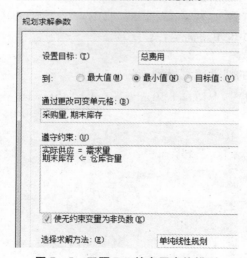

图 7—5　习题 7.4 的电子表格模型

根据 Excel 的求解结果，由于库存费用高，于是每月按需求计划进行采购，此时的总费用最少，为 37.6 万元（376 千元）。

7.5 某贸易公司专门经营某商品的批发业务，公司有库容 5 000 单位的仓库。开始时，公司有库存 2 000 单位，并有资金 80 万元，估计第 1 季度该商品的价格如表 7—4 所示。

表 7—4 第 1 季度商品的买卖价格

月份	进货单价（元）	出货单价（元）
1 月	350	370
2 月	320	340
3 月	370	340

公司每月只能批发（出售）库存的商品，且订购的商品下月初才能到货，并规定"货到付款"。公司希望本季度末的库存为 3 000 单位，问应采取什么样的买进卖出策略，可使公司三个月的总获利最大？

解：

（1）决策变量。

本问题需要制定 1～3 月的买进卖出策略，所以设：1～3 月的销售量为 x_1，x_2，x_3，1～3 月的订货量为 y_1，y_2，y_3，1～3 月的月初仓库中的库存量（月初库存）为 s_1，s_2，s_3，1～3 月的月末可用资金为 z_1，z_2，z_3。

可将这些决策变量及到货量列于表 7—5 中。

表 7—5 习题 7.5 的决策变量及到货量

	月初库存	销售量	订货量	月末可用资金	到货量＝上月订货量
1 月	$s_1 = 2\,000$	x_1	y_1	z_1	
2 月	s_2	x_2	y_2	z_2	y_1
3 月	s_3	x_3	y_3	z_3	y_2

（2）目标函数。

因为不考虑库存费用，所以要使三个月的总获利最大，只要考虑每个月的销售收入和订货成本即可：

$$\max z = (370x_1 + 340x_2 + 340x_3) - (350y_1 + 320y_2 + 370y_3)$$

（3）约束条件。

① 因为当月的订货，下月初才能到货，所以该公司每月可出售的商品是上月月末库存和上个月的订货，而"上月的月末库存＝上月的月初库存－上月的销售"。也就是说，每月的库存、销售与订货的关系为（以每月月初为结算时点）：

本月的月初库存＝上月的月初库存－上月的销售＋上月的订货

（类似于动态规划的状态转移方程：$s_k = s_{k-1} - x_{k-1} + y_{k-1}$）

1 月：月初库存 $s_1 = 2\,000$（已知），销售量为 x_1，订货量为 y_1，每月销售量不超过月初库存：$x_1 \leqslant s_1$

2 月：月初库存 $s_2 = s_1 - x_1 + y_1$，本月销售量和订货量分别为 x_2 和 y_2，每月销售量不超过月初库存：$x_2 \leqslant s_2$

同理，3 月：$s_3 = s_2 - x_2 + y_2$，$x_3 \leqslant s_3$

②仓库的容量限制：月初库存不超过仓库的库容 5 000，则有：

$$s_i \leqslant 5\,000 \quad (i=1,2,3)$$

③公司希望本季度末的库存为 3 000 单位：$s_3 - x_3 + y_3 = 3\,000$

④每月订货量的资金不超过拥有的资金，由于是"货到付款"，所以每月销售收入可以作为资金使用。

1 月：开始有资金 80 万元，1 月的销售收入 $370x_1$ 元，则 1 月末的可用资金为 $z_1 = 800\,000 + 370x_1$，则 1 月订货量的资金约束为：$350y_1 \leqslant z_1$

2 月：给 y_1 付款后的剩余资金为 $z_1 - 350y_1$，2 月的销售收入 $340x_2$ 元，则 2 月末的可用资金为 $z_2 = z_1 - 350y_1 + 340x_2$，则 2 月订货量的资金约束为：$320y_2 \leqslant z_2$

3 月：给 y_2 付款后的剩余资金为 $z_2 - 320y_2$，3 月的销售收入 $340x_3$ 元，则 3 月末的可用资金为 $z_3 = z_2 - 320y_2 + 340x_3$，则 3 月订货量的资金约束为：$370y_3 \leqslant z_3$

⑤非负：$x_i, y_i, s_i, z_i \geqslant 0 \quad (i=1, 2, 3)$

于是，得到习题 7.5 的线性规划模型：

$$\max z = (370x_1 + 340x_2 + 340x_3) - (350y_1 + 320y_2 + 370y_3)$$

$$\text{s.t.} \begin{cases} s_1 = 2\,000, \quad x_1 \leqslant s_1 \\ s_2 = s_1 - x_1 + y_1, \quad x_2 \leqslant s_2 \\ s_3 = s_2 - x_2 + y_2, \quad x_3 \leqslant s_3 \\ s_3 - x_3 + y_3 = 3\,000 \\ s_i \leqslant 5\,000 \quad (i=1,2,3) \\ z_1 = 800\,000 + 370x_1, \quad 350y_1 \leqslant z_1 \\ z_2 = z_1 - 350y_1 + 340x_2, \quad 320y_2 \leqslant z_2 \\ z_3 = z_2 - 320y_2 + 340x_3, \quad 370y_3 \leqslant z_3 \\ x_i, y_i, s_i, z_i \geqslant 0 \quad (i=1,2,3) \end{cases}$$

习题 7.5 的电子表格模型如图 7—6 所示，参见"习题 7.5.xlsx"。

	A	B	C	D	E	F	G	H	I
1	习题7.5								
2									
3			进货单价		出货单价		现有资金		
4		1月	350		370		800000		
5		2月	320		340				
6		3月	370		340				
7									
8			订货量		销售量		月初库存		仓库容量
9		1月	0		2000	<=	2000	<=	5000
10		2月	4812.5		0	<=	0	<=	5000
11		3月	0		1812.5	<=	4812.5	<=	5000
12					本季度末库存		3000	=	3000
13									
14			订货成本		可用资金		销售收入		
15		1月			1540000		740000		
16		2月	1540000	<=	1540000		0		
17		3月	0	<=	616250		616250		
18									
19		总获利	-183750						

图 7—6　习题 7.5 的电子表格模型

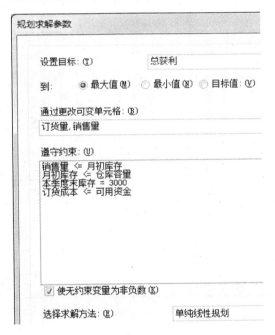

名称	单元格
本季度末库存	G12
仓库容量	I9:I11
订货成本	C15:C17
订货量	C9:C11
可用资金	E15:E17
现有资金	G4
销售量	E9:E11
销售收入	G15:G17
月初库存	G9:G11
总获利	C19

	G
8	月初库存
9	2000
10	=G9-E9+C9
11	=G10-E10+C10
12	=G11-E11+C11

	C	D	E	F	G
14	订货成本		可用资金		销售收入
15	=C4*C9	<=	=现有资金+G15		=E4*E9
16	=C5*C10	<=	=E15-C15+G16		=E5*E10
17	=C6*C11	<=	=E16-C16+G17		=E6*E11

	B	C
19	总获利	=SUM(销售收入)-SUM(订货成本)

规划求解参数

设置目标:(T)   总获利

到: ◉ 最大值(M)   ○ 最小值(N)   ○ 目标值:(V)

通过更改可变单元格:(B)

订货量,销售量

遵守约束:(U)

销售量 <= 月初库存
月初库存 <= 仓库容量
本季度末库存 = 3000
订货成本 <= 可用资金

☑ 使无约束变量为非负数(K)

选择求解方法:(E)   单纯线性规划

图 7—6 习题 7.5 的电子表格模型（续）

Excel 求解结果（最优策略）如表 7—6 所示。也就是说，在进货单价最便宜的 2 月订货量为 4 812.5 单位；1 月的销售量为开始库存 2 000 单位，3 月的销售量为 1 812.5 单位，此时总获利最大，为 —183 750 元（为负的原因是要求本季度末的库存为 3 000 单位）。

表 7—6 未来三个月商品的买进卖出策略

	期初库存	销售量	订货量
1 月	2 000	2 000	0

续前表

	期初库存	销售量	订货量
2月	0	0	4 812.5
3月	4 812.5	1 812.5	0

7.6 一个合资食品企业面临某种食品 1~4 月的生产计划问题。四个月的需求分别为：4 500 吨、3 000 吨、5 500 吨、4 000 吨。目前（1 月初）该企业有 100 个熟练工人，正常工作时每人每月可以完成 40 吨，每吨成本为 200 元。由于市场需求浮动较大，该企业可通过下列方法调节生产：

（1）利用加班增加生产，但加班生产产品每人每月不能超过 10 吨，加班时每吨成本为 300 元。

（2）利用库存来调节生产，库存费用为 60 元/吨·月，最大库存能力为 1 000 吨。

请为该企业建立一个线性规划模型，在满足需求的前提下，使四个月的总费用最少。假定该企业在 1 月初的库存为零，要求 4 月底的库存为 500 吨。

解：

本问题是一个生产与存储问题，不同的是生产分正常生产和加班生产。

（1）决策变量。

企业四个月生产的食品数量分别为 x_1，x_2，x_3，x_4（吨），四个月食品的期末库存量分别为 s_1，s_2，s_3，s_4（吨），四个月正常工作的工人人数分别为 y_1，y_2，y_3，y_4（人），四个月加班工作的工人人数分别为 z_1，z_2，z_3，z_4（人）。可将这些决策变量及每月的需求列于表 7—7 中。

表 7—7 习题 7.6 的决策变量及每月的需求

	生产数量	需求	期末库存
1月	$x_1 = 40y_1 + 10z_1$	4 500	s_1
2月	$x_2 = 40y_2 + 10z_2$	3 000	s_2
3月	$x_3 = 40y_3 + 10z_3$	5 500	s_3
4月	$x_4 = 40y_4 + 10z_4$	4 000	s_4

（2）目标函数。

本问题的目标是总费用最少。而总费用＝生产成本（正常和加班）＋库存费用。

$$\min z = 200 \sum_{i=1}^{4}(40y_i) + 300 \sum_{i=1}^{4}(10z_i) + 60 \sum_{i=1}^{4} s_i$$

（3）约束条件。

①对于每个月来说，库存、生产量和需求量三者之间满足：

本月月末库存＝上月月末库存＋本月生产－本月需求

（即类似于动态规划的状态转移方程：$s_k = s_{k-1} + x_k - d_k$）

1 月：1 月初的库存为 0，生产的食品数量为 $x_1 = 40y_1 + 10z_1$，需求为 4 500，则有：

$s_1 = x_1 - 4\ 500$

2 月：1 月末有库存 s_1，2 月生产的食品数量为 $x_2=40y_2+10z_2$，需求为 $3\,000$，则有：$s_2=s_1+x_2-3\,000$

同理，3 月：$x_3=40y_3+10z_3$，$s_3=s_2+x_3-5\,500$

4 月：$x_4=40y_4+10z_4$，$s_4=s_3+x_4-4\,000$

②每月正常生产和加班生产的工人人数不超过 100 个熟练工人：

$$y_i,z_i\leqslant100 \quad (i=1,2,3,4)$$

③每月库存能力限制：$s_i\leqslant1\,000$ （$i=1$，2，3，4）

④根据要求，4 月底的库存为 500 吨：$s_4=500$

⑤非负：x_i，y_i，z_i，$s_i\geqslant0$ （$i=1$，2，3，4）

于是，得到习题 7.6 的线性规划模型：

$$\min z = 200\sum_{i=1}^{4}(40y_i) + 300\sum_{i=1}^{4}(10z_i) + 60\sum_{i=1}^{4}s_i$$

$$\text{s. t.}\begin{cases}x_1=40y_1+10z_1, & s_1=x_1-4\,500 \\ x_2=40y_2+10z_2, & s_2=s_1+x_2-3\,000 \\ x_3=40y_3+10z_3, & s_3=s_2+x_3-5\,500 \\ x_4=40y_4+10z_4, & s_4=s_3+x_4-4\,000 \\ y_i,z_i\leqslant100 & (i=1,2,3,4) \\ s_i\leqslant1\,000, s_4=500 & (i=1,2,3,4) \\ x_i,y_i,z_i,s_i\geqslant0 & (i=1,2,3,4)\end{cases}$$

习题 7.6 的电子表格模型如图 7—7 所示，参见"习题 7.6. xlsx"。

	A	B	C	D	E	F	G	H
1	习题7.6							
2								
3			正常工作	加班工作		库存费用		
4		生产成本	200	300		60		
5		单位产量	40	10				
6								
7			正常工作工人人数	加班工作工人人数		熟练工人人数		生产数量
8		1月	100	50	<=	100		4500
9		2月	100	0	<=	100		4000
10		3月	100	50	<=	100		4500
11		4月	100	50	<=	100		4500
12		工人人数合计	400	150				
13								
14			需求量	实际库存		期末库存		库存能力
15		1月	4500	0	=	0	<=	1000
16		2月	3000	1000	=	1000	<=	1000
17		3月	5500	0	=	0	<=	1000
18		4月	4000	500	=	500	=	500
19								
20		生产总成本	3650000					
21		库存总费用	90000					
22		总费用	3740000					

图 7—7 习题 7.6 的电子表格模型

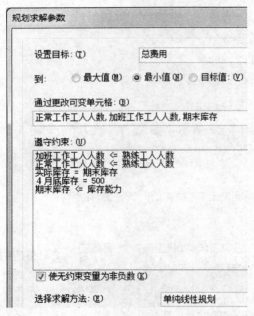

名称	单元格
单位产量	C5:D5
工人人数合计	C12:D12
加班工作工人人数	D8:D11
库存费用	F4
库存能力	H15
库存总费用	C21
期末库存	F15:F18
生产成本	C4:D4
生产总成本	C20
实际库存	D15:D18
熟练工人人数	F8
4月底库存	F18
正常工作工人人数	C8:C11
总费用	C22

	H
7	生产数量
8	=SUMPRODUCT(单位产量,C8:D8)
9	=SUMPRODUCT(单位产量,C9:D9)
10	=SUMPRODUCT(单位产量,C10:D10)
11	=SUMPRODUCT(单位产量,C11:D11)

	D
14	实际库存
15	=H8-C15
16	=D15+H9-C16
17	=D16+H10-C17
18	=D17+H11-C18

	B	C	D
12	工人人数合计	=SUM(正常工作工人人数)	=SUM(加班工作工人人数)

	B	C
20	生产总成本	=SUMPRODUCT(生产成本,单位产量,工人人数合计)
21	库存总费用	=库存费用*SUM(实际库存)
22	总费用	=生产总成本+库存总费用

规划求解参数

设置目标：(T)　　　　　　总费用

到：　○最大值(M)　●最小值(N)　○目标值：(V)

通过更改可变单元格：(B)

正常工作工人人数,加班工作工人人数,期末库存

遵守约束：(U)

加班工作工人人数 ≤ 熟练工人人数
正常工作工人人数 ≤ 熟练工人人数
实际库存 = 期末库存
4月底库存 = 500
期末库存 ≤ 库存能力

☑ 使无约束变量为非负数 (K)

选择求解方法：(E)　　　　单纯线性规划

图7—7　习题7.6的电子表格模型（续）

　　Excel的求解结果如表7—8所示。也就是说，在这四个月中，企业所有熟练工人（100人）均要正常工作，而且在1月、3月和4月还各需要50人加班，每月生产的食品能满足需求，2月底有1 000吨的库存，4月底有企业要求的500吨库存。此时总费用最少，为374万元（3 740 000元），其中生产成本365万元、库存费用9万元。

表7—8　　　　　　　　　　　　　　习题7.6的求解结果

	正常工作工人人数	加班工作工人人数	生产数量	期末库存
1月	100	50	4 500	0
2月	100	0	4 000	1 000

续前表

	正常工作工人人数	加班工作工人人数	生产数量	期末库存
3 月	100	50	4 500	0
4 月	100	50	4 500	500

7.7 某厂计划期分为 8 个阶段，每个阶段所需的生产专用工具数如表 7—9 所示，到阶段末，凡在此阶段内使用过的工具都应送去修理后才能再使用。修理可以两种方式进行，一种称为慢修，费用便宜些（每修一个需 30 元），但时间长些（3 个阶段）；另一种称为快修，费用贵些（每修一个需 40 元），但时间快一些（1 个阶段）。新购一个这样的工具需 60 元。

表 7—9　　　　　　　　　　每个阶段所需的生产专用工具数

阶段	1	2	3	4	5	6	7	8
所需工具数	10	14	13	20	15	17	19	20

工厂管理层希望能够知道，选择怎样的方案（每个阶段初新购工具数、每个阶段末送去快修和慢修的工具数），才能使计划期内工具的总费用最少？此时计划期内新购工具总数、送去快修和慢修的工具总数分别是多少？

解：

本问题是一个典型的餐巾供应问题。

（1）决策变量。

设阶段 i 新购工具数 x_i 个，使用后送去快修 y_i 个，送去慢修 z_i 个，未送去修理的工具数（可以理解为未修工具的期末库存）s_i 个。由于慢修时间长些（3 个阶段），所以第 5 阶段使用后的工具不再送去慢修（因为再经过 3 个阶段后的第 9 阶段初才能送回）；同样，由于快修需要 1 个阶段，所以第 7 阶段使用后的工具也不再送去快修（因为再经过 1 个阶段后的第 9 阶段初才能送回）。可将这些决策变量及每个阶段所需工具数列于表 7—10 中。

表 7—10　　　　　　　习题 7.7 的决策变量、所需工具数及送回的工具数

阶段	新购的工具数	快修送回的工具数	慢修送回的工具数	所需的工具数	送去快修的工具数	送去慢修的工具数	未送修工具数
1	x_1			10	y_1	z_1	s_1
2	x_2			14	y_2	z_2	s_2
3	x_3	y_1		13	y_3	z_3	s_3
4	x_4	y_2		20	y_4	z_4	s_4
5	x_5	y_3	z_1	15	y_5		s_5
6	x_6	y_4	z_2	17	y_6		s_6
7	x_7	y_5	z_3	19			s_7
8	x_8	y_6	z_4	20			s_8

（2）目标函数。

本问题的目标是计划期内工具的总费用最少。

而总费用＝新购工具费用＋送去快修费用＋送去慢修费用，即

$$\min z = 60\sum_{i=1}^{8} x_i + 40\sum_{i=1}^{6} y_i + 30\sum_{i=1}^{4} z_i$$

（3）约束条件。

①满足每个阶段所需的工具数：

本阶段新购的工具数＋快修送回的工具数＋慢修送回的工具数＝本阶段所需的工具数

从而有（见表7—10中的第2～5列）：

$$x_1 = 10 \qquad （阶段1）$$
$$x_2 = 14 \qquad （阶段2）$$
$$x_3 + y_1 = 13 \qquad （阶段3）$$
$$x_4 + y_2 = 20 \qquad （阶段4）$$
$$x_5 + y_3 + z_1 = 15 \qquad （阶段5）$$
$$x_6 + y_4 + z_2 = 17 \qquad （阶段6）$$
$$x_7 + y_5 + z_3 = 19 \qquad （阶段7）$$
$$x_8 + y_6 + z_4 = 20 \qquad （阶段8）$$

②各阶段使用过的工具都应送去修理后才能再使用：

$$\begin{matrix} 本阶段末未 \\ 送修工具数 \end{matrix} = \begin{matrix} 上阶段末未 \\ 送修工具数 \end{matrix} + \begin{matrix} 本阶段用 \\ 过的工具数 \end{matrix} - \begin{matrix} 本阶段送去 \\ 快修的工具数 \end{matrix} - \begin{matrix} 本阶段送去 \\ 慢修的工具数 \end{matrix}$$

（即类似于动态规划的状态转移方程：$s_k = s_{k-1} + d_k - y_k - z_k$）

于是有：

$$s_1 = 10 - y_1 - z_1 \qquad （阶段1）$$
$$s_2 = s_1 + 14 - y_2 - z_2 \qquad （阶段2）$$
$$s_3 = s_2 + 13 - y_3 - z_3 \qquad （阶段3）$$
$$s_4 = s_3 + 20 - y_4 - z_4 \qquad （阶段4）$$
$$s_5 = s_4 + 15 - y_5 \qquad （阶段5）$$
$$s_6 = s_5 + 17 - y_6 \qquad （阶段6）$$
$$s_7 = s_6 + 19 \qquad （阶段7）$$
$$s_8 = s_7 + 20 \qquad （阶段8）$$

③非负：$x_i,\ y_j,\ z_k,\ s_i \geqslant 0$　（$i=1, 2, \cdots, 8$；$j=1, 2, \cdots, 6$；$k=1, 2, 3, 4$）

习题7.7的电子表格模型如图7—8所示，参见"习题7.7. xlsx"。

根据Excel的求解结果，每个阶段初新购的工具数、每个阶段末送去快修和慢修的工具数如表7—11所示，此时的总费用最少，为5 770元。

该计划期内新购的工具总数为39个，送去快修和慢修的工具总数分别为76个和13个。

表7—11　　　　　　　　　　　　习题7.7的方案选择

阶段	新购的工具数	快修送回的工具数	慢修送回的工具数	所需的工具数	送去快修的工具数	送去慢修的工具数	未送修工具数
1	10			10	0	6	4
2	14			14	18	0	0
3	13	0		13	9	4	0
4	2	18		20	17	3	0
5	0	9	6	15	15		0
6	0	17	0	17	17		0
7	0	15	4	19			19
8	0	17	3	20			39
合计	39	76	13				

	A	B	C	D	E	F	G	H
1	习题7.7							
2								
3			新购	快修	慢修			
4		单位费用	60	40	30			
5								
6		阶段	新购的工具数	快修送回的工具数	慢修送回的工具数	可用的工具数		所需的工具数
7		1	10			10	=	10
8		2	14			14	=	14
9		3	13	0		13	=	13
10		4	2	18		20	=	20
11		5	0	9	6	15	=	15
12		6	0	17	0	17	=	17
13		7	0	15	4	19	=	19
14		8	0	17	3	20	=	20
15								
16		阶段	本阶段用过的工具数	送去快修的工具数	送去慢修的工具数	可送修工具数		未送修工具数
17		1	10	0	6	4	=	4
18		2	14	18	0	0	=	0
19		3	13	9	4	0	=	0
20		4	20	17	3	0	=	0
21		5	15	15		0	=	0
22		6	17	17		0	=	0
23		7	19			19	=	19
24		8	20			39	=	39
25								
26		工具数合计	39	76	13			
27								
28		总费用	5770					

名称	单元格
单位费用	C4:E4
工具数合计	C26:E26
可送修工具数	F17:F24
可用的工具数	F7:F14
送去快修的工具数	D17:D22
送去慢修的工具数	E17:E20
所需的工具数	H7:H14
未送修工具数	H17:H24
新购的工具数	C7:C14
总费用	C28

	F
16	可送修工具数
17	=C17-D17-E17
18	=H17+C18-D18-E18
19	=H18+C19-D19-E19
20	=H19+C20-D20-E20
21	=H20+C21-D21
22	=H21+C22-D22
23	=H22+C23
24	=H23+C24

	D	E	F
6	快修送回的工具数	慢修送回的工具数	可用的工具数
7			=C7
8			=C8
9	=D17		=C9+D9
10	=D18		=C10+D10
11	=D19	=E17	=C11+D11+E11
12	=D20	=E18	=C12+D12+E12
13	=D21	=E19	=C13+D13+E13
14	=D22	=E20	=C14+D14+E14

	C
16	本阶段用过的工具数
17	=H7
18	=H8
19	=H9
20	=H10
21	=H11
22	=H12
23	=H13
24	=H14

图 7—8　习题 7.7 的电子表格模型

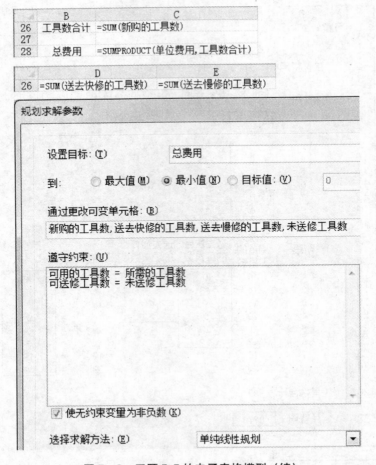

图 7—8　习题 7.7 的电子表格模型（续）

7.8 某投资者现有 30 万元可供为期四年的投资。现有下列五个投资项目可供选择：

项目 A：可在每年年初投资，每年每元投资可获利 0.2 元。

项目 B：可在第 1、3 年年初投资，每两年每元投资可获利润 0.5 元，两年后获利。

项目 C：可在第 1 年年初投资，三年后每元投资可获利 0.8 元。这项投资最多不超过 20 万元。

项目 D：可在第 2 年年初投资，两年后每元投资可获利 0.6 元。这项投资最多不超过 15 万元。

项目 E：可在第 1 年年初投资，四年后每元获利 1.7 元，这项投资最多不超过 20 万元。

投资者在四年内应如何投资，可使他在四年后所获利润达到最大？

解：

本问题是一个典型的连续投资问题。

（1）决策变量。

由于需要考虑每年年初对不同项目的投资额，为了便于理解，建立双下标决策变量。设 x_{ij} 为第 i 年初给项目 j 的投资额（万元）。根据给定条件，将决策变量及收回的本利列于表 7—12 中。

表 7—12 习题 7.8 连续投资问题的决策变量及收回的本利

	各项目的投资额					可用或各项目收回的本利				
	A	B	C	D	E	A	B	C	D	E
第 1 年	x_{1A}	x_{1B}	x_{1C}		x_{1E}	30				
第 2 年	x_{2A}			x_{2D}		$1.2x_{1A}$				
第 3 年	x_{3A}	x_{3B}				$1.2x_{2A}$	$1.5x_{1B}$			
第 4 年	x_{4A}					$1.2x_{3A}$		$1.8x_{1C}$	$1.6x_{2D}$	
第 5 年						$1.2x_{4A}$	$1.5x_{3B}$			$2.7x_{1E}$

（2）目标函数。

投资者在四年后所获利润达到最大，可以用每年所获得的利润之和来表示，即：

$$\max z = 0.2(x_{1A}+x_{2A}+x_{3A}+x_{4A})+0.5(x_{1B}+x_{3B})+0.8x_{1C}+0.6x_{2D}+1.7x_{1E}$$

对于连续投资问题，目标经常是使得最后的本利总额最大。从表 7—12 可知，四年后（第 5 年年初）所获的本利总额为：

$$\max z = 1.2x_{4A}+1.5x_{3B}+2.7x_{1E}$$

也就是说，对于连续投资问题，目标函数可以是每年的利润（利息）之和最大，也可以是投资期满后获得的本利总额最大。

（3）约束条件。

①因为有一年期的投资项目，于是有"每年投资额＝可用资金"，从表 7—12 可知，

第 1 年年初：$x_{1A}+x_{1B}+x_{1C}+x_{1E}=30$

第 2 年年初：$x_{2A}+x_{2D}=1.2x_{1A}$

第 3 年年初：$x_{3A}+x_{3B}=1.2x_{2A}+1.5x_{1B}$

第 4 年年初：$x_{4A}=1.2x_{3A}+1.8x_{1C}+1.6x_{2D}$

②对 C、D、E 三个项目的投资限制：

项目 C 的投资限制：$x_{1C}\leqslant 20$

项目 D 的投资限制：$x_{2D}\leqslant 15$

项目 E 的投资限制：$x_{1E}\leqslant 20$

③非负：x_{iA}，x_{1B}，x_{3B}，x_{1C}，x_{2D}，$x_{1E}\geqslant 0$　　（$i=1$，2，3，4）

于是，得到习题 7.8 的线性规划模型：

$$\max z = 1.2x_{4A}+1.5x_{3B}+2.7x_{1E}$$

$$\text{s. t.}\begin{cases} x_{1A}+x_{1B}+x_{1C}+x_{1E}=30 \\ x_{2A}+x_{2D}=1.2x_{1A} \\ x_{3A}+x_{3B}=1.2x_{2A}+1.5x_{1B} \\ x_{4A}=1.2x_{3A}+1.8x_{1C}+1.6x_{2D} \\ x_{1C}\leqslant 20, x_{2D}\leqslant 15, x_{1E}\leqslant 20 \\ x_{iA}, x_{1B}, x_{3B}, x_{1C}, x_{2D}, x_{1E}\geqslant 0 \quad (i=1, 2, 3, 4) \end{cases}$$

习题 7.8 的电子表格模型如图 7—9 所示，参见"习题 7.8. xlsx"。

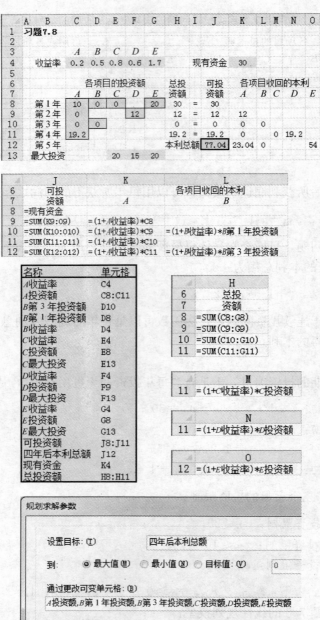

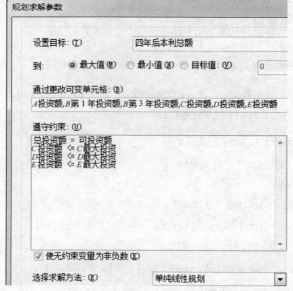

图7—9 习题7.8的电子表格模型

Excel 求解结果如表 7—13 所示，这样的投资决策可以使投资者在四年后（第 5 年年初）所获利润达到最大，为 77.04−30=47.04 万元。

表 7—13 习题 7.8 连续投资问题的求解结果（每年每个项目的投资额）

	项目 A	项目 B	项目 C	项目 D	项目 E
第 1 年	10	0	0		20
第 2 年	0			12	
第 3 年	0	0			
第 4 年	19.2				

7.9 张三有 6 万元储蓄，打算将这些钱用于投资，在今后的五年里购买四种债券。债券 A 和 B 在今后五年的每年年初都可以买到。债券 A 的每 1 元投资在两年后将收回本利 1.40 元（收益 0.40 元），并刚好来得及再投资；债券 B 的每 1 元投资在三年后将收回本利 1.70 元。债券 C 和 D 在今后的五年都只有一次购买机会，债券 C 在第 2 年年初的每 1 元投资在四年后将收回本利 1.90 元；而债券 D 在第 5 年年初购买，当年年末收回本利 1.30 元。张三希望能够知道，怎样的投资组合会使他在第 6 年年初（第 5 年年末）拥有的现金最多。

解：

本问题是一个典型的连续投资问题。

（1）决策变量。

设 x_{ij} 为张三第 i 年年初购买债券 j 的金额（万元）。

虽然债券 A 和 B 在今后五年的每年年初都可以买到，但由于张三的目标是使他在第 6 年年初拥有的现金最多。所以，两年期的债券 A 在第 5 年年初不能购买；三年期的债券 B 在第 4 年年初和第 5 年年初不能购买。另外，由于没有一年期的债券可投资，所以应该增加每年年初没有投资的资金（称为"未投资"），设为辅助变量 $s_i (i=1，2，3，4，5)$，这些资金可用于下一年的投资。

可将这些决策变量及收回的本利列于表 7—14 中。

表 7—14 习题 7.9 连续投资问题的决策变量及收回的本利

	各债券的投资额					可用或各债券收回的本利				
	A	B	C	D	S	A	B	C	D	S
第 1 年	x_{1A}	x_{1B}			s_1	6				
第 2 年	x_{2A}	x_{2B}	x_{2C}		s_2					s_1
第 3 年	x_{3A}	x_{3B}			s_3	$1.4x_{1A}$				s_2
第 4 年	x_{4A}				s_4	$1.4x_{2A}$	$1.7x_{1B}$			s_3
第 5 年				x_{5D}	s_5	$1.4x_{3A}$	$1.7x_{2B}$			s_4
第 6 年						$1.4x_{4A}$	$1.7x_{3B}$	$1.9x_{2C}$	$1.3x_{5D}$	s_5

（2）目标函数。

本问题的目标是张三在第 6 年年初拥有的现金最多，由表 7—14 可知，为：

$$\max z = 1.4x_{4A} + 1.7x_{3B} + 1.9x_{2C} + 1.3x_{5D} + s_5$$

（3）约束条件。

① 每年投资额＝可用资金，由表 7—14 可知，

第 1 年年初：$x_{1A}+x_{1B}+s_1=6$

第 2 年年初：$x_{2A}+x_{2B}+x_{2C}+s_2=s_1$

第 3 年年初：$x_{3A}+x_{3B}+s_3=1.4x_{1A}+s_2$

第 4 年年初：$x_{4A}+s_4=1.4x_{2A}+1.7x_{1B}+s_3$

第 5 年年初：$x_{5D}+s_5=1.4x_{3A}+1.7x_{2B}+s_4$

②非负：x_{iA}，x_{jB}，x_{2C}，x_{5D}，$s_k \geqslant 0$ $(i=1，2，3，4；j=1，2，3；k=1，2，3，4，5)$

于是，得到习题 7.9 的线性规划模型：

$$\max z=1.4x_{4A}+1.7x_{3B}+1.9x_{2C}+1.3x_{5D}+s_5$$

$$\text{s.t.}\begin{cases} x_{1A}+x_{1B}+s_1=6 \\ x_{2A}+x_{2B}+x_{2C}+s_2=s_1 \\ x_{3A}+x_{3B}+s_3=1.4x_{1A}+s_2 \\ x_{4A}+s_4=1.4x_{2A}+1.7x_{1B}+s_3 \\ x_{5D}+s_5=1.4x_{3A}+1.7x_{2B}+s_4 \\ x_{iA},x_{jB},x_{2C},x_{5D},s_k \geqslant 0 \quad (i=1，2，3，4；j=1，2，3；k=1，2，3，4，5) \end{cases}$$

习题 7.9 的电子表格模型如图 7—10 所示，参见“习题 7.9. xlsx”。

	A	B	C	D	E	F	G	H	I	J	K	L	M	N	O
1	**习题7.9**														
2															
3			*A*	*B*	*C*	*D*									
4		收益率	0.4	0.7	0.9	0.3				现有资金	6				
5															
6			各债券的投资额					总投		可投	各债券收回的本利				
7			*A*	*B*	*C*	*D*	*S*	资额		资额	*A*	*B*	*C*	*D*	*S*
8		第 1 年	6	0			0	6	=	6					
9		第 2 年	0	0	0		0	0	=	0					0
10		第 3 年	8.4	0			0	8.4	=	8.4	8.4				0
11		第 4 年	0				0	0	=	0	0	0			0
12		第 5 年				11.76	0	11.76	=	11.76	11.76	0			0
13		第 6 年						本利总额		15.288	0	0	0	15.288	0

名称	单元格
可投资额	J8:J12
未投资	G8:G12
五年后本利总额	J13
现有资金	K4
债券A收益率	C4
债券A投资额	C8:C11
债券B收益率	D4
债券B投资额	D8:D10
债券C收益率	E4
债券C投资额	E9
债券D收益率	F4
债券D投资额	F12
总投资额	H8:H12

	H
6	总投
7	资额
8	=SUM(C8:G8)
9	=SUM(C9:G9)
10	=SUM(C10:G10)
11	=SUM(C11:G11)
12	=SUM(C12:G12)

	O
7	S
8	
9	=G8
10	=G9
11	=G10
12	=G11
13	=G12

	M
13	=债券C投资额*(1+债券C收益率)

	N
13	=债券D投资额*(1+债券D收益率)

图 7—10 习题 7.9 的电子表格模型

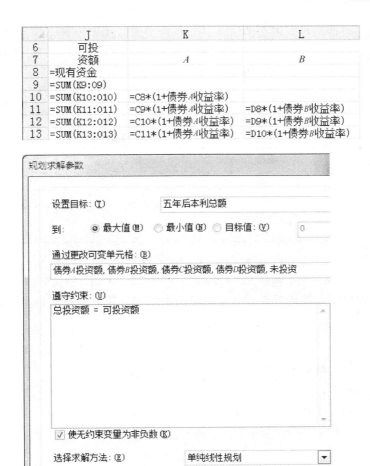

图 7—10 习题 7.9 的电子表格模型（续）

根据 Excel 求解结果可知，张三在第 1 年年初投资 6 万元购买债券 A，两年后卖出（获得本利 8.4 万元），在第 3 年年初接着投资债券 A，两年后再卖出（获得本利 11.76 万元），在第 5 年年初投资债券 D，第 6 年年初卖出，获得本利 15.288 万元。

7.10 公司现有资金 8 千万元，可以投资 A、B、C 三个项目。每个项目的投资效益与投入该项目的资金有关。A、B、C 三个项目的投资效益（千万元）和投入资金（千万元）的关系如表 7—15 所示。求对三个项目的最优投资分配方案，以使公司投资的总效益最大。

表 7—15   三个项目投入不同资金的效益

投入资金	项目 A	项目 B	项目 C
2 千万元	8	9	10
4 千万元	15	20	28
6 千万元	30	35	35
8 千万元	38	40	43

解：

本问题是一个典型的资源多元分配问题（投资分配问题）。

（1）决策变量。

由于项目投资效益与投入资金的关系是非线性关系，这里投资金额的分配是以 2 千万元作为单位，每个项目投入的资金最多只能取离散值 2、4、6、8 千万元中的一个，所以用类似于指派问题的决策变量。

设 x_{ij} 为是否给项目 i 投入资金 j 千万元（1 表示投入，0 表示不投入）（$i=A$，B，C；$j=2$，4，6，8），如表 7—16 所示。

表 7—16 　　　　　　　　　　　三个项目投入不同资金的决策变量表

投入资金	项目 A	项目 B	项目 C
2 千万元	x_{A2}	x_{B2}	x_{C2}
4 千万元	x_{A4}	x_{B4}	x_{C4}
6 千万元	x_{A6}	x_{B6}	x_{C6}
8 千万元	x_{A8}	x_{B8}	x_{C8}

（2）目标函数。

本问题的目标是投资的总效益最大，而各项目投入的资金不同，所获得的投资效益也不同。

对于项目 A，投资效益为是否投入资金 j 千万元乘以相应的投资效益，即：

$$8x_{A2}+15x_{A4}+30x_{A6}+38x_{A8}$$

同理，对于项目 B，投资效益为：$9x_{B2}+20x_{B4}+35x_{B6}+40x_{B8}$；

对于项目 C，投资效益为：$10x_{C2}+28x_{C4}+35x_{C6}+43x_{C8}$。

于是，目标函数为：

$$\max z=(8x_{A2}+15x_{A4}+30x_{A6}+38x_{A8})+(9x_{B2}+20x_{B4}+35x_{B6}+40x_{B8})$$
$$+(10x_{C2}+28x_{C4}+35x_{C6}+43x_{C8})$$

（3）约束条件。

①每个项目投入的资金最多只能是 2、4、6、8 千万元中的一个，于是有

对于项目 A：$x_{A2}+x_{A4}+x_{A6}+x_{A8}\leqslant 1$
对于项目 B：$x_{B2}+x_{B4}+x_{B6}+x_{B8}\leqslant 1$
对于项目 C：$x_{C2}+x_{C4}+x_{C6}+x_{C8}\leqslant 1$

②资金限制（可以投入的资金总额为 8 千万元）：

$$(2x_{A2}+4x_{A4}+6x_{A6}+8x_{A8})+(2x_{B2}+4x_{B4}+6x_{B6}+8x_{B8})+(2x_{C2}+4x_{C4}+6x_{C6}+8x_{C8})\leqslant 8$$

③0—1 变量：$x_{ij}=0$，1　　（$i=A$，B，C；$j=2$，4，6，8）

于是，得到习题 7.10 的线性规划模型：

$$\max z=(8x_{A2}+15x_{A4}+30x_{A6}+38x_{A8})+(9x_{B2}+20x_{B4}+35x_{B6}+40x_{B8})$$
$$+(10x_{C2}+28x_{C4}+35x_{C6}+43x_{C8})$$

$$\text{s. t.}\begin{cases} x_{A2}+x_{A4}+x_{A6}+x_{A8}\leqslant 1 \\ x_{B2}+x_{B4}+x_{B6}+x_{B8}\leqslant 1 \\ x_{C2}+x_{C4}+x_{C6}+x_{C8}\leqslant 1 \\ (2x_{A2}+4x_{A4}+6x_{A6}+8x_{A8})+(2x_{B2}+4x_{B4}+6x_{B6}+8x_{B8}) \\ \quad +(2x_{C2}+4x_{C4}+6x_{C6}+8x_{C8})\leqslant 8 \\ x_{ij}=0,1 \quad (i=A,\ B,\ C;\ j=2,\ 4,\ 6,\ 8) \end{cases}$$

习题 7.10 的电子表格模型如图 7—11 所示，参见"习题 7.10. xlsx"。为了查看方便，在最优解（是否投入）C10：E13 区域中，使用 Excel 的"条件格式"功能①，将"0"值单元格的字体颜色设置成"黄色"，与填充颜色（背景色）相同。

图 7—11 习题 7.10 的电子表格模型

---

① 设置（或清除）条件格式的操作参见教材第 4 章附录Ⅱ。

Excel 求得的结果是：当对项目 B 和 C 各投入 4 千万元资金（项目 A 不投入资金）时，公司获得的总效益最大，为 48 千万元。

7.11 某企业计划委派 10 个推销员到四个地区推销产品，每个地区委派 1～4 名推销员。各地区月收益与推销员人数的关系如表 7—17 所示。企业应如何委派四个地区的推销员人数，才能使月总收益最大？

表 7—17　　　　　　　　　委派人数与各地区月收益的关系

委派人数	地区 A	地区 B	地区 C	地区 D
1	40	50	60	70
2	70	120	200	240
3	180	230	230	260
4	240	240	270	300

解：

本问题是一个典型的资源多元分配问题。

（1）决策变量。

由于各地区月收益与推销员人数的关系是非线性关系，且每个地区委派的推销员人数只能取离散值 1、2、3、4 中的一个，所以用类似于指派问题的决策变量。

设 x_{ij} 为是否委派 i（i＝1，2，3，4）个推销员到地区 j（j＝A，B，C，D）（1 表示委派，0 表示不委派），如表 7—18 所示。

表 7—18　　　　　　　　　委派人数与各地区月收益的决策变量表

委派人数	地区 A	地区 B	地区 C	地区 D
1	x_{1A}	x_{1B}	x_{1C}	x_{1D}
2	x_{2A}	x_{2B}	x_{2C}	x_{2D}
3	x_{3A}	x_{3B}	x_{3C}	x_{3D}
4	x_{4A}	x_{4B}	x_{4C}	x_{4D}

（2）目标函数。

本问题的目标是月总收益最大，而委派给各地区的推销员人数不同，所获得的收益也不同。

对于地区 A，收益为是否委派 i 个推销员乘以相应的收益，即 $40x_{1A}＋70x_{2A}＋180x_{3A}＋240x_{4A}$；

同理，地区 B 的收益为：$50x_{1B}＋120x_{2B}＋230x_{3B}＋240x_{4B}$；

地区 C 的收益为：$60x_{1C}＋200x_{2C}＋230x_{3C}＋270x_{4C}$；

地区 D 的收益为：$70x_{1D}＋240x_{2D}＋260x_{3D}＋300x_{4D}$。

于是，目标函数为：

$$\max z＝(40x_{1A}＋70x_{2A}＋180x_{3A}＋240x_{4A})＋(50x_{1B}＋120x_{2B}＋230x_{3B}＋240x_{4B})$$
$$＋(60x_{1C}＋200x_{2C}＋230x_{3C}＋270x_{4C})＋(70x_{1D}＋240x_{2D}＋260x_{3D}＋300x_{4D})$$

（3）约束条件。

①每个地区委派的推销员人数只能是 1、2、3、4 中的一个，于是有

地区 A：$x_{1A}＋x_{2A}＋x_{3A}＋x_{4A}＝1$

地区 B：$x_{1B}+x_{2B}+x_{3B}+x_{4B}=1$

地区 C：$x_{1C}+x_{2C}+x_{3C}+x_{4C}=1$

地区 D：$x_{1D}+x_{2D}+x_{3D}+x_{4D}=1$

②委派 10 个推销员（推销员人数限制）：

$$(x_{1A}+2x_{2A}+3x_{3A}+4x_{4A})+(x_{1B}+2x_{2B}+3x_{3B}+4x_{4B})+(x_{1C}+2x_{2C}+3x_{3C}+4x_{4C})$$
$$+(x_{1D}+2x_{2D}+3x_{3D}+4x_{4D})\leqslant 10$$

③0—1 变量：$x_{ij}=0,1 \quad (i=1,2,3,4；j=A,B,C,D)$

于是，得到习题 7.11 的线性规划模型：

$$\max z=(40x_{1A}+70x_{2A}+180x_{3A}+240x_{4A})+(50x_{1B}+120x_{2B}+230x_{3B}+240x_{4B})$$
$$+(60x_{1C}+200x_{2C}+230x_{3C}+270x_{4C})+(70x_{1D}+240x_{2D}+260x_{3D}+300x_{4D})$$

$$\text{s. t.} \begin{cases} x_{1A}+x_{2A}+x_{3A}+x_{4A}=1 \\ x_{1B}+x_{2B}+x_{3B}+x_{4B}=1 \\ x_{1C}+x_{2C}+x_{3C}+x_{4C}=1 \\ x_{1D}+x_{2D}+x_{3D}+x_{4D}=1 \\ (x_{1A}+2x_{2A}+3x_{3A}+4x_{4A})+(x_{1B}+2x_{2B}+3x_{3B}+4x_{4B}) \\ \quad +(x_{1C}+2x_{2C}+3x_{3C}+4x_{4C})+(x_{1D}+2x_{2D}+3x_{3D}+4x_{4D})\leqslant 10 \\ x_{ij}=0,1 \quad (i=1,2,3,4；j=A,B,C,D) \end{cases}$$

习题 7.11 的电子表格模型如图 7—12 所示，参见"习题 7.11.xlsx"。为了查看方便，在最优解（是否委派）C10：F13 区域中，使用 Excel 的"条件格式"功能①，将"0"值单元格的字体颜色设置成"黄色"，与填充颜色（背景色）相同。

	A	B	C	D	E	F	G	H	I
1	习题7.11								
2									
3		收益	地区A	地区B	地区C	地区D			
4		委派1人	40	50	60	70			
5		委派2人	70	120	200	240			
6		委派3人	180	230	230	260			
7		委派4人	240	240	270	300			
8									
9		是否委派	地区A	地区B	地区C	地区D			
10		委派1人							
11		委派2人			1	1			
12		委派3人	1	1					
13		委派4人							
14		委派次数	1	1	1	1			
15			=	=	=	=			
16		委派一次	1	1	1	1			
17							总委派		推销员
18							人数		人数
19		委派人数	3	3	2	2	10	<=	10
20									
21		总收益	850						

图 7—12　习题 7.11 的电子表格模型

---

① 设置（或清除）条件格式的操作参见教材第 4 章附录Ⅱ。

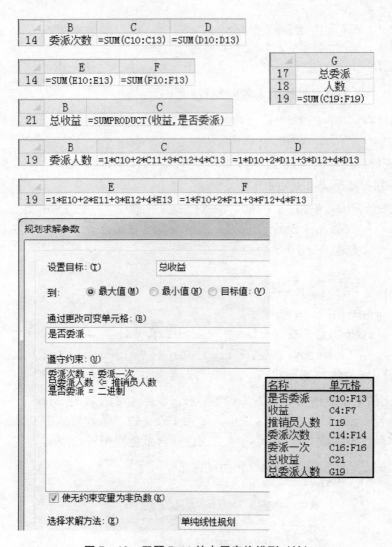

	B	C	D
14	委派次数	=SUM(C10:C13)	=SUM(D10:D13)

	E	F
14	=SUM(E10:E13)	=SUM(F10:F13)

	G
17	总委派
18	人数
19	=SUM(C19:F19)

	B	C
21	总收益	=SUMPRODUCT(收益,是否委派)

	B	C	D
19	委派人数	=1*C10+2*C11+3*C12+4*C13	=1*D10+2*D11+3*D12+4*D13

	E	F
19	=1*E10+2*E11+3*E12+4*E13	=1*F10+2*F11+3*F12+4*F13

图7—12 习题7.11的电子表格模型（续）

Excel 的求解结果是：各委派 3 个推销员到地区 A 和 B，各委派 2 个推销员到地区 C 和 D，此时的月总收益最大，为 850。

7.12 某公司有 500 台完好的机器可以在高低两种不同的负荷下生产。在高负荷下生产，每台机器每年可获利 50 万元，机器损坏率为 70%；在低负荷下生产，每台机器每年可获利 30 万元，机器损坏率为 30%。估计五年后有新的机器出现，旧机器将全部被淘汰。要求制订一个五年计划，在每年开始时，合理安排两种不同负荷下生产的机器的数量，使五年总获利最多。

解：

本问题是一个典型的资源多段分配问题（多阶段生产安排问题）。

（1）决策变量。

本问题要做的决策是分配机器，机器可以在高低两种不同的负荷下生产，时间为 5 年，所以设：

x_{i1} 为第 i 年在高负荷下生产的机器数量（$i=1$，2，3，4，5）

x_{i2} 为第 i 年在低负荷下生产的机器数量（$i=1$，2，3，4，5）

根据题意，可将决策变量（每年分配的机器数量）及每年完好的机器数量列于表7—19中。

表 7—19　　　　　　　　习题 7.12 分配机器的决策变量及每年完好机器数量

	每年分配的机器数量		每年完好的机器数量（可用机器）	
	高负荷	低负荷	高负荷	低负荷
第 1 年	x_{11}	x_{12}	500	
第 2 年	x_{21}	x_{22}	$30\%x_{11}$	$70\%x_{12}$
第 3 年	x_{31}	x_{32}	$30\%x_{21}$	$70\%x_{22}$
第 4 年	x_{41}	x_{42}	$30\%x_{31}$	$70\%x_{32}$
第 5 年	x_{51}	x_{52}	$30\%x_{41}$	$70\%x_{42}$

（2）目标函数。

本问题的目标是五年的总获利最多，即：

$$\max z = 50(x_{11}+x_{21}+x_{31}+x_{41}+x_{51})+30(x_{12}+x_{22}+x_{32}+x_{42}+x_{52})$$

（3）约束条件。

①根据题目中给出的信息得知，高负荷下生产的机器完好率为30%，低负荷下生产的机器完好率为70%。

因为只有把机器投入生产才能获利，闲置机器不能获利，所以，每年都要把所有的机器投入生产才能使五年的总获利最多。

　　当年分配的机器数量＝上一年使用后完好的机器数量

对照表7—19，可知：

第 1 年：机器刚投入生产，没有损坏，可以使用的机器为500台，所以有：

$$x_{11}+x_{12}=500$$

第 2 年：第1年分配给高低负荷生产的机器折损后的总数为第2年可以分配使用的机器数量，于是有：

$$x_{21}+x_{22}=30\%x_{11}+70\%x_{12}$$

同理，第 3 年：$x_{31}+x_{32}=30\%x_{21}+70\%x_{22}$

第 4 年：$x_{41}+x_{42}=30\%x_{31}+70\%x_{32}$

第 5 年：$x_{51}+x_{52}=30\%x_{41}+70\%x_{42}$

②机器数量非负：$x_{ij} \geqslant 0$　（$i=1$，2，3，4，5；$j=1$，2）

于是，得到习题7.12的线性规划模型：

$$\max z = 50(x_{11}+x_{21}+x_{31}+x_{41}+x_{51})+30(x_{12}+x_{22}+x_{32}+x_{42}+x_{52})$$

$$\text{s. t.} \begin{cases} x_{11}+x_{12}=500 \\ x_{21}+x_{22}=30\%x_{11}+70\%x_{12} \\ x_{31}+x_{32}=30\%x_{21}+70\%x_{22} \\ x_{41}+x_{42}=30\%x_{31}+70\%x_{32} \\ x_{51}+x_{52}=30\%x_{41}+70\%x_{42} \\ x_{ij} \geqslant 0 \quad (i=1,2,3,4,5; j=1,2) \end{cases}$$

习题 7.12 的电子表格模型如图 7—13 所示，参见"习题 7.12. xlsx"。

	A	B	C	D	E	F	G
1	习题7.12						
2							
3			高负荷	低负荷			
4		完好率	30%	70%			
5		单位利润	50	30			
6							
7		机器数量	高负荷	低负荷	实际分配		可用机器
8		第1年	0	500	500	=	500
9		第2年	0	350	350		350
10		第3年	0	245	245	=	245
11		第4年	171.5	0	171.5	=	171.5
12		第5年	51.45	0	51.45	=	51.45
13		机器合计	222.95	1095			
14							
15		总利润	43997.5				

	E	F	G
7	实际分配		可用机器
8	=SUM(C8:D8)	=	500
9	=SUM(C9:D9)		=SUMPRODUCT(完好率,C8:D8)
10	=SUM(C10:D10)		=SUMPRODUCT(完好率,C9:D9)
11	=SUM(C11:D11)		=SUMPRODUCT(完好率,C10:D10)
12	=SUM(C12:D12)	=	=SUMPRODUCT(完好率,C11:D11)

	B	C	D
13	机器合计	=SUM(C8:C12)	=SUM(D8:D12)

	B	C
15	总利润	=SUMPRODUCT(单位利润,机器合计)

名称	单元格
单位利润	C5:D5
机器合计	C13:D13
机器数量	C8:D12
可用机器	G8:G12
实际分配	E8:E12
完好率	C4:D4
总利润	C15

规划求解参数

设置目标: (T)　　　　　总利润

到:　　●最大值(M)　○最小值(N)　○目标值: (V)

通过更改可变单元格: (B)

机器数量

遵守约束: (U)

实际分配 = 可用机器

☑ 使无约束变量为非负数(K)

选择求解方法: (E)　　　　单纯线性规划

图 7—13　习题 7.12 的电子表格模型

Excel 求解结果为：当第 1～3 年所有机器都在低负荷下生产，第 4、5 年所有机器都在高负荷下生产时，五年的总获利最多，为 43 997.5 万元。

7.13 现有某种原料 100 吨，可用于两种方式的生产，原料用于生产后，除产生一定的收益外，还可以回收一部分。原料在第 I 种生产方式下的收益是 6 万元/吨，原料回收率仅为 0.1；原料在第 II 种生产方式下的收益是 5 万元/吨，原料回收率为 0.4。计划进行 3 个阶段的生产，问每个阶段应如何分别确定两种生产方式原料的投入量，才能使得总收益最大？

解：

本问题与习题 7.12 类似，也是一个典型的资源多段分配问题（多阶段生产安排问题）。

（1）决策变量。

设 x_{i1} 为第 i 阶段投入第 I 种生产方式的原料数量（$i=1$，2，3）；

x_{i2} 为第 i 阶段投入第 II 种生产方式的原料数量（$i=1$，2，3）。

根据题意，可将决策变量（每个阶段原料投入量）及每个阶段原料可用量列于表 7—20 中。

表 7—20　　　　习题 7.13 分配原料的决策变量及每个阶段原料可用量

	每个阶段原料投入量		每个阶段回收原料量（可用量）	
	第 I 种生产方式	第 II 种生产方式	第 I 种生产方式	第 II 种生产方式
第 1 阶段	x_{11}	x_{12}	100	
第 2 阶段	x_{21}	x_{22}	$0.1x_{11}$	$0.4x_{12}$
第 3 阶段	x_{31}	x_{32}	$0.1x_{21}$	$0.4x_{22}$

（2）目标函数。

本问题的目标是总收益最大，即：

$$\max z=6(x_{11}+x_{21}+x_{31})+5(x_{12}+x_{22}+x_{32})$$

（3）约束条件。

①因为只有把原料投入生产才能有收益，所以每个阶段都要把所有的原料投入生产才能使总收益最大，所以有：

当前阶段原料的投入量＝上一阶段回收的原料量

对照表 7—20，可知：

第 1 阶段：$x_{11}+x_{12}=100$

第 2 阶段：$x_{21}+x_{22}=0.1x_{11}+0.4x_{12}$

第 3 阶段：$x_{31}+x_{32}=0.1x_{21}+0.4x_{22}$

②非负：$x_{ij}\geqslant0$　（$i=1$，2，3；$j=1$，2）

于是，得到习题 7.13 的线性规划模型：

$$\max z=6(x_{11}+x_{21}+x_{31})+5(x_{12}+x_{22}+x_{32})$$

$$\text{s. t.} \begin{cases} x_{11}+x_{12}=100 \\ x_{21}+x_{22}=0.1x_{11}+0.4x_{12} \\ x_{31}+x_{32}=0.1x_{21}+0.4x_{22} \\ x_{ij}\geq 0 \quad (i=1,2,3;\ j=1,2) \end{cases}$$

习题 7.13 的电子表格模型如图 7—14 所示，参见"习题 7.13.xlsx"。

	A	B	C	D	E	F	G
1	习题7.13						
2							
3			生产方式I	生产方式II			
4		单位收益	6	5			
5		回收率	0.1	0.4			
6							
7		原料投入量	生产方式I	生产方式II	实际投入		可用原料
8		第1阶段	0	100	100	=	100
9		第2阶段	0	40	40	=	40
10		第3阶段	16	0	16	=	16
11		原料合计	16	140			
12							
13		总收益	796				

	E	F	G
7	实际投入		可用原料
8	=SUM(C8:D8)	=	100
9	=SUM(C9:D9)	=	=SUMPRODUCT(回收率,C8:D8)
10	=SUM(C10:D10)	=	=SUMPRODUCT(回收率,C9:D9)

	B	C	D
11	原料合计	=SUM(C8:C10)	=SUM(D8:D10)

	B	C
13	总收益	=SUMPRODUCT(单位收益,原料合计)

规划求解参数

设置目标：(T)　　　总收益

到：　⦿ 最大值(M)　◯ 最小值(N)　◯ 目标值：(V)

通过更改可变单元格：(B)
原料投入量

遵守约束：(U)
实际投入 = 可用原料

名称	单元格
单位收益	C4:D4
回收率	C5:D5
可用原料	G8:G10
实际投入	E8:E10
原料合计	C11:D11
原料投入量	C8:D10
总收益	C13

☑ 使无约束变量为非负数(K)

选择求解方法：(E)　　　单纯线性规划

图 7—14　习题 7.13 的电子表格模型

Excel 求得的结果是：第 1、2 阶段把全部原料投入第 II 种生产方式，第 3 阶段把全部原料投入第 I 种生产方式，此时，三个阶段的总收益最大，为 796 万元。

7.5　本章案例全解

案例 7.1　出国留学装行李方案

某人出国留学打点行李，现有三个行李箱，容积大小分别为 1 000、1 500 和 2 000，根据需要列出需带物品清单，其中一些物品是必带物品，共有 7 件，其体积大小分别为 400、300、150、250、450、760、190。尚有 10 件可带可不带的物品，如果不带将在目的地购买，通过网络查询可以得知其在目的地的价格（美元）。这些物品的体积及价格如表 7—21 所示，试给出一个合理的安排方案，把物品放在三个行李箱里。

表 7—21　　　　　　　　　　　　选带物品的体积及价格

物品	1	2	3	4	5	6	7	8	9	10
体积	200	350	500	430	320	120	700	420	250	100
价格	15	45	100	70	50	75	200	90	20	30

解：

本问题是一个典型的一维背包问题。

（1）决策变量。

对于每件物品要确定是否带的同时，还要确定放入哪个行李箱。所以设：

①x_{ij} 为第 i 件必带物品是否放入第 j 个行李箱（$i=1, 2, \cdots, 7$；$j=1, 2, 3$）（1 表示放入，0 表示不放入）；

②y_{kj} 为第 k 件选带物品是否放入第 j 个行李箱（$k=1, 2, \cdots, 10$；$j=1, 2, 3$）（1 表示放入，0 表示不放入）。

（2）约束条件。

①行李箱的容积限制（其中 a_i 为第 i 件必带物品的体积，b_k 为第 k 件选带物品的体积）：

$$\sum_{i=1}^{7} a_i x_{i1} + \sum_{k=1}^{10} b_k y_{k1} \leqslant 1\,000$$

$$\sum_{i=1}^{7} a_i x_{i2} + \sum_{k=1}^{10} b_k y_{k2} \leqslant 1\,500$$

$$\sum_{i=1}^{7} a_i x_{i3} + \sum_{k=1}^{10} b_k y_{k3} \leqslant 2\,000$$

②必带物品限制：$\sum_{j=1}^{3} x_{ij} = 1$　（$i=1, 2, \cdots, 7$）

③选带物品限制：$\sum_{j=1}^{3} y_{kj} \leqslant 1$　（$k=1, 2, \cdots, 10$）

④0—1 变量：x_{ij}，$y_{kj}=0$，1　（$i=1, 2, \cdots, 7$；$j=1, 2, 3$；$k=1, 2, \cdots, 10$）

（3）目标函数。

未带物品购买费用最少（其中 p_k 为第 k 件选带物品在目的地的价格）。

$$\min z=\sum_{k=1}^{10} p_k\left(1-\sum_{j=1}^{3} y_{kj}\right)$$

于是，得到案例 7.1 的 0—1 规划模型：

$$\min z=\sum_{k=1}^{10} p_k\left(1-\sum_{j=1}^{3} y_{kj}\right)$$

$$\text{s. t.}\begin{cases}\sum_{i=1}^{7} a_i x_{i1}+\sum_{k=1}^{10} b_k y_{k1}\leqslant 1\,000\\ \sum_{i=1}^{7} a_i x_{i2}+\sum_{k=1}^{10} b_k y_{k2}\leqslant 1\,500\\ \sum_{i=1}^{7} a_i x_{i3}+\sum_{k=1}^{10} b_k y_{k3}\leqslant 2\,000\\ \sum_{j=1}^{3} x_{ij}=1 \quad (i=1,2,\cdots,7)\\ \sum_{j=1}^{3} y_{kj}\leqslant 1 \quad (k=1,2,\cdots,10)\\ x_{ij},y_{kj}=0,1 \quad (i=1,2,\cdots,7;\ j=1,2,3;\ k=1,2,\cdots,10)\end{cases}$$

案例 7.1 的电子表格模型如图 7—15 所示，参见“案例 7.1.xlsx”。为了查看方便，在最优解（必带物品是否放入）D5∶F11 区域和（选带物品是否放入）D15∶F24 区域中，使用 Excel 的“条件格式”功能①，将“0”值单元格的字体颜色设置成“黄色”，与填充颜色（背景色）相同。

	A	B	C	D	E	F	G	H	I	J	K
1	案例7.1 出国留学装行李方案										
2											
3		必带	必带	必带物品是否放入			必带放		必带放		
4		物品	体积	行李箱1	行李箱2	行李箱3	入次数		入一次		
5		1	400	1			1	=	1		
6		2	300			1	1	=	1		
7		3	150	1			1	=	1		
8		4	250			1	1	=	1		
9		5	450	1			1	=	1		
10		6	760		1		1	=	1		
11		7	190		1		1	=	1		
12											
13		选带	选带	选带物品是否放入			选带放		选带放		选带
14		物品	体积	行李箱1	行李箱2	行李箱3	入次数		入一次		价格
15		1	200				0	<=	1		15
16		2	350				0	<=	1		45
17		3	500			1	1	<=	1		100
18		4	430				0	<=	1		70
19		5	320				0	<=	1		50
20		6	120		1		1	<=	1		75
21		7	700			1	1	<=	1		200
22		8	420		1		1	<=	1		90
23		9	250				0	<=	1		20
24		10	100			1	1	<=	1		30
25											
26		装入物品件数		3	4	5	12				
27											
28		装入物品体积		1000	1490	1850			购买费用		200
29				<=	<=	<=					
30		行李箱的容积		1000	1500	2000					

图 7—15　案例 7.1 的电子表格模型

① 设置（或清除）条件格式的操作参见教材第 4 章附录Ⅱ。

名称	单元格
必带放入次数	G5:G11
必带放入一次	I5:I11
必带体积	C5:C11
必带物品是否放入	D5:F11
购买费用	K28
行李箱的容积	D30:F30
选带放入次数	G15:G24
选带放入一次	I15:I24
选带价格	K15:K24
选带体积	C15:C24
选带物品是否放入	D15:F24
装入物品体积	D28:F28

	G
3	必带放
4	入次数
5	=SUM(D5:F5)
6	=SUM(D6:F6)
7	=SUM(D7:F7)
8	=SUM(D8:F8)
9	=SUM(D9:F9)
10	=SUM(D10:F10)
11	=SUM(D11:F11)

	G
13	选带放
14	入次数
15	=SUM(D15:F15)
16	=SUM(D16:F16)
17	=SUM(D17:F17)
18	=SUM(D18:F18)
19	=SUM(D19:F19)
20	=SUM(D20:F20)
21	=SUM(D21:F21)
22	=SUM(D22:F22)
23	=SUM(D23:F23)
24	=SUM(D24:F24)

	C	D	E
26	装入物品件数	=SUM(D5:D11,D15:D24)	=SUM(E5:E11,E15:E24)

	F	G
26	=SUM(F5:F11,F15:F24)	=SUM(G5:G11,G15:G24)

	F
28	=SUMPRODUCT(必带体积,F5:F11)+SUMPRODUCT(选带体积,F15:F24)

	D
28	=SUMPRODUCT(必带体积,D5:D11)+SUMPRODUCT(选带体积,D15:D24)

	E
28	=SUMPRODUCT(必带体积,E5:E11)+SUMPRODUCT(选带体积,E15:E24)

	J	K
28	购买费用	=SUMPRODUCT(选带价格,1-选带放入次数)

规划求解参数

设置目标: (T)　　　　　购买费用

到: ○ 最大值(M)　● 最小值(N)　○ 目标值: (V)

通过更改可变单元格: (B)

必带物品是否放入, 选带物品是否放入

遵守约束: (U)

必带放入次数 = 必带放入一次
必带物品是否放入 = 二进制
装入物品体积 <= 行李箱的容积
选带放入次数 <= 选带放入一次
选带物品是否放入 = 二进制

☑ 使无约束变量为非负数 (K)

选择求解方法: (E)　　　　　单纯线性规划

图 7—15　案例 7.1 的电子表格模型（续）

需要说明的是：由于 0—1 变量较多，有（7＋10）×3＝51 个，0—1 规划求解所需时间也较长[1]，作者使用 Excel 的"规划求解"命令求解该问题多次，求解时间[2]有时十几分钟、二十几分钟、三十几分钟，有时也一个多小时。

Excel 求解结果如表 7—22 所示，此时未带物品的购买费用最低，为 200 美元。

表 7—22　　　　　　　　案例 7.1 的求解结果（出国留学装行李方案）

行李箱	必带物品	选带物品	合计
1	1、3、5（3 件）		3 件
2	6、7（2 件）	6、8（2 件）	4 件
3	2、4（2 件）	3、7、10（3 件）	5 件
未放入		1、2、4、5、9（5 件）	5 件

案例 7.2　某公司投资项目分析

某公司考虑在今后五年内投资兴办产业，以增强发展后劲，投资总额 800 万元，其中第 1 年 350 万元，第 2 年 300 万元，第 3 年 150 万元。投资项目有：

A_1：建立彩色印刷厂。第 1、2 年年初分别投入 220 万元，第 3 年年初可获利 60 万元，第 4 年起每年获利 130 万元。

A_2：投资离子镀膜基地。第 1 年投资 70 万元，第 2 年起每年获利 24 万元。

A_3：投资参股 F 企业。第 2 年投入 180 万元设备，第 3 年起每年可获利 70 万元。

A_4：投资 D 企业。每年年底可获利润为投资额的 25%（收回本利 125%），但第 1 年最高投资额为 80 万元，以后每年递增不超过 15 万元。

A_5：建立超细骨粉生产线。第 3 年投入 220 万元，第 4 年起每年可获利 90 万元。

A_6：投资某机电设备公司。年底收回本利 120%，但如果投资，规定每年投资额不低于 600 万元。

A_7：投资某技术公司。年底收回本利 115%。

投资期五年，需从上述七个项目中选择最优投资组合，使得第 5 年年末的本利总额最大。

解：

（1）决策变量。

本问题是一个连续投资问题，可设：

①0—1 变量：y_1，y_2，y_3，y_5 为公司是否投资项目 A_1、A_2、A_3、A_5（1 表示投资，0 表示不投资）；

②x_{4i}，x_{6i}，x_{7i}（$i=1$，2，3，4，5）为公司第 i 年年初给项目 A_4、A_6、A_7 的投资额（万元）；

③0—1 变量：y_{6i}（$i=1$，2，3，4，5）为公司第 i 年年初是否投资项目 A_6（1 表示投资，0 表示不投资）。

为了能直观地了解每年的情况，把每年年初给各项目的投资额和收回的本利列于表

---

①　Excel 软件中的"规划求解"命令采用"分支定界法"来求解 0—1 规划问题。

②　在 0—1 规划的"规划求解结果"对话框右边的"报告"列表框中选择"运算结果报告"选项，单击"确定"按钮。这时，可生成一个名为"运算结果报告"的新工作表。参见"案例 7.1.xlsx"中的"运算结果报告"工作表。

7—23 中。

表 7—23　　　　　　　　案例 7.2 每年各项目的投资额及收回的本利（万元）

		第 1 年	第 2 年	第 3 年	第 4 年	第 5 年	第 6 年
各项目的投资额	A_1	$220y_1$	$220y_1$				
	A_2	$70y_2$					
	A_3		$180y_3$				
	A_4	x_{41}	x_{42}	x_{43}	x_{44}	x_{45}	
	A_5			$220y_5$			
	A_6	x_{61}	x_{62}	x_{63}	x_{64}	x_{65}	
	A_7	x_{71}	x_{72}	x_{73}	x_{74}	x_{75}	
投入资金或各项目收回的本利	投入资金	350	300	150			
	A_1			$60y_1$	$130y_1$	$130y_1$	$130y_1$
	A_2		$24y_2$	$24y_2$	$24y_2$	$24y_2$	$24y_2$
	A_3			$70y_3$	$70y_3$	$70y_3$	$70y_3$
	A_4		$125\%x_{41}$	$125\%x_{42}$	$125\%x_{43}$	$125\%x_{44}$	$125\%x_{45}$
	A_5				$90y_5$	$90y_5$	$90y_5$
	A_6		$120\%x_{61}$	$120\%x_{62}$	$120\%x_{63}$	$120\%x_{64}$	$120\%x_{65}$
	A_7		$115\%x_{71}$	$115\%x_{72}$	$115\%x_{73}$	$115\%x_{74}$	$115\%x_{75}$

（2）约束条件。

①由于项目 A_7 每年都可以投资，且投资额没有限制，当年年底就可收回本利，所以公司每年应把所有资金都投出去，即投资额应等于手中拥有的资金。

也就是，每年投资额＝可用资金（可对照表 7—23 中各列）。

第 1 年年初：该公司第 1 年年初拥有资金 350 万元，所以有

$$220y_1+70y_2+x_{41}+x_{61}+x_{71}=350$$

第 2 年年初：

$$220y_1+180y_3+x_{42}+x_{62}+x_{72}=300+24y_2+125\%x_{41}+120\%x_{61}+115\%x_{71}$$

第 3 年年初：

$$x_{43}+220y_5+x_{63}+x_{73}=150+60y_1+24y_2+70y_3+125\%x_{42}+120\%x_{62}+115\%x_{72}$$

第 4 年年初：

$$x_{44}+x_{64}+x_{74}=130y_1+24y_2+70y_3+125\%x_{43}+90y_5+120\%x_{63}+115\%x_{73}$$

第 5 年年初：

$$x_{45}+x_{65}+x_{75}=130y_1+24y_2+70y_3+125\%x_{44}+90y_5+120\%x_{64}+115\%x_{74}$$

②项目 A4 每年最高投资额限制：

$$x_{41}\leq80,\ x_{42}\leq95,\ x_{43}\leq110,\ x_{44}\leq125,\ x_{45}\leq140$$

③项目 A_6 每年投资额不低于 600 万元（项目 A_6 每年投资额 x_{6i} 与是否投资 y_{6i} 的关系，其中 M 为相对极大值）：

$$x_{6i}\leq My_{6i}\quad(i=1,\ 2,\ 3,\ 4,\ 5)$$

$$x_{6i} \geqslant 600 y_{6i} \quad (i=1,2,3,4,5)$$

④非负：x_{4i}，x_{6i}，$x_{7i} \geqslant 0$ $\quad (i=1,2,3,4,5)$

⑤0—1变量：y_1，y_2，y_3，y_5，$y_{6i}=0$，1 $\quad (i=1,2,3,4,5)$

（3）目标函数。

公司第5年年末（第6年年初）所获得的本利总额最大（可对照表7—23的最右列）。

$$\max z=130 y_1 + 24 y_2 + 70 y_3 + 125\% x_{45} + 90 y_5 + 120\% x_{65} + 115\% x_{75}$$

于是，得到案例7.2的线性规划模型：

$$\max z=130 y_1 + 24 y_2 + 70 y_3 + 125\% x_{45} + 90 y_5 + 120\% x_{65} + 115\% x_{75}$$

$$\text{s. t.} \begin{cases} 220 y_1 + 70 y_2 + x_{41} + x_{61} + x_{71} = 350 \\ 220 y_1 + 180 y_3 + x_{42} + x_{62} + x_{72} = 300 + 24 y_2 + 125\% x_{41} + 120\% x_{61} + 115\% x_{71} \\ x_{43} + 220 y_5 + x_{63} + x_{73} = 150 + 60 y_1 + 24 y_2 + 70 y_3 + 125\% x_{42} + 120\% x_{62} + 115\% x_{72} \\ x_{44} + x_{64} + x_{74} = 130 y_1 + 24 y_2 + 70 y_3 + 125\% x_{43} + 90 y_5 + 120\% x_{63} + 115\% x_{73} \\ x_{45} + x_{65} + x_{75} = 130 y_1 + 24 y_2 + 70 y_3 + 125\% x_{44} + 90 y_5 + 120\% x_{64} + 115\% x_{74} \\ x_{41} \leqslant 80, \ x_{42} \leqslant 95, \ x_{43} \leqslant 110, \ x_{44} \leqslant 125, \ x_{45} \leqslant 140 \\ 600 y_{6i} \leqslant x_{6i} \leqslant M y_{6i} \quad (i=1,2,3,4,5) \\ x_{4i}, \ x_{6i}, \ x_{7i} \geqslant 0 \quad (i=1,2,3,4,5) \\ y_1, \ y_2, \ y_3, \ y_5, \ y_{6i}=0, \ 1 \quad (i=1,2,3,4,5) \end{cases}$$

案例7.2的电子表格模型如图7—16所示，参见"案例7.2.xlsx"。

	A B	C	D	E	F	G	H	I
1	**案例7.2 某公司的投资方案**							
2								
3		A_1	A_2	A_3	A_4	A_5	A_6	A_7
4	收益率				25%		20%	15%
5	每年获利	60	24	70		90		
6		130						
7								
8					各项目的投资额			
9		A_1	A_2	A_3	A_4	A_5	A_6	A_7
10	第1年	0	70		80		0	200
11	第2年	0		0	54		600	0
12	第3年				110	0	851.5	0
13	第4年				125		1058.3	0
14	第5年				140		1310.21	0
15	第6年							
16								
17	是否投资	0	1	0			0	600
18	投资额	220	70	180			220	9999
19								
20					A_4最大投资	A_6最小投资	A_6是否投资	A_6最大投资
21			第1年	80	0	0	0	
22			第2年	95	600	1	9999	
23			第3年	110	600	1	9999	
24			第4年	125	600	1	9999	
25			第5年	140	600	1	9999	

图7—16 案例7.2的电子表格模型

	J	K	L	M	N	O	P	Q	R	S	T
8	总投		可投	各项目收回的本利							投入
9	资额		资额	A_1	A_2	A_3	A_4	A_5	A_6	A_7	资金
10	350	=	350								350
11	654	=	654		24		100		0	230	300
12	961.5	=	961.5	0	24	0	67.5		720	0	150
13	1183.3	=	1183.3	0	24	0	137.5	0	1021.8	0	
14	1450.21	=	1450.21	0	24	0	156.25	0	1269.96	0	
15	本利总额		1771.252	0	24		175	0	1572.252	0	

名称	单元格
A_1第 3 年获利	C5
A_1第 4 年起每年获利	C6
A_1是否投资	C17
A_1投资额	C18
A_2每年获利	D5
A_2是否投资	D17
A_2投资额	D18
A_3每年获利	E5
A_3是否投资	E17
A_3投资额	E18
A_4收益率	F4
A_4投资额	F10:F14
A_4最大投资	F21:F25
A_5每年获利	G5
A_5是否投资	G17
A_5投资额	G18
A_6是否投资	H21:H25
A_6收益率	H4
A_6投资额	H10:H14
A_6最大投资	I21:I25
A_6最少投资额	H17
A_6最小投资	G21:G25
A_6最小投资额	H17
A_7收益率	I4
A_7投资额	I10:I14
可投资额	L10:L14
五年后本利总额	L15
相对极大值M	H18
总投资额	J10:J14

	C
9	A_1
10	=A_1投资额*A_1是否投资
11	=A_1投资额*A_1是否投资

	D
9	A_2
10	=A_2投资额*A_2是否投资

	E
9	A_3
10	
11	=A_3投资额*A_3是否投资

	G
9	A_5
10	
11	
12	=A_5投资额*A_5是否投资

	J
8	总投
9	资额
10	=SUM(C10:I10)
11	=SUM(C11:I11)
12	=SUM(C12:I12)
13	=SUM(C13:I13)
14	=SUM(C14:I14)

	L	M
8	可投	各项目收回的本利
9	资额	A_1
10	=SUM(M10:T10)	
11	=SUM(M11:T11)	
12	=SUM(M12:T12)	=A_1第 3 年获利*A_1是否投资
13	=SUM(M13:T13)	=A_1第 4 年起每年获利*A_1是否投资
14	=SUM(M14:T14)	=A_1第 4 年起每年获利*A_1是否投资
15	=SUM(M15:T15)	=A_1第 4 年起每年获利*A_1是否投资

	N	O
9	A_2	A_3
10		
11	=A_2每年获利*A_2是否投资	
12	=A_2每年获利*A_2是否投资	=A_3每年获利*A_3是否投资
13	=A_2每年获利*A_2是否投资	=A_3每年获利*A_3是否投资
14	=A_2每年获利*A_2是否投资	=A_3每年获利*A_3是否投资
15	=A_2每年获利*A_2是否投资	=A_3每年获利*A_3是否投资

图 7—16　案例 7.2 的电子表格模型（续）

	P	Q
9	A_4	A_5
10		
11	=(1+A_4收益率)*F10	
12	=(1+A_4收益率)*F11	
13	=(1+A_4收益率)*F12	A_5每年获利*A_5是否投资
14	=(1+A_4收益率)*F13	A_5每年获利*A_5是否投资
15	=(1+A_4收益率)*F14	A_5每年获利*A_5是否投资

	R	S
9	A_6	A_7
10		
11	=(1+A_6收益率)*H10	=(1+A_7收益率)*I10
12	=(1+A_6收益率)*H11	=(1+A_7收益率)*I11
13	=(1+A_6收益率)*H12	=(1+A_7收益率)*I12
14	=(1+A_6收益率)*H13	=(1+A_7收益率)*I13
15	=(1+A_6收益率)*H14	=(1+A_7收益率)*I14

	F	G		I
20	A_4最大投资	A_6最小投资	20	A_6最大投资
21	80	=A_6最少投资额*H21	21	=相对极大值M*H21
22	=F21+15	=A_6最少投资额*H22	22	=相对极大值M*H22
23	=F22+15	=A_6最少投资额*H23	23	=相对极大值M*H23
24	=F23+15	=A_6最少投资额*H24	24	=相对极大值M*H24
25	=F24+15	=A_6最少投资额*H25	25	=相对极大值M*H25

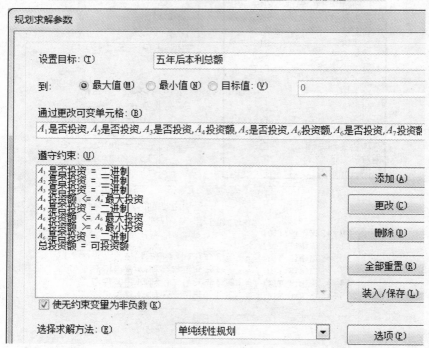

图7—16　案例7.2的电子表格模型（续）

根据Excel求解结果可知，该公司每年年初给各项目的投资额（万元）如表7—24所示。这样的投资决策可使该公司第5年年末的资金总额达到最大，为1 771.252万元。

表 7—24　　　　　　　　　　案例 7.2 的求解结果（每年各项目的投资额）

	A_1	A_2	A_3	A_4	A_5	A_6	A_7
第 1 年	0	70		80		0	200
第 2 年	0		0	54		600	0
第 3 年				110	0	851.5	0
第 4 年				125		1 058.3	0
第 5 年				140		1 310.21	0

案例 7.3　某房地产开发公司投资项目分析

随着我国社会主义市场经济的深入发展以及房地产行业竞争的日益激烈，某房地产公司领导号召全体职工在搞好本职工作的基础上，努力学习市场经济的知识，加强风险意识，提高企业管理水平，并对未来的开发项目做出可行性研究，充分发挥决策的作用。因此，财务部门基于公司确立的这个方向，对今后三年可能投资的项目进行了一次优选，资料见表 7—25 和表 7—26。

表 7—25　　　　　　　　　　今后三年计划投资项目的投资情况表

项目	建筑面积（万平方米）	第 1 年年初投资（亿元）	第 2 年年初投资（亿元）	第 3 年年初投资（亿元）
A	25	10	3	4
B	20	9	3	3
C	40	6	3	2
D	20	5	3	4
E	65	6	4	3
合计	170	36	16	16

表 7—26　　　　　　　　　　今后三年计划投资项目的产出情况表

项目	第 1 年年末产出（亿元）	第 2 年年末产出（亿元）	第 3 年年末产出（亿元）
A	6	6	7
B	5	8	7
C	0	10	6
D	7	0	10
E	5	6	6
合计	23	30	36

该房地产公司在第 1 年年初有资金 25 亿元，并要求：

（1）投资项目总开工面积不得低于 120 万平方米，并且要求全部在第 3 年年末竣工验收；

（2）项目 E 必须上马；

（3）各年年末项目总产出可以在下一年年初继续投入，以弥补资金的不足。

另外，如果公司有剩余的资金，可投资到另一个项目，每年能收回资金的本利 110%；如果公司欠缺资金，可用贷款方式补足，贷款年利率为 12%。问公司应如何运作，可使第 3 年年末的总产出最大？

解:

（1）决策变量。

本问题是一个资金管理问题，可设:

①0—1变量: x_i 为是否投资项目 $i(i=A，B，C，D，E)$（1表示投资，0表示不投资）；

②如果公司有剩余的资金可投资到另一个项目（称为"项目 S"），则设 $s_i(i=1，2，3)$ 为公司第 i 年年初给项目 S 的投资额（亿元）；

③如果公司欠缺的资金可用贷款方式补足，则设 $y_i(i=1，2，3)$ 为公司第 i 年年初的贷款额（亿元）。

为了能直观地了解每年的情况，把每年年初给各项目的投资额和收回的本利列于表7—27中。

表 7—27　　　　　　　　　　案例 7.3 每年各项目的投资额及产出（亿元）

		第1年	第2年	第3年	第4年
各项目的投资额	A	$10x_A$	$3x_A$	$4x_A$	
	B	$9x_B$	$3x_B$	$3x_B$	
	C	$6x_C$	$3x_C$	$2x_C$	
	D	$5x_D$	$3x_D$	$4x_D$	
	E	$6x_E$	$4x_E$	$3x_E$	
	S	s_1	s_2	s_3	
各项目的产出	A		$6x_A$	$6x_A$	$7x_A$
	B		$5x_B$	$8x_B$	$7x_B$
	C		$0x_C$	$10x_C$	$6x_C$
	D		$7x_D$	$0x_D$	$10x_D$
	E		$5x_E$	$6x_E$	$6x_E$
	S		$110\%s_1$	$110\%s_2$	$110\%s_3$
现有资金		25			
贷款额		y_1	y_2	y_3	
还款额			$112\%y_1$	$112\%y_2$	$112\%y_3$

（2）目标函数。

使公司第3年年末（第4年年初）的总产出最大（可对照表7—27的最右列）。

$$\max z = 7x_A + 7x_B + 6x_C + 10x_D + 6x_E + 110\%s_3 - 112\%y_3$$

（3）约束条件。

①由于项目 S 每年都可以投资（如果公司有剩余的资金可投资到另一个项目，每年能收回资金的本利110%），且投资额没有限制，当年年底就可收回本利，所以公司每年应把所有资金都投出去，即投资额应等于手中拥有的资金。

也就是，每年投资额=可用资金（可对照表7—27中各列）。

第1年年初:公司第1年年初有资金25亿元，可以贷款 y_1 亿元，所以有

$$10x_A + 9x_B + 6x_C + 5x_D + 6x_E + s_1 = 25 + y_1$$

第2年年初:各项目第1年年末有产出，可以贷款 y_2 亿元，但要偿还第1年年初的贷款本息 $(1+12\%)y_1$，则有:

$$3x_A+3x_B+3x_C+3x_D+4x_E+s_2$$
$$=6x_A+5x_B+0x_C+7x_D+5x_E+110\%s_1+y_2-(1+12\%)y_1$$

同理，第 3 年年初：

$$4x_A+3x_B+2x_C+4x_D+3x_E+s_3$$
$$=6x_A+8x_B+10x_C+0x_D+6x_E+110\%s_2+y_3-(1+12\%)y_2$$

②总开工面积不得低于 120 万平方米：

$$25x_A+20x_B+40x_C+20x_D+65x_E\geqslant 120$$

③项目 E 必须上马：$x_E=1$

④0—1 变量：x_A，x_B，x_C，x_D，$x_E=0$，1

⑤非负：s_i，$y_i\geqslant 0$　($i=1$，2，3)

于是，得到案例 7.3 的线性规划模型：

$$\max z=7x_A+7x_B+6x_C+10x_D+6x_E+110\%s_3-112\%y_3$$

$$\text{s.t.}\begin{cases}10x_A+9x_B+6x_C+5x_D+6x_E+s_1=25+y_1\\3x_A+3x_B+3x_C+3x_D+4x_E+s_2=6x_A+5x_B+0x_C+7x_D+5x_E\\\quad+110\%s_1+y_2-(1+12\%)y_1\\4x_A+3x_B+2x_C+4x_D+3x_E+s_3=6x_A+8x_B+10x_C+0x_D+6x_E\\\quad+110\%s_2+y_3-(1+12\%)y_2\\25x_A+20x_B+40x_C+20x_D+65x_E\geqslant 120\\x_E=1\\x_A,x_B,x_C,x_D,x_E=0,1\\s_i,y_i\geqslant 0\quad(i=1,2,3)\end{cases}$$

案例 7.3 的电子表格模型如图 7—17 所示，参见“案例 7.3.xlsx”。

	A	B	C	D	E	F	G	H	I
1	**案例7.3 某房地产开发公司投资项目分析**								
2									
3		投资额	*A*	*B*	*C*	*D*	*E*		
4		第1年年初	10	9	6	5	6		
5		第2年年初	3	3	3	3	4		
6		第3年年初	4	3	2	4	3		
7									
8									
9					各项目的投资额				总投
10			*A*	*B*	*C*	*D*	*E*	*S*	资额
11		第1年	0	9	6	5	6	0	26
12		第2年	0	3	3	3	4	2.88	15.88
13		第3年	0	3	2	4	3	15.168	27.168
14		第4年							
15		是否投资	0	1	1	1	1		
16							=		
17						*E*必须上马	1		
18									
19		面积	25	20	40	20	65		
20									
21			实际开工面积			最少开工面积			
22				145	>=	120			

图 7—17　案例 7.3 的电子表格模型

	J	K	L	M	N	O	P	Q	R	S
1										
2										
3		产出额	A	B	C	D	E			
4		第1年年末	6	5	0	7	5	现有资金		25
5		第2年年末	6	8	10	0	6	S收益率		10%
6		第3年年末	7	7	6	10	6	贷款利率		12%
7										
8										
9		可投	各项目的产出（收回的本利）						贷款	还款
10		资额	A	B	C	D	E	S	额	额
11	=	26							1	
12	=	15.88	0	5	0	7	5		0	1.12
13	=	27.168	0	8	10	0	6	3.168	0	0
14	总产出	45.6848	0	7	6	10	6	16.6848	0	

名称	单元格
A是否投资	C15
B是否投资	D15
C是否投资	E15
D是否投资	F15
E必须上马	G17
E是否投资	G15
S收益率	S5
S投资额	H11:H13
贷款额	R11:R13
贷款利率	S6
可投资额	K11:K13
面积	C19:G19
三年末总产出	K14
实际开工面积	D22
是否投资	C15:G15
现有资金	S4
总投资额	I11:I13
最少开工面积	F22

	C	D
10	A	B
11	=C4*A是否投资	=D4*B是否投资
12	=C5*A是否投资	=D5*B是否投资
13	=C6*A是否投资	=D6*B是否投资

	E	F
10	C	D
11	=E4*C是否投资	=F4*D是否投资
12	=E5*C是否投资	=F5*D是否投资
13	=E6*C是否投资	=F6*D是否投资

	G		I
9		9	总投
10	E	10	资额
11	=G4*E是否投资	11	=SUM(C11:H11)
12	=G5*E是否投资	12	=SUM(C12:H12)
13	=G6*E是否投资	13	=SUM(C13:H13)

	S
9	还款
10	额
11	
12	=(1+贷款利率)*R11
13	=(1+贷款利率)*R12
14	=(1+贷款利率)*R13

	D
21	实际开工面积
22	=SUMPRODUCT(面积,是否投资)

	K	L	M	N
9	可投	各项目的产出（收回的本利）		
10	资额	A	B	C
11	=现有资金+R11			
12	=SUM(L12:R12)-S12	=L4*A是否投资	=M4*B是否投资	=N4*C是否投资
13	=SUM(L13:R13)-S13	=L5*A是否投资	=M5*B是否投资	=N5*C是否投资
14	=SUM(L14:R14)-S14	=L6*A是否投资	=M6*B是否投资	=N6*C是否投资

	O	P	Q
10	D	E	S
11			
12	=O4*D是否投资	=P4*E是否投资	=(1+S收益率)*H11
13	=O5*D是否投资	=P5*E是否投资	=(1+S收益率)*H12
14	=O6*D是否投资	=P6*E是否投资	=(1+S收益率)*H13

图7—17 案例7.3的电子表格模型（续）

图 7—17 案例 7.3 的电子表格模型（续）

　　根据 Excel 求解结果可知，该公司应投资 B、C、D、E 四个项目（不投资项目 A），总开工面积为 145 万平方米。

　　这样公司第 1 年年初欠缺资金 1 亿元（贷款 1 亿元），第 2 年年初有剩余资金 2.88 亿元，第 3 年年初有剩余资金 15.168 亿元。第 3 年年末的总产出为 45.684 8 亿元。

第 8 章

非线性规划

8.1 本章学习要求

（1）理解非线性规划的基本概念；

（2）掌握二次规划的建模与应用；

（3）掌握可分离规划的建模与应用。

8.2 本章主要内容

本章主要内容框架如图 8—1 所示。

$$
\text{非线性规划}
\begin{cases}
\text{基本概念：非线性函数} \\
\text{二次规划}
\begin{cases}
\text{非线性的营销成本问题} \\
\text{有价证券投资组合问题}
\end{cases} \\
\text{可分离规划}
\begin{cases}
\text{边际收益递减的可分离规划} \\
\text{边际收益递增的可分离规划}
\end{cases}
\end{cases}
$$

图 8—1　第 8 章主要内容框架图

1．二次规划

（1）若某非线性规划问题的目标函数是决策变量的二次函数，而且是边际收益递减，约束条件又都是线性的，就称这种规划为二次规划。边际收益递减的二次规划的局部最优解为全局最优解，用 Excel 可以求解。

（2）非线性的营销成本问题：单位营销成本随着销量的增加而增加（单位利润随着销量的增加而减少，边际收益递减）。

（3）有价证券投资组合问题：投资者不仅关心预期收益，还关注着投资带来的相应风险，所以非线性规划经常用来确定投资的组合，该投资组合在一定的假设下可以获得收益和风险之间的最优平衡。模型的一般表达形式为：

　　最小化　风险

　　约束条件　收益≥最低可接受水平

　　这个模型关注投资组合的风险和收益之间的平衡。

　　模型中的风险是以概率论中定义的收益的方差来衡量的，利用概率论中的标准公式，目标函数就可以表示为决策变量的非线性函数（决策变量是各种股票占总投资的比例），其边际收益是递减的。

2. 可分离规划

　　(1) 可分离规划技术为利润（或成本）曲线上的每一段直线引入新的决策变量，以代替原来的单一决策变量。

　　(2) 可分离规划技术可将非线性规划问题转化为相应的线性规划问题（利用"可分离规划"建立的新模型是线性规划模型）。这有助于非常有效地求解问题，并且可以对转化后的线性规划问题进行灵敏度分析。

8.3　本章上机实验

1. 实验目的

掌握使用 Excel 软件求解简单非线性规划问题的操作方法。

2. 内容和要求

使用 Excel 软件求解习题 8.3、案例 8.1（或其他例子、习题、案例等）。

3. 操作步骤

　　(1) 在 Excel 中建立非线性规划问题的电子表格模型；

　　(2) 使用 Excel 软件中的"规划求解"命令求解非线性规划问题；

　　(3) 结果分析；

　　(4) 在 Excel 文件或 Word 文档中撰写实验报告，包括非线性规划模型、电子表格模型和结果分析等。

8.4　本章习题全解

　　8.1　重新考虑（教材）8.2 节中的例 8.4，现在找到了第 4 种股票（股票 4），可以很好地平衡预期收益和风险。其预期收益为 17%，风险为 18%。它与股票 1、股票 2、股票 3 的交叉风险（协方差）分别为 −0.015，−0.025，0.003。在最低可接受预期收益为 18% 时，请确定这四种股票的最优投资比例，以使投资组合的总风险最小。

　　解：

　　为了读者阅读方便，这里将教材 8.2 节中的例 8.4 复述如下：

　　现要投资三种股票（股票 1、股票 2 和股票 3）。表 8—1 给出了三种股票的相关数据。如果投资者预期收益的最低可接受水平为 18%，请确定这三种股票的最优投资比例，以使投资组合的风险最小。

表 8—1   三种股票的相关数据

股票	预期收益	风险（标准差）	投资组合	交叉风险（协方差）
1	21%	25%	1 与 2	0.040
2	30%	45%	1 与 3	−0.005
3	8%	5%	2 与 3	−0.010

对增加第 4 种股票（股票 4）后的习题 8.1 求解二次规划模型。

（1）决策变量。

设 x_i 为股票 i 占总投资的比例（$i=1$，2，3，4）。

（2）目标函数。

本问题的目标是投资组合的风险（总方差）最小，即：

$$\min z=(0.25x_1)^2+(0.45x_2)^2+(0.05x_3)^2+(0.18x_4)^2+2(0.040)x_1x_2$$
$$+2(-0.005)x_1x_3+2(-0.010)x_2x_3+2(-0.015)x_1x_4$$
$$+2(-0.025)x_2x_4+2(0.003)x_3x_4$$

（3）约束条件。

①投资比例总和为 1：$x_1+x_2+x_3+x_4=1$

②预期收益不低于 18%：$21\%x_1+30\%x_2+8\%x_3+17\%x_4\geqslant18\%$

③非负：x_1，x_2，x_3，$x_4\geqslant0$

于是，得到习题 8.1 的二次规划模型：

$$\min z=(0.25x_1)^2+(0.45x_2)^2+(0.05x_3)^2+(0.18x_4)^2$$
$$+2(0.040)x_1x_2+2(-0.005)x_1x_3+2(-0.010)x_2x_3$$
$$+2(-0.015)x_1x_4+2(-0.025)x_2x_4+2(0.003)x_3x_4$$

$$\text{s. t.}\begin{cases}x_1+x_2+x_3+x_4=1\\21\%x_1+30\%x_2+8\%x_3+17\%x_4\geqslant18\%\\x_1,x_2,x_3,x_4\geqslant0\end{cases}$$

习题 8.1 的电子表格模型如图 8—2 所示，参见"习题 8.1. xlsx"。由于目标函数"总风险（方差）"的公式是非线性的，也比较复杂，从而希望找到一种不容易出错且简便的办法。在 Excel 建模中通过构造"协方差矩阵（方差、协方差）"的方法，利用 SUM-PRODUCT 函数和 MMULT 函数来实现（见 C19 单元格），目标函数的公式为：

总风险（方差）=SUMPRODUCT(MMULT(投资比例，协方差矩阵)，投资比例)

需要注意的是：在输入此公式时，要先在"投资比例（C15：F15 区域）"中输入一组试验解（比如都输入"0"），这样才能正常显示公式的计算结果。

当投资者预期收益的最低可接受水平为 18% 时，四种股票的投资比例分别为 24.5%、12.4%、17.6% 和 45.5%，此时，投资组合的风险（方差）达到最小，为 0.009 5，也就是投资组合的风险（标准差）为 9.8%。

8.2 某股民现有 50 000 元要用于投资，打算购买两种股票。股票 1 是具有发展潜力且风险较小的蓝筹股。相比而言，股票 2 投机性要高得多，该股票具有很大的发展潜力，同时风险很高。股民希望他的投资可以使他获得可观的收益，并计划三年之后将股票卖出。

	A	B	C	D	E	F	G	H	I
1	习题8.1								
2									
3			股票1	股票2	股票3	股票4			
4		预期收益	21%	30%	8%	17%			
5									
6		风险（标准差）	25%	45%	5%	18%			
7									
8		协方差矩阵	股票1	股票2	股票3	股票4			
9		股票1	0.0625	0.040	−0.005	−0.015			
10		股票2	0.040	0.2025	−0.010	−0.025			
11		股票3	−0.005	−0.010	0.0025	0.003			
12		股票4	−0.015	−0.025	0.003	0.0324			
13									
14			股票1	股票2	股票3	股票4	合计		
15		投资比例	24.5%	12.4%	17.6%	45.5%	1	=	1
16									
17		总预期收益	18%	>=	18%	最低预期收益			
18									
19		总风险（方差）	0.0095						
20									
21		总风险（标准差）	9.8%						

	B	C	D	E	F
8	协方差矩阵	股票1	股票2	股票3	股票4
9	股票1	=C6^2	0.04	−0.005	−0.015
10	股票2	=D9	=D6^2	−0.01	−0.025
11	股票3	=E9	=E10	=E6^2	0.003
12	股票4	=F9	=F10	=F11	=F6^2

	B	C
17	总预期收益	=SUMPRODUCT(预期收益,投资比例)
18		
19	总风险（方差）	=SUMPRODUCT(MMULT(投资比例,协方差矩阵),投资比例)
20		
21	总风险（标准差）	=SQRT(总风险)

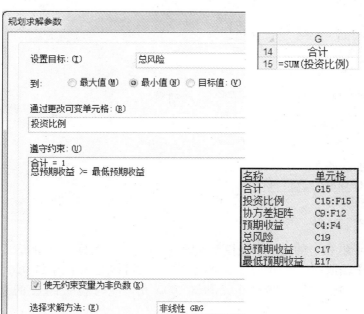

	G
14	合计
15	=SUM(投资比例)

规划求解参数

设置目标：(T)　　　　总风险

到：　○ 最大值(M)　　● 最小值(N)　　○ 目标值：(V)

通过更改可变单元格：(B)

投资比例

遵守约束：(U)

合计 = 1
总预期收益 >= 最低预期收益

名称	单元格
合计	G15
投资比例	C15:F15
协方差矩阵	C9:F12
预期收益	C4:F4
总风险	C19
总预期收益	C17
最低预期收益	E17

☑ 使无约束变量为非负数(K)

选择求解方法：(E)　　　非线性 GRG

图 8—2　习题 8.1 的电子表格模型

在研究了这两个上市公司的过往业绩以及当前前景之后，他做出了以下估计：如果现在将全部 50 000 元投资股票 1，三年后出售该股票获得的收益预期为 12 500 元，标准差为 5 000 元。如果现在将全部 50 000 元投资股票 2，三年后出售该股票获得的收益预期为 20 000 元，标准差为 30 000 元。两种股票在市场上的表现十分独立，因此，这两种股票根据历史数据计算的结果是两种股票收益的协方差为 0。

（1）在投资者预期收益的最低可接受水平为 17 000 元时，请确定这两种股票的最优投资金额，以使投资组合的总风险最小。

（2）预期收益的最低可接受水平分别为 13 000 元、15 000 元、17 000 元和 19 000 元时，求这四种情况的解。

解：

本问题是一个最优化投资组合问题。

1. 问题（1）的求解

（1）决策变量。

设 x_1，x_2 分别为股票 1 和股票 2 占总投资的比例。

（2）目标函数。

本问题的目标是投资组合的总风险最小。这里只有独立风险，没有交叉风险，因为协方差为 0。

$$\min z = \left(\frac{5\,000}{50\,000}x_1\right)^2 + \left(\frac{30\,000}{50\,000}x_2\right)^2$$

（3）约束条件。

①投资比例总和为 1：$x_1 + x_2 = 1$

②预期收益不低于最低可接受水平 17 000 元：

$$\frac{12\,500}{50\,000}x_1 + \frac{20\,000}{50\,000}x_2 \geqslant \frac{17\,000}{50\,000}$$

③非负：x_1，$x_2 \geqslant 0$

于是，得到习题 8.2 问题（1）的二次规划模型：

$$\min z = \left(\frac{5\,000}{50\,000}x_1\right)^2 + \left(\frac{30\,000}{50\,000}x_2\right)^2$$

$$\text{s. t.} \begin{cases} x_1 + x_2 = 1 \\ \dfrac{12\,500}{50\,000}x_1 + \dfrac{20\,000}{50\,000}x_2 \geqslant \dfrac{17\,000}{50\,000} \\ x_1, x_2 \geqslant 0 \end{cases}$$

习题 8.2 问题（1）的电子表格模型如图 8—3 所示，参见"习题 8.2(1). xlsx"。

Excel 的求解结果为：在投资者预期收益的最低可接受水平为 17 000 元时，这两种股票的最优投资金额分别为 20 000 元和 30 000 元，此时投资组合的总风险最小，为 18 111 元。

	A	B	C	D	E	F	G
1	习题8.2（1）						
2							
3			股票1	股票2			投资总额
4		预期收益（金额）	12500	20000			50000
5		预期收益	25%	40%			
6							
7		风险（金额）	5000	30000			
8		风险（标准差）	10%	60%			
9							
10			股票1	股票2	合计		
11		投资比例	40.0%	60.0%	1	=	1
12		投资金额	20000	30000			
13							
14			最低预期收益（金额）		17000		
15		总预期收益	34.0%	>=	34.0%	最低预期收益	
16		总预期收益（金额）	17000				
17							
18		总风险（方差）	0.1312				
19		总风险（标准差）	36.2%				
20		总风险（金额）	18111				

	B	C	D
5	预期收益	=C4/投资总额	=D4/投资总额

	B	C	D
8	风险（标准差）	=C7/投资总额	=D7/投资总额

	E
10	合计
11	=SUM(投资比例)

	E	F
15	=E14/投资总额	最低预期收益

	B	C	D
12	投资金额	=投资总额*投资比例	=投资总额*投资比例

	B	C
15	总预期收益	=SUMPRODUCT(预期收益,投资比例)
16	总预期收益（金额）	=总预期收益*投资总额
17		
18	总风险（方差）	=SUMPRODUCT(风险,风险,投资比例,投资比例)
19	总风险（标准差）	=SQRT(总风险)
20	总风险（金额）	=C19*投资总额

规划求解参数

设置目标：(T)　　　　总风险

到：　○最大值(M)　●最小值(N)　○目标值(V)

通过更改可变单元格：(B)

投资比例

遵守约束：(U)

合计 = 1
总预期收益 >= 最低预期收益

名称	单元格
风险	C8:D8
合计	E11
投资比例	C11:D11
投资总额	G4
预期收益	C5:D5
总风险	C18
总预期收益	C15
最低预期收益	E15

☑ 使无约束变量为非负数(K)

选择求解方法：(E)　　　非线性 GRG

图 8—3　习题 8.2（1）的电子表格模型

2. 问题（2）的求解

问题（2）是在问题（1）的基础上，改变预期收益的最低可接受水平（分别为 13 000 元、15 000 元、17 000 元和 19 000 元），因此只需在图 8—3 中分别修改"最低预期收益（金额）"（E14 单元格），然后重新运行"规划求解"命令即可。这四种情况的求解结果如表 8—2 所示。

表 8—2　　　　　习题 8.2 的四种最低预期收益的求解结果

最低预期收益（元）	股票 1 投资额（元）	股票 2 投资额（元）	预期收益（元）	风险（元）
13 000	46 667	3 333	13 000	5 077
15 000	33 333	16 667	15 000	10 541
17 000	20 000	30 000	17 000	18 111
19 000	6 667	43 333	19 000	26 009

8.3　某股民决定对几家公司的股票进行投资，根据对这几家公司的了解，估计了这几家公司的股票明年的行情，如表 8—3 所示。

表 8—3　　　　　　　　　公司股票明年行情估计

公司 1	公司 2	公司 3	公司 4	公司 5	公司 6
从现在的每股 60 元上涨到 72 元	在现在每股 127 元的基础上上涨 42%	一年内上涨一倍，从现在的每股 4 元涨到 8 元	从现在的每股 50 元上涨到 75 元	在现在每股 150 元的基础上上涨 46%	从现在的每股 20 元上涨到 26 元

该股民从网上搜索到了这几家公司的股票的投资风险，这六种股票收益方差和协方差的数据如表 8—4 和表 8—5 所示。

表 8—4　　　　　　　　　公司股票的收益方差

公司	1	2	3	4	5	6
方差	0.032	0.1	0.333	0.125	0.065	0.08

表 8—5　　　　　　　　　公司股票的收益协方差

协方差	公司 2	公司 3	公司 4	公司 5	公司 6
公司 1	0.005	0.03	−0.031	−0.027	0.01
公司 2		0.085	−0.07	−0.05	0.02
公司 3			−0.11	−0.02	0.042
公司 4				0.05	−0.06
公司 5					−0.02

试问：

（1）一开始，假设忽视所有投资的风险。在这种情况下，最优的投资组合该如何（六种股票的投资比例各是多少）？该投资组合的总风险是多少？

（2）假设不能在一种股票上投入超过总额 40% 的资金，在不考虑风险并加入这一限制条件时，最优的投资组合如何？该投资组合的总风险又是多少？

（3）将投资风险考虑在内，建立一个二次规划模型，使总风险最小，同时确保预期收益不低于所选择的最低可接受水平。

①希望能够获得至少 35％的预期收益，同时又要使投资风险最小，这种情况下，最优的投资组合该如何？

②要获得至少 25％的预期收益，最小风险是多少？至少 40％的预期收益，情况又会如何？

解：

通过表 8—3 可以计算各公司股票明年的预期收益，如表 8—6 所示。

表 8—6 公司股票明年预期收益

公司	1	2	3	4	5	6
预期收益	20％	42％	100％	50％	46％	30％

1. 问题（1）的求解

（1）决策变量。

设 x_i 为公司股票 i 占总投资的比例（$i＝1，2，\cdots，6$）。

（2）目标函数。

由于一开始，忽视所有投资的风险，此时的目标是预期收益最大。

$$\max z＝20\％x_1＋42\％x_2＋100\％x_3＋50\％x_4＋46\％x_5＋30\％x_6$$

（3）约束条件。

①投资比例总和为 1：$x_1＋x_2＋x_3＋x_4＋x_5＋x_6＝1$

②非负：$x_1，x_2，x_3，x_4，x_5，x_6\geqslant0$

于是，得到习题 8.3 问题（1）的线性规划模型：

$$\max z＝20\％x_1＋42\％x_2＋100\％x_3＋50\％x_4＋46\％x_5＋30\％x_6$$

$$\text{s. t.} \begin{cases} x_1＋x_2＋x_3＋x_4＋x_5＋x_6＝1 \\ x_1，x_2，x_3，x_4，x_5，x_6\geqslant0 \end{cases}$$

习题 8.3 问题（1）的电子表格模型如图 8—4 所示，参见"习题 8.3(1).xlsx"。需要注意的是："协方差矩阵"中的对角线（C9、D10、E11、F12、G13 和 H14）数据直接引用表 8—4 中的数据（用公式"＝"实现复制数据的功能），无需再平方，因为表 8—4 中的数据是方差，而不是标准差。

求得的最优投资组合是：全部投资（100％）在预期收益最高的股票 3，其余公司的股票不投资（0％），此时投资收益最大，为 100％。该投资组合的风险是 57.7％。

2. 问题（2）的求解

问题（2）的数学模型只需在问题（1）的基础上增加如下约束即可：

$$x_1，x_2，x_3，x_4，x_5，x_6\leqslant40\％$$

习题 8.3 问题（2）的电子表格模型也是在图 8—4 的基础上增加以上约束即可（具体求解读者自己尝试，也可参见"习题 8.3(2).xlsx"）。

求得的最优投资组合是：在预期收益最高的两种股票（股票 3 和 4）上各投资约束上限 40％，剩下的 20％投给股票 5，而预期收益较低的三种股票（股票 1、2 和 6）不投资（0％），此时预期收益最大，为 69.2％。该投资组合的风险是 21.3％。

	A	B	C	D	E	F	G	H	I	J	K
1	习题8.3（1）										
2											
3			股票1	股票2	股票3	股票4	股票5	股票6			
4		预期收益	20%	42%	100%	50%	46%	30%			
5											
6		风险（方差）	0.032	0.1	0.333	0.125	0.065	0.08			
7											
8		协方差矩阵	股票1	股票2	股票3	股票4	股票5	股票6			
9		股票1	0.032	0.005	0.03	-0.031	-0.027	0.01			
10		股票2	0.005	0.1	0.085	-0.07	-0.05	0.02			
11		股票3	0.03	0.085	0.333	-0.11	-0.02	0.042			
12		股票4	-0.031	-0.07	-0.11	0.125	0.05	-0.06			
13		股票5	-0.027	-0.05	-0.02	0.05	0.065	-0.02			
14		股票6	0.01	0.02	0.042	-0.06	-0.02	0.08			
15											
16			股票1	股票2	股票3	股票4	股票5	股票6	合计		
17		投资比例	0.0%	0.0%	100.0%	0.0%	0.0%	0.0%	1	=	1
18											
19		总预期收益	100.0%								
20											
21		总风险（方差）	0.333								
22											
23		总风险(标准差)	57.7%								

	B	C	D	E	F	G	H
8	协方差矩阵	股票1	股票2	股票3	股票4	股票5	股票6
9	股票1	=C6	0.005	0.03	-0.031	-0.027	0.01
10	股票2	=D9	=D6	0.085	-0.07	-0.05	0.02
11	股票3	=E9	=E10	=E6	-0.11	-0.02	0.042
12	股票4	=F9	=F10	=F11	=F6	0.05	-0.06
13	股票5	=G9	=G10	=G11	=G12	=G6	-0.02
14	股票6	=H9	=H10	=H11	=H12	=H13	=H6

	B	C
19	总预期收益	=SUMPRODUCT(预期收益,投资比例)
20		
21	总风险（方差）	=SUMPRODUCT(MMULT(投资比例,协方差矩阵),投资比例)
22		
23	总风险(标准差)	=SQRT(总风险)

	I
16	合计
17	=SUM(投资比例)

规划求解参数

设置目标：(T)　　　　　　　总预期收益

到：　　● 最大值(M)　　○ 最小值(N)　　○ 目标值：(V)

通过更改可变单元格：(B)

投资比例

遵守约束：(U)

合计 = 1

名称	单元格
合计	I17
投资比例	C17:H17
协方差矩阵	C9:H14
预期收益	C4:H4
总风险	C21
总预期收益	C19

☑ 使无约束变量为非负数(K)

选择求解方法：(E)　　　　　单纯线性规划

图 8—4　习题 8.3(1) 的电子表格模型

3. 问题 (3) 的求解

(1) 决策变量。

决策变量不变, 与问题 (1) 相同。

(2) 目标函数。

此时的目标是使总风险最小。需要注意的是: 独立风险系数直接引用表 8—4 中的数据, 无需再平方, 因为表 8—4 中的数据是方差, 而不是标准差。

$$\begin{aligned}
\min z = & [(0.032)x_1^2 + (0.1)x_2^2 + (0.333)x_3^2 + (0.125)x_4^2 + (0.065)x_5^2 + (0.08)x_6^2] \\
& + [2(0.005)x_1 x_2 + 2(0.03)x_1 x_3 + 2(-0.031)x_1 x_4 + 2(-0.027)x_1 x_5 \\
& + 2(0.01)x_1 x_6] + [2(0.085)x_2 x_3 + 2(-0.07)x_2 x_4 + 2(-0.05)x_2 x_5 \\
& + 2(0.02)x_2 x_6] + [2(-0.11)x_3 x_4 + 2(-0.02)x_3 x_5 + 2(0.042)x_3 x_6] \\
& + [2(0.05)x_4 x_5 + 2(-0.06)x_4 x_6] + 2(-0.02)x_5 x_6
\end{aligned}$$

(3) 约束条件。

①投资比例总和为 1: $x_1 + x_2 + x_3 + x_4 + x_5 + x_6 = 1$

②预期收益不低于 35%:

$$20\% x_1 + 42\% x_2 + 100\% x_3 + 50\% x_4 + 46\% x_5 + 30\% x_6 \geqslant 35\%$$

③非负: $x_1, x_2, x_3, x_4, x_5, x_6 \geqslant 0$

于是, 得到习题 8.3 问题 (3) 的二次规划模型:

$$\begin{aligned}
\min z = & [(0.032)x_1^2 + (0.1)x_2^2 + (0.333)x_3^2 + (0.125)x_4^2 + (0.065)x_5^2 + (0.08)x_6^2] \\
& + [2(0.005)x_1 x_2 + 2(0.03)x_1 x_3 + 2(-0.031)x_1 x_4 + 2(-0.027)x_1 x_5 \\
& + 2(0.01)x_1 x_6] + [2(0.085)x_2 x_3 + 2(-0.07)x_2 x_4 + 2(-0.05)x_2 x_5 \\
& + 2(0.02)x_2 x_6] + [2(-0.11)x_3 x_4 + 2(-0.02)x_3 x_5 + 2(0.042)x_3 x_6] \\
& + [2(0.05)x_4 x_5 + 2(-0.06)x_4 x_6] + 2(-0.02)x_5 x_6
\end{aligned}$$

$$\text{s. t.} \begin{cases} x_1 + x_2 + x_3 + x_4 + x_5 + x_6 = 1 \\ 20\% x_1 + 42\% x_2 + 100\% x_3 + 50\% x_4 + 46\% x_5 + 30\% x_6 \geqslant 35\% \\ x_1, x_2, x_3, x_4, x_5, x_6 \geqslant 0 \end{cases}$$

习题 8.3 问题 (3) 的电子表格模型如图 8—5 所示, 参见 "习题 8.3(3). xlsx"。

图 8—5 是希望能够获得至少 35% 的预期收益, 同时又要使投资风险最小的情况。

对于要获得至少 25% 或 40% 的预期收益的情况, 只需在图 8—5 中修改 "最低预期收益" (E19 单元格), 然后重新运行 "规划求解" 命令, 即可求得相应的最优投资组合。求解结果如表 8—7 所示。

表 8—7   三种不同预期收益的最优投资组合

最低预期收益	投资比例						预期收益	风险
	股票 1	股票 2	股票 3	股票 4	股票 5	股票 6		
25%	31.8%	19.9%	0.0%	16.8%	20.9%	10.6%	35.9%	3.7%
35%	31.8%	19.9%	0.0%	16.8%	20.9%	10.6%	35.9%	3.7%
40%	22.9%	21.0%	3.4%	22.0%	18.8%	11.9%	40.0%	4.8%

习题8.3（3）

	股票1	股票2	股票3	股票4	股票5	股票6		
预期收益	20%	42%	100%	50%	46%	30%		
风险（方差）	0.032	0.1	0.333	0.125	0.065	0.08		
协方差矩阵	股票1	股票2	股票3	股票4	股票5	股票6		
股票1	0.032	0.005	0.03	-0.031	-0.027	0.01		
股票2	0.005	0.1	0.085	-0.07	-0.05	0.02		
股票3	0.03	0.085	0.333	-0.11	-0.02	0.042		
股票4	-0.031	-0.07	-0.11	0.125	0.05	-0.06		
股票5	-0.027	-0.05	-0.02	0.05	0.065	-0.02		
股票6	0.01	0.02	0.042	-0.06	-0.02	0.08		
	股票1	股票2	股票3	股票4	股票5	股票6	合计	
投资比例	31.8%	19.9%	0.0%	16.8%	20.9%	10.6%	1	= 1
总预期收益	35.9%	>=		35%	最低预期收益			
总风险（方差）	0.0014							
总风险（标准差）	3.7%							

	协方差矩阵	股票1	股票2	股票3	股票4	股票5	股票6
8							
9	股票1	=C6	0.005	0.03	-0.031	-0.027	0.01
10	股票2	=D9	=D6	0.085	-0.07	-0.05	0.02
11	股票3	=E9	=E10	=E6	-0.11	-0.02	0.042
12	股票4	=F9	=F10	=F11	=F6	0.05	-0.06
13	股票5	=G9	=G10	=G11	=G12	=G6	-0.02
14	股票6	=H9	=H10	=H11	=H12	=H13	=H6

	B	C
19	总预期收益	=SUMPRODUCT(预期收益,投资比例)
20		
21	总风险（方差）	=SUMPRODUCT(MMULT(投资比例,协方差矩阵),投资比例)
22		
23	总风险（标准差）	=SQRT(总风险)

规划求解参数

设置目标(T): 总风险

到: ○ 最大值(M) ● 最小值(N) ○ 目标值(V)

通过更改可变单元格(B):
投资比例

遵守约束(U):
合计 = 1
总预期收益 >= 最低预期收益

	I
16	合计
17	=SUM(投资比例)

名称	单元格
合计	I17
投资比例	C17:H17
协方差矩阵	C9:H14
预期收益	C4:H4
总风险	C21
总预期收益	C19
最低预期收益	E19

☑ 使无约束变量为非负数(K)

选择求解方法(E): 非线性 GRG

图8—5 习题8.3(3) 的电子表格模型

8.4 某公司生产两种高档玩具。除了春节前后销量会大幅增加外，一年中其他时间销量大致平均。因为这两种玩具的生产要求大量的工艺和经验，所以公司一直都维持着稳定的员工人数，只在 12 月份（春节前）加班以增加产量。已知 12 月份（春节前）的生产能力和产品的单位利润如表 8—8 所示。

表 8—8　　　　　　　　　　　公司 12 月份的生产能力和产品的单位利润

	生产能力（个）		单位利润（元）	
	正常生产	加班生产	正常生产	加班生产
高档玩具 1	3 000	2 000	150	50
高档玩具 2	5 000	3 000	100	75

除了员工人数不足外，还有两个因素限制着 12 月份的生产。一是公司的供电商在 12 月份最多只能提供 10 000 单位的电力。而每加工一单位的玩具 1 和玩具 2 都需要消耗一个单位的电力。第二个约束是配件的供应商在 12 月份只能提供 15 000 单位的产品，而每加工一单位的玩具 1 需要两个单位的配件，每加工一单位的玩具 2 需要一个单位的该种配件。

公司需要决定 12 月份生产多少数量的高档玩具，才能实现总利润最大化。

解：

由于产品的单位利润是分段直线，且都是边际收益递减的，所以可用分离规划技术来求解。

（1）决策变量。

设 x_1 和 x_2 分别为两种高档玩具 12 月份的产量，其中对于高档玩具 1，正常生产的数量为 x_{1R}，加班生产的数量为 x_{1O}；对于高档玩具 2，正常生产的数量为 x_{2R}，加班生产的数量为 x_{2O}。

（2）目标函数。

本问题的目标是总利润最大，即：

$$\max z = 150x_{1R} + 50x_{1O} + 100x_{2R} + 75x_{2O}$$

（3）约束条件。

①总产量：$x_1 = x_{1R} + x_{1O}$，$x_2 = x_{2R} + x_{2O}$

②12 月份的生产能力限制：

$$x_{1R} \leqslant 3\,000, \quad x_{1O} \leqslant 2\,000, \quad x_{2R} \leqslant 5\,000, \quad x_{2O} \leqslant 3\,000$$

③最多只能提供 10 000 单位的电力：$x_1 + x_2 \leqslant 10\,000$

④只能提供 15 000 单位的配件：$2x_1 + x_2 \leqslant 15\,000$

⑤非负：$x_i, x_{iR}, x_{iO} \geqslant 0 \quad (i = 1, 2)$

于是，得到习题 8.4 的线性规划模型：

$$\max z = 150x_{1R} + 50x_{1O} + 100x_{2R} + 75x_{2O}$$

$$\text{s. t.} \begin{cases} x_1 = x_{1R} + x_{1O}, \ x_2 = x_{2R} + x_{2O} \\ x_{1R} \leqslant 3\,000, \ x_{1O} \leqslant 2\,000 \\ x_{2R} \leqslant 5\,000, \ x_{2O} \leqslant 3\,000 \\ x_1 + x_2 \leqslant 10\,000 \\ 2x_1 + x_2 \leqslant 15\,000 \\ x_i, x_{iR}, x_{iO} \geqslant 0 \quad (i = 1, 2) \end{cases}$$

习题 8.4 的电子表格模型如图 8—6 所示，参见"习题 8.4.xlsx"。

	A	B	C	D	E	F	G
1	习题8.4						
2							
3		单位利润	玩具1	玩具2			
4		正常生产	150	100			
5		加班生产	50	75			
6							
7			每个产品所需资源		实际使用		可用量
8		电力	1	1	10000	<=	10000
9		配件	2	1	13000	<=	15000
10							
11			产量			生产能力	
12			玩具1	玩具2		玩具1	玩具2
13		正常生产	3000	5000	<=	3000	5000
14		加班生产	0	2000	<=	2000	3000
15		总产量	3000	7000			
16							
17		总利润	1100000				

名称	单元格
产量	C13:D14
单位利润	C4:D5
可用量	G8:G9
生产能力	F13:G14
实际使用	E8:E9
总产量	C15:D15
总利润	C17

	B	C	D
15	总产量	=SUM(C13:C14)	=SUM(D13:D14)

	B	C
17	总利润	=SUMPRODUCT(单位利润,产量)

规划求解参数

设置目标：(T) 总利润

到： ◉ 最大值(M)   ○ 最小值(N)   ○ 目标值(V)

通过更改可变单元格：(B)
产量

遵守约束：(U)
实际使用 <= 可用量
产量 <= 生产能力

	E
7	实际使用
8	=SUMPRODUCT(C8:D8,总产量)
9	=SUMPRODUCT(C9:D9,总产量)

☑ 使无约束变量为非负数 (K)

选择求解方法：(E) 单纯线性规划

图 8—6 习题 8.4 的电子表格模型

Excel 求解结果为：公司 12 月份应生产 3 000 个高档玩具 1（都是正常生产，不加班生产）、7 000 个高档玩具 2（正常生产 5 000 个、加班生产 2 000 个），才能实现总利润最大，为 110 万元（1 100 000 元）。

8.5 某厂生产 A、B、C 三种产品，单位产品所需资源为：

产品 A：需要 1 小时的技术准备、10 小时的加工和 3 公斤的材料；

产品 B：需要 2 小时的技术准备、4 小时的加工和 2 公斤的材料；

产品 C：需要 1 小时的技术准备、5 小时的加工和 1 公斤的材料。

可利用的技术准备总时间为 100 小时、加工总时间为 700 小时、材料总量为 400 公斤。考虑到销售时对销售量的优惠，利润定额确定如表 8—9 所示。

试确定可使利润最大化的产品生产计划。

表 8—9　　　　　　　　　　　　三种产品的单位利润

产品 A		产品 B		产品 C	
销售量（件）	单位利润（元）	销售量（件）	单位利润（元）	销售量（件）	单位利润（元）
0～40	1 000	0～50	600	0～100	500
40～100	900	50～100	400	100 以上	400
100～150	800	100 以上	300		
150 以上	700				

解：

由于各产品的单位利润是分段直线，且都是边际收益递减，所以可用分离规划技术来求解。

（1）决策变量。

设生产 A、B、C 三种产品 x_A，x_B，x_C 件，其中：

对于产品 A，单位利润为 1 000 元的销售 x_{A1} 件、单位利润为 900 元的销售 x_{A2} 件、单位利润为 800 元的销售 x_{A3} 件以及单位利润为 700 元的销售 x_{A4} 件，所以有：$x_A = x_{A1} + x_{A2} + xA3 + x_{A4}$；

对于产品 B，单位利润为 600 元的销售 x_{B1} 件、单位利润为 400 元的销售 x_{B2} 件以及单位利润为 300 元的销售 x_{B3} 件，所以有：$x_B = x_{B1} + x_{B2} + x_{B3}$；

对于产品 C，单位利润为 500 元的销售 x_{C1} 件、单位利润为 400 元的销售 x_{C2} 件，所以有：$x_C = x_{C1} + x_{C2}$。

（2）目标函数。

本问题的目标是总利润最大，即：

$$\max z = 1\,000x_{A1} + 900x_{A2} + 800x_{A3} + 700x_{A4} + 600x_{B1} + 400x_{B2}$$
$$+ 300x_{B3} + 500x_{C1} + 400x_{C2}$$

（3）约束条件。

①总产量：

$$x_A = x_{A1} + x_{A2} + x_{A3} + x_{A4}$$
$$x_B = x_{B1} + x_{B2} + x_{B3}$$
$$x_C = x_{C1} + x_{C2}$$

②各分段销售量限制：

$x_{A1} \leqslant 40$，$x_{A2} \leqslant 60$，$x_{A3} \leqslant 50$

$x_{B1} \leqslant 50$，$x_{B2} \leqslant 50$，$x_{C1} \leqslant 100$

③资源限制：

技术准备总时间：$x_A + 2x_B + x_C \leqslant 100$

加工总时间：$10x_A + 4x_B + 5x_C \leqslant 700$

材料总量：$3x_A + 2x_B + x_C \leqslant 400$

④非负：x_A，x_{Ai}，x_B，x_{Bj}，x_C，$x_{Ck} \geqslant 0$　　（$i=1$，2，3，4；$j=1$，2，3；$k=1$，2）

于是，得到习题 8.5 的线性规划模型：

$$\max z = 1\,000x_{A1} + 900x_{A2} + 800x_{A3} + 700x_{A4} + 600x_{B1} + 400x_{B2}$$
$$+ 300x_{B3} + 500x_{C1} + 400x_{C2}$$

$$\text{s. t.} \begin{cases} x_A = x_{A1} + x_{A2} + x_{A3} + x_{A4} \\ x_B = x_{B1} + x_{B2} + x_{B3} \\ x_C = x_{C1} + x_{C2} \\ x_{A1} \leqslant 40, x_{A2} \leqslant 60, x_{A3} \leqslant 50 \\ x_{B1} \leqslant 50, x_{B2} \leqslant 50, x_{C1} \leqslant 100 \\ x_A + 2x_B + x_C \leqslant 100 \\ 10x_A + 4x_B + 5x_C \leqslant 700 \\ 3x_A + 2x_B + x_C \leqslant 400 \\ x_A, x_{Ai}, x_B, x_{Bj}, x_C, x_{Ck} \geqslant 0 \quad (i=1,2,3,4; j=1,2,3; k=1,2) \end{cases}$$

习题 8.5 的电子表格模型如图 8—7 所示，参见"习题 8.5. xlsx"。为了求解方便，在 Excel 建模过程中，三种产品最后的销量约束取了一个相对极大值 999。

	A	B	C	D	E	F	G	H	I
1	习题8.5								
2									
3		单位利润	产品A	产品B	产品C				
4		前面	1000	600	500				
5		中间	900	400	400				
6		后面	800	300					
7		最后	700						
8									
9			单位产品所需资源			实际使用		可用资源	
10		技术准备	1	2	1	100	<=	100	
11		加工	10	4	5	700	<=	700	
12		材料	3	2	1	225	<=	400	
13									
14			销售量					最大销售量	
15			产品A	产品B	产品C			产品A	产品B	产品C
16		前面	40	18.75	0		<=	40	50	100
17		中间	22.5	0	0		<=	60	50	999
18		后面	0	0	0		<=	50	999	0
19		最后	0	0	0		<=	999	0	0
20		总产量	62.5	18.75	0					
21									
22		总利润	71500						

图 8—7　习题 8.5 的电子表格模型

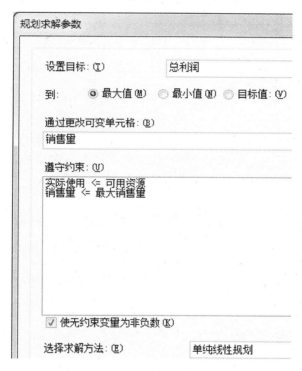

图 8—7　习题 8.5 的电子表格模型（续）

Excel 求解结果为：当生产 62.5 件产品 A、18.75 件产品 B、不生产产品 C 时，可获得最大利润，为 71 500 元。

8.5　本章案例全解

案例 8.1　羽绒服生产销售

某品牌生产厂家生产四种款式的羽绒服，每件羽绒服所需要的材料、售价、人工及机器成本如表 8—10 所示。

表 8—10   羽绒服所需要的材料、售价、人工及机器成本

羽绒服	需要的材料	售价（元）	人工及机器成本（元）
款式 1	1#面料 1.0 米，1#羽绒 0.5 斤	400	100
款式 2	1#面料 1.2 米，1#羽绒 0.7 斤	500	120
款式 3	2#面料 1.1 米，2#羽绒 0.4 斤	600	130
款式 4	2#面料 1.3 米，2#羽绒 0.6 斤	700	140

已知材料的单价和供应量如表 8—11 所示。

表 8—11   材料的单价和供应量

材料	单价（元）	供应量
1#面料	40	1 万米
2#面料	50	1.1 万米
1#羽绒	200	6 千斤
2#羽绒	300	5 千斤

预计四种款式的羽绒服冬季需求量各为 3 000 件；如果材料有剩余，可以继续生产，并且在其他季节 7.5 折销售，问：应该生产四种款式的羽绒服各多少件，才能使总利润最大（多余的材料可以退给材料供应商，并得到全额退款）？

解：

由于四种款式羽绒服的单位利润都是分段直线，且都是边际收益递减，所以可用分离规划技术来求解。

（1）决策变量。

设应该生产四种款式羽绒服各 x_1，x_2，x_3，x_4 件，其中冬季销售量为 x_{11}，x_{21}，x_{31}，x_{41} 件，其他季节销售量为 x_{12}，x_{22}，x_{32}，x_{42} 件。于是有：

$$x_1=x_{11}+x_{12}, x_2=x_{21}+x_{22}, x_3=x_{31}+x_{32}, x_4=x_{41}+x_{42}$$

（2）目标函数。

本问题的目标是总利润最大。而总利润＝冬季销售收入＋其他季节销售收入－人工及机器成本－材料成本。

$$\begin{aligned}
\max z=&(400x_{11}+500x_{21}+600x_{31}+700x_{41})+0.75(400x_{12}+500x_{22}+600x_{32}\\
&+700x_{42})-(100x_1+120x_2+130x_3+140x_4)-40(1.0x_1+1.2x_2)\\
&-50(1.1x_3+1.3x_4)-200(0.5x_1+0.7x_2)-300(0.4x_3+0.6x_4)
\end{aligned}$$

（3）约束条件。

①总产量：$x_1=x_{11}+x_{12}$，$x_2=x_{21}+x_{22}$，$x_3=x_{31}+x_{32}$，$x_4=x_{41}+x_{42}$

②冬季销售量：x_{11}，x_{21}，x_{31}，$x_{41}\leqslant 3\,000$

③材料供应量限制

  1#面料：$1.0x_1+1.2x_2\leqslant 10\,000$

2＃面料：$1.1x_3+1.3x_4\leqslant 11\ 000$

1＃羽绒：$0.5x_1+0.7x_2\leqslant 6\ 000$

2＃羽绒：$0.4x_3+0.6x_4\leqslant 5\ 000$

④非负整数：x_i，x_{i1}，$x_{i2}\geqslant 0$ 且为整数（$i=1$，2，3，4）

于是，得到案例 8.1 的线性规划模型：

$$\max z=(400x_{11}+500x_{21}+600x_{31}+700x_{41})+0.75(400x_{12}+500x_{22}+600x_{32}+700x_{42})-(100x_1+120x_2+130x_3+140x_4)-40(1.0x_1+1.2x_2)-50(1.1x_3+1.3x_4)-200(0.5x_1+0.7x_2)-300(0.4x_3+0.6x_4)$$

$$\text{s.t.}\begin{cases}x_1=x_{11}+x_{12},x_2=x_{21}+x_{22}\\ x_3=x_{31}+x_{32},x_4=x_{41}+x_{42}\\ x_{11},x_{21},x_{31},x_{41}\leqslant 3\ 000\\ 1.0x_1+1.2x_2\leqslant 10\ 000\\ 1.1x_3+1.3x_4\leqslant 11\ 000\\ 0.5x_1+0.7x_2\leqslant 6\ 000\\ 0.4x_3+0.6x_4\leqslant 5\ 000\\ x_i,x_{i1},x_{i2}\geqslant 0 \text{ 且为整数} \quad (i=1,2,3,4)\end{cases}$$

案例 8.1 的电子表格模型如图 8—8 所示，参见“案例 8.1.xlsx”。为了求解方便，在 Excel 建模过程中，四种款式羽绒服其他季节销售量约束（需求量）取了一个相对极大值 9 999。

	A	B	C	D	E	F	G	H	I	J	K
1	案例8.1 羽绒服生产销售										
2											
3			款式1	款式2	款式3	款式4					
4		人机成本	100	120	130	140					
5											
6		单位售价	款式1	款式2	款式3	款式4		折扣			
7		冬季	400	500	600	700		0.75			
8		其他季节	300	375	450	525					
9											
10							实际		供应		材料
11			单位产品所需材料				使用		量		单价
12		1#面料	1	1.2			10000	<=	10000		40
13		2#面料			1.1	1.3	10999	<=	11000		50
14		1#羽绒	0.5	0.7			5300	<=	6000		200
15		2#羽绒			0.4	0.6	4382	<=	5000		300
16											
17				销售量					需求量		
18			款式1	款式2	款式3	款式4		款式1	款式2	款式3	款式4
19		冬季	3000	3000	3000	3000	<=	3000	3000	3000	3000
20		其他季节	3400	0	3454	0	<=	9999	9999	9999	9999
21		总产量	6400	3000	6454	3000					
22											
23		销售总收入	9174300								
24		人机总成本	2259020								
25		材料总成本	3324450								
26		总利润	3590830								

图 8—8 案例 8.1 的电子表格模型

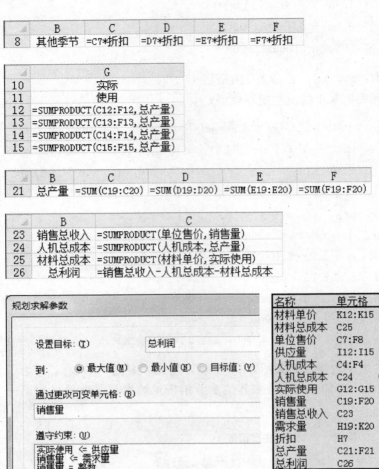

	B	C	D	E	F
8	其他季节	=C7*折扣	=D7*折扣	=E7*折扣	=F7*折扣

	G
10	实际
11	使用
12	=SUMPRODUCT(C12:F12,总产量)
13	=SUMPRODUCT(C13:F13,总产量)
14	=SUMPRODUCT(C14:F14,总产量)
15	=SUMPRODUCT(C15:F15,总产量)

	B	C	D	E	F
21	总产量	=SUM(C19:C20)	=SUM(D19:D20)	=SUM(E19:E20)	=SUM(F19:F20)

	B	C
23	销售总收入	=SUMPRODUCT(单位售价,销售量)
24	人机总成本	=SUMPRODUCT(人机成本,总产量)
25	材料总成本	=SUMPRODUCT(材料单价,实际使用)
26	总利润	=销售总收入-人机总成本-材料总成本

名称	单元格
材料单价	K12:K15
材料总成本	C25
单位售价	C7:F8
供应量	I12:I15
人机成本	C4:F4
人机总成本	C24
实际使用	G12:G15
销售量	C19:F20
销售总收入	C23
需求量	H19:K20
折扣	H7
总产量	C21:F21
总利润	C26

规划求解参数

设置目标: (T)　　　总利润

到:　　●最大值(M)　○最小值(N)　○目标值: (V)

通过更改可变单元格: (B)

销售量

遵守约束: (U)

实际使用 <= 供应量
销售量 <= 需求量
销售量 = 整数

☑ 使无约束变量为非负数(K)

选择求解方法: (E)　　　单纯线性规划

图8—8　案例8.1的电子表格模型（续）

Excel求解结果为：生产6 400件款式1羽绒服（冬季销售3 000件，其他季节销售3 400件）、3 000件款式2羽绒服（冬季全部销售完）、6 454件款式3羽绒服（冬季销售3 000件，其他季节销售3 454件）和3 000件款式4羽绒服（冬季全部销售完），此时总利润最大，为3 590 830（约359万）元。

第9章

目标规划

9.1 本章学习要求

（1）理解目标规划的基本概念；

（2）掌握优先目标规划的建模与求解；

（3）掌握加权目标规划的建模与求解。

9.2 本章主要内容

本章主要内容框架如图 9—1 所示。

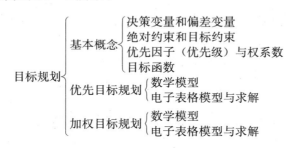

图 9—1 第 9 章主要内容框架图

1. 目标规划

（1）目标规划的基本思想是化多项目标为单一目标。

（2）在目标规划中，要引入正偏差变量和负偏差变量，分别用 d_i^+ 和 d_i^- 表示。

（3）目标约束是目标规划特有的，它把预定目标值作为约束右端的常数项，并在这些约束中加入正、负偏差变量。由于允许发生偏差，因此目标约束是软约束，具有一定的弹性。

目标约束的写法为：

$$f_i(X) - d_i^+ + d_i^- = g_i$$

（实际值－正偏差＋负偏差＝预定目标值）

（4）优先因子（优先级）与权系数。

目标的重要程度不同，用优先级 P_i 来描述。针对不同目标的优先顺序，确定 $P_1 \geqslant P_2 \geqslant P_3 \geqslant \cdots \geqslant P_K$。若要区分具有相同优先级的两个目标的差别，这时可分别赋予它们不同的权系数（罚数权重）ω_{lk}，这些都由决策者按具体情况而定。

（5）目标规划的目标函数。

目标规划的目标函数是由各目标约束的正、负偏差变量和相应的优先因子及权系数组成的。因决策者的愿望是尽可能缩小与目标值的偏差，故目标规划的目标函数中仅仅包含偏差变量，并始终是寻求最小值（总是最小化）。

对于目标约束 $f_i(X) - d_i^+ + d_i^- = g_i$，相应的目标函数的基本形式有三种：

①若要求恰好达到（=）预定目标值，则目标函数为：$\min z_i = d_i^+ + d_i^-$；

②若要求不超过（$\leqslant$）预定目标值，则目标函数为：$\min z_i = d_i^+$；

③若要求超过（$\geqslant$）预定目标值，则目标函数为：$\min z_i = d_i^-$。

（6）目标规划的一般数学模型为（式中 ω_{lk}^+，ω_{lk}^- 为权系数）：

$$\min z = \sum_{l=1}^{L} P_l \sum_{k=1}^{K} (\omega_{lk}^+ d_k^+ + \omega_{lk}^- d_k^-)$$

$$\text{s. t.} \begin{cases} \sum_{j=1}^{n} a_{ij} x_j \leqslant (=, \geqslant) b_i & (i = 1, 2, \cdots, m) \\ \sum_{j=1}^{n} c_{kj} x_j - d_k^+ + d_k^- = g_k & (k = 1, 2, \cdots, K) \\ x_j \geqslant 0 & (j = 1, 2, \cdots, n) \\ d_k^+, d_k^- \geqslant 0 & (k = 1, 2, \cdots, K) \end{cases}$$

2. 优先目标规划

（1）优先目标规划就是按照目标的先后顺序，逐一满足优先级较高的目标，最终得到一个满意解；

（2）需要分多步进行建模和求解：包括数学模型和电子表格模型。

3. 加权目标规划

（1）在加权目标规划中，各目标没有明确的优先级；所有的偏差（含正、负偏差）都有相应的偏离系数（罚数权重）；以偏差加权和（所有偏差与其罚数权重的乘积之和）为目标函数，求其最小值。

（2）只需要一步的建模和求解：包括数学模型和电子表格模型。

9.3 本章上机实验

1. 实验目的

掌握使用 Excel 软件求解目标规划问题的操作方法。

2. 内容和要求

使用 Excel 软件求解习题 9.2、案例 9.1（或其他例子、习题、案例等）。

3. 操作步骤

（1）在 Excel 中建立目标规划问题的电子表格模型；

（2）使用 Excel 软件中的"规划求解"命令求解目标规划问题；

（3）结果分析；

（4）在 Excel 文件或 Word 文档中撰写实验报告，包括目标规划模型、电子表格模型和结果分析等。

9.4 本章习题全解

9.1 某市准备在下一年度的预算中拨出一笔款项用于购置救护车，每辆救护车的价格是 20 万元。所购置的救护车将用于该市所辖的两个郊区县 A 和 B，分别分配 x_A 辆和 x_B 辆。已知 A 县救护站从接到求救电话到出动救护车的相应时间为 $(40-3x_A)$ 分钟，B 县救护站的相应时间为 $(50-4x_B)$ 分钟。该市政府确定了如下三个优先级的目标：

P_1（优先级 1）：救护车的购置费用不超过 400 万元；

P_2（优先级 2）：A 县响应时间不超过 5 分钟；

P_3（优先级 3）：B 县响应时间不超过 5 分钟。

要求：

（1）建立优先目标规划模型并求解；

（2）若对目标的优先级做出如下调整：P_2 变 P_1，P_3 变 P_2，P_1 变 P_3；重新建模并求解。

解：

1. 问题（1）的求解

（1）决策变量。

设 x_A 和 x_B 为某市分配给两个郊区县 A 和 B 的救护车辆数，d_k^+，d_k^- 为偏差变量（$k=1$，2，3）。

（2）约束条件。

本问题只有目标约束。

①P_1（救护车的购置费用不超过 400 万元）：$20x_A+20x_B-d_1^++d_1^-=400$

②P_2（A 县响应时间不超过 5 分钟）：$40-3x_A-d_2^++d_2^-=5$

③P_3（B 县响应时间不超过 5 分钟）：$50-4x_B-d_3^++d_3^-=5$

④非负：x_A，$x_B\geqslant0$ 且为整数，d_k^+，$d_k^-\geqslant0$　　（$k=1$，2，3）

（3）目标函数。

习题 9.1 问题（1）的目标函数依次为：

$$\min z_1=d_1^+$$
$$\min z_2=d_2^+$$
$$\min z_3=d_3^+$$

综上所述，习题 9.1 问题（1）的目标规划模型为：

$$\min z=P_1d_1^++P_2d_2^++P_3d_3^+$$

$$
\text{s. t.}\begin{cases}20x_A+20x_B-d_1^+ +d_1^- =400\\ 40-3x_A-d_2^+ +d_2^- =5\\ 50-4x_B-d_3^+ +d_3^- =5\\ x_A,x_B\geqslant 0 \text{ 且为整数}\\ d_k^+,d_k^-\geqslant 0 \quad (k=1,\ 2,\ 3)\end{cases}
$$

由于习题 9.1 问题（1）有三个目标要依次考虑，所以用 Excel 求解要分多步进行。

第一步：首先尽可能实现 P_1 级目标，这时不考虑次级目标。也就是进行第一次规划求解——寻找尽可能满足目标 1 的最优解。

P_1（优先级 1）的线性规划模型为：

$$
\min z_1=d_1^+
$$

$$
\text{s. t.}\begin{cases}20x_A+20x_B-d_1^+ +d_1^- =400\\ 40-3x_A-d_2^+ +d_2^- =5\\ 50-4x_B-d_3^+ +d_3^- =5\\ x_A,x_B\geqslant 0 \text{ 且为整数}\\ d_k^+,d_k^-\geqslant 0\ (k=1,\ 2,\ 3)\end{cases}
$$

将优先级 1 的目标（目标 1）的正偏差最小化作为目标函数的电子表格模型如图 9—2 所示，参见“习题 9.1(1) 优先级 1. xlsx”。

	A	B	C	D	E	F	G
1		习题9.1（1） 优先目标规划（优先级1）					
2							
3						目标	
4			每辆救护车的贡献		实际值		目标值
5		目标1：购置费用	20	20	400	<=	400
6		目标2：A县响应时间	3		4	<=	5
7		目标3：B县响应时间		4	18	<=	5
8							
9			A县	B县			
10		救护车数	12	8			

	H	I	J	K	L	M	N
3		偏差变量			目标约束		
4		正偏差	负偏差		平衡值		目标值
5		0	0		400	=	400
6		0	1		5	=	5
7		13	0		5	=	5
8							
9		优先级1	0				
10		优先级2	0				
11		优先级3	13				

名称	单元格
救护车数	C10:D10
目标值	G5:G7
偏差变量	I5:J7
平衡值	L5:L7
优先级1	J9
优先级2	J10
优先级3	J11

	I	J
9	优先级1	=I5
10	优先级2	=I6
11	优先级3	=I7

	E
4	实际值
5	=SUMPRODUCT(C5:D5,救护车数)
6	=40-SUMPRODUCT(C6:D6,救护车数)
7	=50-SUMPRODUCT(C7:D7,救护车数)

	L	M	N
4	平衡值		目标值
5	=E5-I5+J5	=	=G5
6	=E6-I6+J6	=	=G6
7	=E7-I7+J7	=	=G7

图 9—2 习题 9.1(1) 优先级 1 的电子表格模型

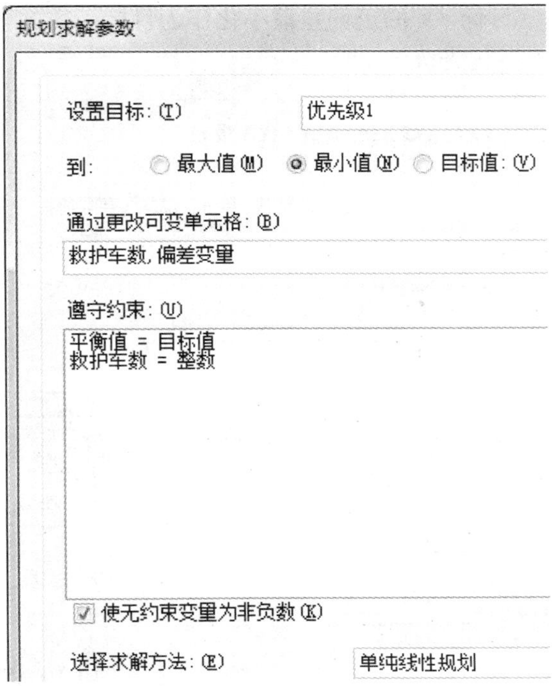

图 9—2 习题 9.1(1) 优先级 1 的电子表格模型（续）

第一次规划求解求得的最优解可使目标 1 的正偏差为零（$z_1 = 0$），这表明，满足了优先级 1 目标（也就是最优先要满足的目标）的要求，即目标 1（第一目标）可以实现。

仔细观察求解结果可发现，此时，目标 2（第二目标）也实现了（J10 单元格中的结果为 0），优先级 2 的目标函数为：$\min z_2 = d_2^+$。

第二步：在保证已求得的 P_1 级和 P_2 级目标偏差不变的前提下考虑 P_3 级目标。也就是进行第二次规划求解——在保证已求得的优先级 1 和优先级 2 目标偏差不变的前提下，寻找尽可能满足优先级 3 的目标（目标 3）的最优解。为此，在第一步规划模型的基础上，作如下改变：

①增加两个约束条件。

为保证优先级 1 和优先级 2 目标偏差不变，将第一步中得到的优先级 1 和优先级 2 的目标偏差不变作为约束条件，即：

$$d_1^+ = 0 \text{ 和 } d_2^+ = 0$$

在 L9 和 L10 两个单元格中输入第一步中得到的优先级 1 和优先级 2 的目标偏差值（在本题中为 0），则增加的两个约束条件如下：

优先级 1＝0　或 J9＝L9

优先级 2＝0　或 J10＝L10

②目标函数。

将优先级 3 的目标正偏差最小化作为模型的目标函数，表示尽可能满足目标 3 的要求。

优先级 3 的目标函数为：$\min z_3 = d_3^+$。

　　将优先级 3 的目标（目标 3）的正偏差最小化作为目标函数的电子表格模型如图 9—3 所示，参见"习题 9.1（1）优先级 3.xlsx"。

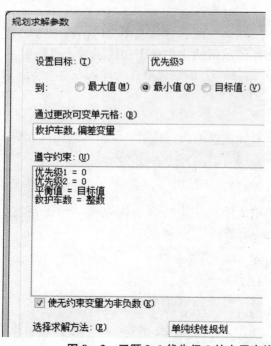

	A	B	C	D	E	F	G
1	习题9.1（1）　优先目标规划（优先级3）						
2							
3						目标	
4			每辆救护车的贡献		实际值		目标值
5		目标1：购置费用	20	20	400	<=	400
6		目标2：A县响应时间	3		4	<=	5
7		目标3：B县响应时间		4	18	<=	5
8							
9			A县	B县			
10		救护车数	12	8			

	H	I	J	K	L	M	N
3		偏差变量			目标约束		
4		正偏差	负偏差		平衡值		目标值
5		0	0		400	=	400
6		0	1		5	=	5
7		13	0		5	=	5
8							
9		优先级1	0		=	0	
10		优先级2	0		=	0	
11		优先级3	13				

名称	单元格
救护车数	C10:D10
目标值	G5:G7
偏差变量	I5:J7
平衡值	L5:L7
优先级1	J9
优先级2	J10
优先级3	I11

	I	J
9	优先级1	=I5
10	优先级2	=I6
11	优先级3	=I7

	E
4	实际值
5	=SUMPRODUCT(C5:D5,救护车数)
6	=40-SUMPRODUCT(C6:D6,救护车数)
7	=50-SUMPRODUCT(C7:D7,救护车数)

	L	M	N
4	平衡值		目标值
5	=E5-I5+J5	=	=G5
6	=E6-I6+J6	=	=G6
7	=E7-I7+J7	=	=G7

规划求解参数

设置目标：(T)　　　　　优先级3

到：　○ 最大值(M)　● 最小值(N)　○ 目标值(V)

通过更改可变单元格：(B)

救护车数, 偏差变量

遵守约束：(U)

优先级1 = 0
优先级2 = 0
平衡值 = 目标值
救护车数 = 整数

☑ 使无约束变量为非负数(K)

选择求解方法：(E)　　　单纯线性规划

图 9—3　习题 9.1 优先级 3 的电子表格模型

P_3（优先级 3）的线性规划模型为（修改了目标函数，增加了两个约束条件）：

$$\min z_3 = d_3^+$$

$$\text{s. t.} \begin{cases} 20x_A + 20x_B - d_1^+ + d_1^- = 400 \\ 40 - 3x_A - d_2^+ + d_2^- = 5 \\ 50 - 4x_B - d_3^+ + d_3^- = 5 \\ d_1^+ = 0 \\ d_2^+ = 0 \\ x_A, x_B \geq 0 \text{ 且为整数} \\ d_k^+, d_k^- \geq 0 \quad (k=1,2,3) \end{cases}$$

第二次规划求解（优先级 1 的目标正偏差和优先级 2 的目标正偏差保持不变，同时将优先级 3 的目标正偏差最小化作为模型的目标函数）求得的最优解为：分配 12 辆救护车给 A 县、8 辆救护车给 B 县；优先级 1 的目标正偏差为 0，优先级 2 的目标正偏差也为 0，优先级 3 的目标正偏差为 13。可见在实现了前两个目标的基础上，优先级 3 的目标（目标 3）不能实现。也就是说，这三个目标不可能同时实现。

综上所述，习题 9.1 问题（1）的满意解为：$x_A = 12$，$x_B = 8$，即花了 400 万元购置了 20 辆救护车，分配给 A 县 12 辆、B 县 8 辆，此时 A 县响应时间为 4 分钟，但 B 县响应时间为 18 分钟（超过了 13 分钟）。也就是说，完全实现了第一、第二预定目标；第三目标（B 县响应时间）达到了 18 分钟，比预定目标值 5 分钟多了 13 分钟。

2. 问题（2）的求解

由于对目标的优先级做出如下调整：P_2 变 P_1，P_3 变 P_2，P_1 变 P_3。也就是说，该市政府确定了如下三个优先级的目标：

P_1（优先级 1）：A 县响应时间不超过 5 分钟；

P_2（优先级 2）：B 县响应时间不超过 5 分钟；

P_3（优先级 3）：救护车的购置费用不超过 400 万元。

习题 9.1 问题（2）的目标规划模型为：

$$\min z = P_1 d_1^+ + P_2 d_2^+ + P_3 d_3^+$$

$$\text{s. t.} \begin{cases} 40 - 3x_A - d_1^+ + d_1^- = 5 \\ 50 - 4x_B - d_2^+ + d_2^- = 5 \\ 20x_A + 20x_B - d_3^+ + d_3^- = 400 \\ x_A, x_B \geq 0 \text{ 且为整数} \\ d_k^+, d_k^- \geq 0 \quad (k=1, 2, 3) \end{cases}$$

由于习题 9.1 问题（2）有三个目标要依次考虑，所以用 Excel 求解要分多步进行。

与问题（1）类似，问题（2）同样有三个目标要依次考虑（只是目标顺序不同而已）。具体求解过程请读者自己尝试，也可参见"习题 9.1（2）优先级 1. xlsx"、"习题 9.1（2）优先级 2. xlsx"和"习题 9.1（2）优先级 3. xlsx"。

习题 9.1 问题（2）的满意解为：$x_A = 12$，$x_B = 12$，即花了 480 万元（超过了 80 万元）购置了 24 辆救护车，分配给 A 县 12 辆、B 县 12 辆，此时 A 县响应时间为 4 分钟，

B县响应时间为2分钟。也就是说，完全实现了第一、第二预定目标；第三目标（救护车的购置费用）达到了480万元，比预定目标值400万元多了80万元。

9.2 已知每500g牛奶、牛肉、鸡蛋中的维生素及胆固醇含量等有关数据如表9—1所示，如果只考虑这三种食物，并且设立了下列三个目标：

（1）满足三种维生素每日最少需求量；

（2）每日摄入的胆固醇量不超过50单位；

（3）每日购买这三种食物的费用不超过5元。

表9—1　　　　　　　　每500g牛奶、牛肉、鸡蛋中的维生素及胆固醇含量

	牛奶（500g）	牛肉（500g）	鸡蛋（500g）	每日最少需求量
维生素A（mg）	1	1	10	1.8
维生素C（mg）	100	10	10	53
维生素D（mg）	10	100	10	26
胆固醇（单位）	70	50	120	
价格（元）	4	16	4.5	

请建立该问题的优先目标规划模型并求解。

解：

（1）决策变量。

设 x_1，x_2，x_3 分别表示每日购买牛奶、牛肉、鸡蛋的数量（500g，斤）；d_k^+，d_k^- 为偏差变量（$k=1, 2, 3, 4, 5$）。

（2）约束条件。

该问题只有目标约束，没有绝对约束。

①目标1（满足三种维生素每日最少需求量）：

维生素A：$x_1+x_2+10x_3-d_1^++d_1^-=1.8$

维生素C：$100x_1+10x_2+10x_3-d_2^++d_2^-=53$

维生素D：$10x_1+100x_2+10x_3-d_3^++d_3^-=26$

②目标2（每日摄入的胆固醇量不超过50单位）：

$70x_1+50x_2+120x_3-d_4^++d_4^-=50$

③目标3（每日购买这三种食物的费用不超过5元）：

$4x_1+16x_2+4.5x_3-d_5^++d_5^-=5$

④非负：x_1，x_2，$x_3 \geqslant 0$，d_k^+，$d_k^- \geqslant 0$　　（$k=1, 2, 3, 4, 5$）

（3）目标函数。

习题9.2的目标函数依次为：

$\min z_1=d_1^-+d_2^-+d_3^-$

$\min z_2=d_4^+$

$\min z_3=d_5^+$

综上所述，习题9.2的目标规划模型为：

$$\min z = P_1(d_1^- + d_2^- + d_3^-) + P_2 d_4^+ + P_3 d_5^+$$

$$\text{s. t.} \begin{cases} x_1 + x_2 + 10x_3 - d_1^+ + d_1^- = 1.8 \\ 100x_1 + 10x_2 + 10x_3 - d_2^+ + d_2^- = 53 \\ 10x_1 + 100x_2 + 10x_3 - d_3^+ + d_3^- = 26 \\ 70x_1 + 50x_2 + 120x_3 - d_4^+ + d_4^- = 50 \\ 4x_1 + 16x_2 + 4.5x_3 - d_5^+ + d_5^- = 5 \\ x_1, x_2, x_3 \geq 0, d_k^+, d_k^- \geq 0 \quad (k = 1, 2, 3, 4, 5) \end{cases}$$

由于习题 9.2 有三个目标要依次考虑，所以用 Excel 求解要分三步进行。前两步的电子表格模型参见 "习题 9.2 优先级 1. xlsx" 和 "习题 9.2 优先级 2. xlsx"。第三步的电子表格模型如图 9—4 所示，参见 "习题 9.2 优先级 3. xlsx"。

图 9—4　习题 9.2 优先级 3 的电子表格模型

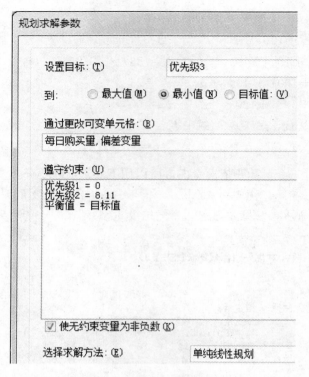

图 9—4　习题 9.2 优先级 3 的电子表格模型（续）

习题 9.2 的满意解为：$x_1=0.50$，$x_2=0.20$，$x_3=0.11$，即每日购买半斤（0.50 斤）牛奶、二两（0.20 斤）牛肉、1 个（0.11 斤）鸡蛋，此时需要花费 5.68 元。也就是说，满足三个目标中的第一目标（满足三种维生素每日最少需求量）；第二目标（每日摄入的胆固醇量）达到了 58.11 单位，比预定目标值 50 单位多了 8.11 单位；第三目标（每日购买这三种食物的费用）达到了 5.68 元，比预定目标值 5 元多了 0.68 元。

9.3　某陶器爱好者开办了一个陶器厂，专门制作两种花盆，一周可以卖出 70 个这样的花盆。第一种花盆每个能获利 30 元，第二种花盆每个能获利 40 元。制作第一种花盆每个需要 1 小时，制作第二种花盆每个需要 1.5 小时。爱好者和她的助手每人每周可工作 40 小时。她们已经签了一个长期合同，每周至少购买 200 公斤陶土。第一种花盆每个要用 3 公斤陶土，第二种花盆每个要用 2 公斤陶土。

该陶器爱好者确定了如下四个优先级的目标：

P_1（优先级 1）：每周至少获利 2 300 元；

P_2（优先级 2）：爱好者和她的助手每周最多工作 80 小时；

P_3（优先级 3）：每周制作 70 个花盆以供出售；

P_4（优先级 4）：每周至少使用 200 公斤陶土。

请建立该问题的优先目标规划模型并求解。

解：

（1）决策变量。

设 x_1 为每周制作的第一种花盆的数量，x_2 为每周制作的第二种花盆的数量。

d_k^+，d_k^- 为偏差变量（$k=1$，2，3，4）。

（2）约束条件。

该问题只有目标约束，没有绝对约束。

①目标 1（每周至少获利 2 300 元，即希望 $30x_1+40x_2 \geqslant 2\,300$）：
$$30x_1+40x_2-d_1^++d_1^-=2\,300$$

②目标 2（每周最多工作 80 小时，即希望 $x_1+1.5x_2 \leqslant 80$）：
$$x_1+1.5x_2-d_2^++d_2^-=80$$

③目标 3（每周制作 70 个花盆，即希望 $x_1+x_2=70$）：
$$x_1+x_2-d_3^++d_3^-=70$$

④目标 4（每周至少使用 200 公斤陶土，即希望 $3x_1+2x_2 \geqslant 200$）：
$$3x_1+2x_2-d_4^++d_4^-=200$$

⑤非负：x_1，x_2，d_k^+，$d_k^- \geqslant 0$　（$k=1$，2，3，4）

（3）目标函数。

习题 9.3 的目标函数依次为：

$$\min z_1=d_1^-$$
$$\min z_2=d_2^+$$
$$\min z_3=d_3^++d_3^-$$
$$\min z_4=d_4^-$$

综上所述，习题 9.3 的目标规划模型为：

$$\min z=P_1d_1^-+P_2d_2^++P_3(d_3^++d_3^-)+P_4d_4^-$$

$$\text{s. t.}\begin{cases}30x_1+40x_2-d_1^++d_1^-=2\,300\\x_1+1.5x_2-d_2^++d_2^-=80\\x_1+x_2-d_3^++d_3^-=70\\3x_1+2x_2-d_4^++d_4^-=200\\x_1,x_2,d_k^+,d_k^- \geqslant 0 \quad (k=1，2，3，4)\end{cases}$$

由于习题 9.3 有四个目标要依次考虑，所以用 Excel 求解要分四步进行。前三步的电子表格模型分别参见"习题 9.3 优先级 1. xlsx"、"习题 9.3 优先级 2. xlsx"和"习题 9.3 优先级 3. xlsx"。第四步的电子表格模型如图 9—4 所示，参见"习题 9.3 优先级 4. xlsx"。

图 9—5　习题 9.3 优先级 4 的电子表格模型

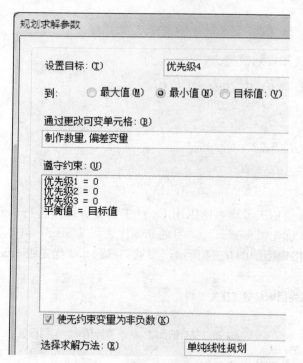

	H	I	J	K	L	M	N
3		偏差变量			目标约束		
4		正偏差	负偏差		平衡值		目标值
5		0	0		2300	=	2300
6		0	0		80	=	80
7		0	0		70	=	70
8		0	10		200	=	200
9							
10		优先级1	0	=	0		
11		优先级2	0	=	0		
12		优先级3	0	=	0		
13		优先级4	10				

名称	单元格
目标值	G5:G8
偏差变量	I5:J8
平衡值	L5:L8
优先级1	J10
优先级2	J11
优先级3	J12
优先级4	J13
制作数量	C11:D11

	I	J
10	优先级1	=J5
11	优先级2	=I6
12	优先级3	=I7+J7
13	优先级4	=J8

	E
4	实际值
5	=SUMPRODUCT(C5:D5,制作数量)
6	=SUMPRODUCT(C6:D6,制作数量)
7	=SUMPRODUCT(C7:D7,制作数量)
8	=SUMPRODUCT(C8:D8,制作数量)

	L	M	N
4	平衡值		目标值
5	=E5-I5+J5	=	=G5
6	=E6-I6+J6	=	=G6
7	=E7-I7+J7	=	=G7
8	=E8-I8+J8	=	=G8

规划求解参数

设置目标: (T)　　　　优先级4

到:　　○ 最大值(M)　　● 最小值(N)　　○ 目标值: (V)

通过更改可变单元格: (B)

制作数量, 偏差变量

遵守约束: (U)

优先级1 = 0
优先级2 = 0
优先级3 = 0
平衡值 = 目标值

☑ 使无约束变量为非负数 (K)

选择求解方法: (E)　　　　单纯线性规划

图 9—5　习题 9.3 优先级 4 的电子表格模型（续）

习题 9.3 的满意解为：$x_1=50$，$x_2=20$，即陶器爱好者和她的助手每周制作第一种花盆 50 个，第二种花盆 20 个。此时每周可获利 2 300 元（满足第一目标），工作了 80 小时（满足第二目标），制作了 70 个花盆（满足第三目标），使用了 190 公斤陶土（没有满足第四目标，剩 10 公斤陶土）。

9.5 本章案例全解

案例 9.1 森林公园规划

某国家森林公园有 30 000 公顷林地，可用于散步、其他休闲活动、鹿群栖息以及木材砍伐。每公顷林地每年可供 150 人散步、300 人做其他休闲活动、1 只鹿栖息或砍伐出 1 500 立方米木材。为散步者维护 1 公顷林地一年的费用为 100 元，为其他休闲活动维护 1 公顷林地一年的费用为 400 元，为鹿群维护 1 公顷林地一年的费用为 50 元。每 1 公顷林地砍伐出的木材收入为 2 000 元，该木材收入必须能够补偿维护林地的费用。

林地监护人的目标有多个，按照优先次序排列如下：

（1）散步者人数至少达到 200 万人；

（2）其他休闲活动的人数至少达到 500 万人；

（3）满足 3 000 只鹿的生活；

（4）砍伐出的木材不超过 600 万立方米。

请建立该问题的优先目标规划模型并求解。

解：

（1）决策变量。

设 x_1，x_2，x_3，x_4 分别表示用于散步、其他休闲活动、鹿群栖息以及木材砍伐的林地（千公顷）；d_k^+，d_k^- 为偏差变量（$k=1$，2，3，4）。

（2）约束条件。

本问题有两类约束，绝对约束和目标约束。

①绝对约束（资源约束）。

林地总面积限制：$x_1 + x_2 + x_3 + x_4 \leqslant 30$

木材收入应能补偿维护林地的费用：$100x_1 + 400x_2 + 50x_3 \leqslant 2\,000x_4$

②目标约束。

目标 1（散步者人数至少达到 200 万人，即希望 $150x_1 \geqslant 2\,000$）：

$$150x_1 - d_1^+ + d_1^- = 2\,000$$

目标 2（其他休闲活动的人数至少达到 500 万人，即希望 $300x_2 \geqslant 5\,000$）：

$$300x_2 - d_2^+ + d_2^- = 5\,000$$

目标 3（满足 3 000 只鹿的生活，即希望 $x_3 = 3$）：$x_3 - d_3^+ + d_3^- = 3$

目标 4（砍伐出的木材不超过 600 万立方米，即希望 $1\,500x_4 \leqslant 6\,000$）：

$$1\,500x_4 - d_4^+ + d_4^- = 6\,000$$

③非负：x_k，d_k^+，$d_k^- \geqslant 0$　（$k=1$，2，3，4）

（3）目标函数。

案例 9.1 的目标函数依次为：

$$\min z_1 = d_1^-$$

$$\min z_2 = d_2^-$$

$$\min z_3 = d_3^+ + d_3^-$$

$$\min z_4 = d_4^+$$

综上所述，案例 9.1 的目标规划模型为：

$$\min z = P_1 d_1^- + P_2 d_2^- + P_3(d_3^+ + d_3^-) + P_4 d_4^+$$

$$\text{s. t.}\begin{cases} x_1 + x_2 + x_3 + x_4 \leqslant 30 \\ 100x_1 + 400x_2 + 50x_3 \leqslant 2\,000x_4 \\ 150x_1 - d_1^+ + d_1^- = 2\,000 \\ 300x_2 - d_2^+ + d_2^- = 5\,000 \\ x_3 - d_3^+ + d_3^- = 3 \\ 1\,500x_4 - d_4^+ + d_4^- = 6\,000 \\ x_k, d_k^+, d_k^- \geqslant 0 \quad (k=1, 2, 3, 4) \end{cases}$$

由于案例 9.1 要依次考虑四个目标，所以用 Excel 求解要分四步进行。前三步的电子表格模型参见“案例 9.1 优先级 1. xlsx”、“案例 9.1 优先级 2. xlsx”和“案例 9.1 优先级 3. xlsx”。第四步的电子表格模型如图 9—6 所示，参见“案例 9.1 优先级 4. xlsx”。

	A	B	C	D	E	F	G	H	I
1		案例9.1 森林公园规划 优先目标规划（优先级4）							
2									
3			散步	休闲	鹿群		单位砍伐收入		
4		单位维护费用	100	400	50		2000		
5									
6		维护总费用	6666.7	<=	6666.7	砍伐总收入			
7									
8								目标	
9			每公顷林地的贡献				实际值		目标值
10		目标1：散步	150				2000	>=	2000
11		目标2：休闲		300			4000	>=	5000
12		目标3：鹿			1		0	=	3
13		目标4：砍伐				1500	5000	<=	6000
14									
15			散步	休闲	鹿群	砍伐	实际占用		可用林地
16		占用林地	13.333	13.333	0	3.333	30	<=	30

	J	K	L	M	N	O	P
7							
8		偏差变量			目标约束		
9		正偏差	负偏差		平衡值		目标值
10		0	0		2000	=	2000
11		0	1000		5000	=	5000
12		0	3		3	=	3
13		0	1000		6000	=	6000
14							
15		优先级1	0	=	0		
16		优先级2	1000	=	1000		
17		优先级3	3	=	3		
18		优先级4	0				

名称	单元格
砍伐总收入	E6
可用林地	I16
目标值	I10:I13
偏差变量	K10:L13
平衡值	N10:N13
实际占用	G16
维护总费用	C6
优先级1	L15
优先级2	L16
优先级3	L17
优先级4	L18
占用林地	C16:F16

图 9—6 案例 9.1 优先级 4 的电子表格模型

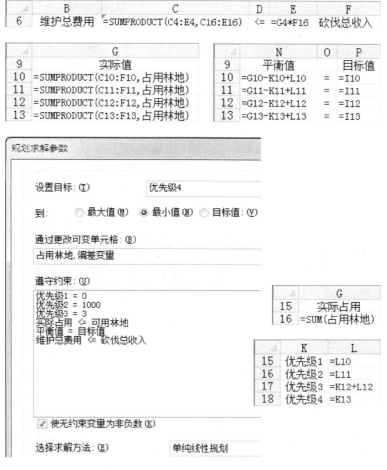

图 9—6　案例 9.1 优先级 4 的电子表格模型（续）

案例 9.1 的满意解为：将 13 333 公顷林地用于散步、13 333 公顷林地用于其他休闲活动、3 333 公顷林地用于木材砍伐，而并不给鹿留下林地（不养鹿）。

也就是说，满足了四个目标中的两个（第一目标和第四目标）；第二目标和第三目标没有满足。这个满意解，只能为 400 万人提供其他休闲活动空间，而且并未给鹿留出活动空间。

参考文献

［1］［美］弗雷德里克·S·希利尔，马克·S·希利尔，杰拉尔德·S·利伯曼著，任建标译. 数据、模型与决策：运用电子表格建模与案例研究. 北京：中国财政经济出版社，2001

［2］［美］弗雷德里克·S·希利尔，马克·S·希利尔著，任建标译. 数据、模型与决策：运用电子表格建模与案例研究（第2版）. 北京：中国财政经济出版社，2004

［3］Frederick S. Hillier, Mark S. Hillier. *Introduction to Management Science：A Modeling and Case Studies Approach with Spreadsheets*（Second Edition）. McGraw-Hill Companies，Inc. ，2003

［4］丁以中，Jennifer S. Shang 主编. 管理科学：运用 Spreadsheet 建模和求解. 北京：清华大学出版社，2003

［5］吴祈宗主编. 运筹学. 北京：机械工业出版社，2002

［6］韩伯棠编著. 管理运筹学. 北京：高等教育出版社，2000

［7］韩伯棠编著. 管理运筹学. 第2版. 北京：高等教育出版社，2005

［8］王桂强编著. 运筹学上机指南与案例导航：用 Excel 工具. 上海：格致出版社、上海人民出版社，2010

［9］薛声家，左小德编著. 管理运筹学. 第二版. 广州：暨南大学出版社，2004

［10］姜启源，谢金星，叶俊编. 数学模型. 第三版. 北京：高等教育出版社，2003

［11］熊伟编著. 运筹学. 北京：机械工业出版社，2005

［12］杨超主编. 运筹学. 北京：科学出版社，2004

［13］胡运权主编. 运筹学教程. 第二版. 北京：清华大学出版社，2003

［14］周华任主编. 运筹学解题指导. 北京：清华大学出版社，2006

［15］程理民，吴江，张玉林编著. 运筹学模型与方法教程. 北京：清华大学出版社，2000

［16］刘满凤等编著. 运筹学模型与方法教程例题分析与题解. 北京：清华大学出版社，2001

［17］《运筹学》教材编写组编. 运筹学. 第三版. 北京：清华大学出版社，2005

［18］［美］迪米特里斯·伯特西马斯等著，李新中译. 数据、模型与决策：管理科学

基础. 北京：中信出版社，2004

[19] 胡运权等编著. 运筹学基础及应用. 北京：高等教育出版社，2004

[20] 魏权龄等编著. 运筹学通论（修订本）. 北京：中国人民大学出版社，2001

[21] ［加］唐纳德·沃特斯著，张志强等译. 管理科学实务教程（第二版）. 北京：华夏出版社，2000

[22] 徐渝，贾涛编著. 运筹学（上册）. 北京：清华大学出版社，2005

[23] 胡运权主编. 运筹学习题集（修订版）. 北京：清华大学出版社，1995

[24] 胡运权主编. 运筹学习题集. 第三版. 北京：清华大学出版社，2002

[25] ［美］戴维·R·安德森等著，于森等译. 数据、模型与决策. 第 10 版. 北京：机械工业出版社，2003

[26] ［美］理查德·A·布鲁迪著. 组合数学（英文版，第 4 版）. 北京：机械工业出版社，2005

[27] 胡富昌编著. 线性规划（修订本）. 北京：中国人民大学出版社，1990

[28] 王兴德著. 现代管理决策的计算机方法. 北京：中国财政经济出版社，1999

[29] 管梅谷. 中国投递员问题综述. 数学研究与评论，1984，4（1）

[30] 白国仲. C 指派问题. 系统工程理论与实践，2003，23（3）

[31] 白国仲. C 运输问题. 数学的实践与认识，2004，34（7）

[32] 王斌. Excel 的"规划求解"在经济数学模型中的应用. 黔西南民族师范高等专科学校学报，2005（4）

[33] 叶向，宗骁. 用 Excel 实现配送系统设计. 中国信息经济学会 2005 年学术年会论文集，2005

[34] Xiang Ye，Xiao Zong. "Two Modelling Approaches Using Spreadsheets for the Transportation Assignment Problem". *International Journal Information and Operations Management Education*，2006. 4，Vol. 1，No. 3

[35] 叶向，宗骁. Excel 在运输问题及其变体中的应用. 中国信息经济学会 2006 年学术年会论文集，2006

[36] 叶向. 指派问题在项目选择中的应用. 计算机工程与应用（增刊），2005

[37] 吴祈宗主编. 运筹学. 第 2 版. 北京：机械工业出版社，2006

[38] 吴祈宗主编. 运筹学学习指导及习题集. 北京：机械工业出版社，2006

[39] Excel Home 编著. Excel 应用大全. 北京：人民邮电出版社，2008

[40] Excel Home 编著. Excel 2010 应用大全. 北京：人民邮电出版社，2012

[41] 刘满凤编著. 数据、模型与决策案例集：基于 Excel 的求解与应用. 北京：清华大学出版社，2010

[42] 魏权龄，胡显佑编著. 运筹学基础教程. 第三版. 北京：中国人民大学出版社，2012

[43] 陈国良主编，王志强等编著. 计算思维导论. 北京：高等教育出版社，2012

图书在版编目（CIP）数据

实用运筹学上机实验指导与解题指导/叶向编著. —2 版. —北京：中国人民大学出版社，2013.7
用计算机软件学数学系列教材
ISBN 978-7-300-17857-8

Ⅰ.①实… Ⅱ.①叶… Ⅲ.①运筹学-教学参考资料 Ⅳ.①O22

中国版本图书馆 CIP 数据核字（2013）第 169348 号

用计算机软件学数学系列教材
实用运筹学上机实验指导与解题指导
（第二版）
叶向　编著
Shiyong Yunchouxue Shangji Shiyan Zhidao yu Jieti Zhidao

出版发行	中国人民大学出版社			
社　　址	北京中关村大街 31 号		邮政编码	100080
电　　话	010－62511242（总编室）		010－62511770（质管部）	
	010－82501766（邮购部）		010－62514148（门市部）	
	010－62515195（发行公司）		010－62515275（盗版举报）	
网　　址	http://www.crup.com.cn			
经　　销	新华书店			
印　　刷	中煤（北京）印务有限公司		版　次	2007 年 9 月第 1 版
规　　格	185 mm×260 mm　16 开本			2013 年 8 月第 2 版
印　　张	17.5 插页 1		印　次	2020 年 1 月第 4 次印刷
字　　数	416 000		定　价	32.00 元